Inhalt

Vorwort

Die Anregung für dieses Buch verdanke ich Studenten, die während meiner Lehrveranstaltung „Einführung in die Geographie der Tropen" nach einem umfassenden Lehrbuch über dieses Thema suchten und dabei lediglich auf die klassische, aber inzwischen veraltete Arbeit von GOUROU (1966) stießen. Meine ersten Kontakte zu den feuchten Tropen ergaben sich bereits in den 60er Jahren auf „Trampreisen" durch Afrika und Asien. Seitdem ist die Beziehung nicht abgebrochen. Insgesamt habe ich rund 14 Jahre als Forscher, Lehrer, Regionalplaner, Landnutzungsspezialist, Regierungsberater und nicht zuletzt als Reisender in allen Tropenkontinenten verbracht. Den Schwerpunkt bildete Südostasien. Fachlich hat mich außer der Geographie vor allem die intensive Zusammenarbeit mit Agrarwissenschaftlern geprägt.

Noch ein Hinweis: Die langjährigen eigenen Beobachtungen und praktischen Erfahrungen verführen fast zwangsläufig zu subjektiven Einschätzungen. Einiges deckt sich mit den gängigen Lehrbuchauffassungen – einiges aber auch nicht! Generell mag manche Stellungnahme dem Leser zu optimistisch erscheinen. Das Risiko, Widerspruch zu ernten, nehme ich auf mich.

Bei der Abfassung der Arbeit haben mir viele Personen geholfen. Mein besonderer Dank gilt Frau E.M. PETER für die aufwendigen Schreibarbeiten, Herrn T. BRAUNS und Herrn T. CHRISTIANSEN für die kritische Durchsicht des Manuskripts, Frau K. WEGNER und Herrn B. GOECKE für das Zeichnen der Karten und Abbildungen, den Kollegen und Studenten am Giessener Institut für viele anregende Diskussionen, den Herausgebern und dem Verlag für die professionelle Betreuung sowie meiner Frau Gundi und Sohn Jan für aufmunternde Worte.

Die Arbeit widme ich meinen akademischen Lehrern in Münster und Giessen L. HEMPEL und dem inzwischen verstorbenen H. UHLIG. Beide haben mich in eine wissenschaftliche Richtung gewiesen, die eben auch in die Tropen führte, und die ich bis heute nicht bereut habe.

Giessen, im März 1998   ULRICH SCHOLZ

1 Einleitung

1.1 Zu diesem Buch

Dieses Buch möchte Verständnis wecken für einen Raum, der sich wie kaum eine andere Erdzone in einem ökologischen und sozio-ökonomischen Umbruch befindet. Regenwaldzerstörung, Ernährungskrise und Massenmigrationen sind nur einige Elemente dieses komplexen Prozesses.

Ziel ist es, das Ökosystem Mensch-Erde in den feuchten Tropen darzustellen, d. h. die Wechselbeziehungen zwischen Natur und Mensch sowie die sich daraus ergebenden Probleme und Möglichkeiten aufzuzeigen und zu bewerten. Dabei wird versucht, die speziellen natürlichen und wirtschaftlichen Besonderheiten des Raumes im Vergleich zu anderen Erdzonen deutlich zu machen.

Bei der Auswahl regionaler Beispiele ist beachtet worden, alle drei Teilgebiete der feuchten Tropen in Lateinamerika, Afrika und Asien angemessen zu berücksichtigen. Wenn dennoch Beispiele aus Asien überwiegen, liegt das daran, daß dort der Autor am längsten gelebt und am intensivsten gearbeitet hat.

Im ersten Hauptteil werden die *naturräumlichen Grundlagen* dargestellt. Unter diesen nimmt das Klima eine vorrangige Position ein, weil von ihm mehrere andere natürliche Standortfaktoren wesentlich geprägt sind, wie die Böden, der Wasserhaushalt, die Vegetation, die Tierwelt und bis zu einem gewissen Grade auch das Relief. Sie alle bilden klimaabhängige und somit auch tropenspezifische Formen aus (Kap. 2). Bei anderen natürlichen Gegebenheiten ist dies nicht der Fall, z. B. bei den Gesteinsarten und den Bodenschätzen, die als „azonale" Phänomene an keine Klimazone gebunden sind und deshalb hier nicht weiter behandelt werden.

Die Darstellung der natürlichen Grundlagen ist bewußt kurz gehalten, weil auf diesem Gebiet sowohl im deutsch- als auch im englischsprachigen Raum eine Fülle von detaillierten Arbeiten vorliegt, auf die bei Bedarf zurückgegriffen werden kann. Hier reichte also ein zusammenfassender Überblick mit den entsprechenden Literaturverweisen. Anders verhält es sich mit der *Nut-*

zung der natürlichen Ressourcen durch den Menschen. Eine umfassende Darstellung für die feuchten Tropen steht hier noch aus. Deshalb schien es geboten, der derzeitigen Nutzung und den potentiellen Nutzungsmöglichkeiten durch den Menschen besondere Aufmerksamkeit zu widmen.

Die Frage, ob und inwieweit der Mensch und seine Aktivitäten von den natürlichen Gegebenheiten abhängen, hat in der Geographie immer wieder zu kontroversen Diskussionen geführt. Am offenkundigsten existiert eine solche Abhängigkeit zweifellos bei den verschiedenen Formen der Landnutzung. Nicht umsonst spricht man z. B. von einer „tropischen Landwirtschaft" oder „tropischen Forstwirtschaft". Da unter den Bewohnern der feuchten Tropen auch heute noch Kleinbauern vorherrschen, deren Wirtschafts- und Lebensformen besonders eng von den natürlichen Ressourcen abhängig sind, gewinnt dieser Aspekt zusätzliches Gewicht. Deshalb nehmen die Landnutzungsformen in diesem Buch einen breiten Raum ein (Kap. 3).

Andere kulturgeographische Aspekte wie demographische, soziokulturelle, politisch-historische Strukturen und Prozesse sind hingegen kaum tropenspezifisch, ebensowenig wie z. B. Bergbau, Industrie, Verkehr und Urbanisierung. Das gleiche gilt auch für die Entwicklungsländerproblematik, selbst wenn die meisten Entwicklungsländer in den Tropen liegen. Alle diese Aspekte werden daher hier nicht vertieft, zumal es darüber eine Vielzahl von Veröffentlichungen gibt.

Ausgenommen sind zwei *aktuelle Entwicklungen*, die – streng genommen – gleichfalls nicht tropengebunden sind, die sich aber z. Z. räumlich auf die feuchten Tropen konzentrieren und deshalb gemeinhin mit diesen assoziiert werden. Gemeint sind die *Agrarkolonisation* in den tropischen Waldgebieten und der Prozeß der *Tropenwaldzerstörung*. Diese beiden Entwicklungsprozesse werden deshalb besonders berücksichtigt, weil sie die derzeitige Diskussion über die feuchten Tropen beherrschen und sich als Unterrichtsreihen für den aktuellen Oberstufenunterricht in Schulen und als Seminarthemen an Universitäten anbieten. Ihnen ist Kap. 4 gewidmet.

Das Buch schließt mit einigen Überlegungen über das Potential der feuchten Tropen als aktueller und zukünftiger Lebens- und Wirtschaftsraum sowie als Reiseziel.

1.2 Lage, Fläche und Bevölkerung der feuchten Tropen

a) Lage und Abgrenzung
Die feuchten Tropen bilden den äquatorialen Teil der Gesamt-Tropen. Man spricht auch von „inneren" Tropen oder „niederen Breiten". Die Gesamt-Tropen repräsentieren den Wärmegürtel der Erde, der sich – bezogen auf das Meeresniveau – durch folgende *thermische Merkmale* auszeichnet:

● ganzjährig hohe Temperaturen; alle Monate weisen eine mittlere Temperatur von mindestens 18 °C auf;

● das Fehlen von Frost;

● die tageszeitlichen Temperaturschwankungen sind größer als die jahreszeitlichen (Tageszeitenklimate). Dies gilt für alle Höhenstufen.

Gegenüber den gemeinsamen thermischen Kennzeichen sind die *hygrischen Verhältnisse* innerhalb der Gesamt-Tropen sehr unterschiedlich. Sie reichen von sehr hohen Niederschlägen bis zu absoluter Trockenheit. Entsprechend wandelt sich auch die Vegetation vom immergrünen Regenwald bis zur Vollwüste. Für eine weitere räumliche Differenzierung der Gesamt-Tropen bieten sich deshalb hygrische bzw. vegetationskundliche Kriterien an.

Die Einteilung in *„feuchte"* und *„trockene" Tropen* geht auf KÖPPEN (1936) zurück, der zwischen Af-Klimaten (= feuchte Tropen) und Aw-Klimaten (= wintertrockene Tropen) unterschied. Diese klassische Zonierung von KÖPPEN wurde später von TROLL und PAFFEN (1964) verfeinert, die die Tropen außer nach hygrischen Gesichtspunkten auch nach den vorherrschenden Vegetationsformationen unterteilten. In Anlehnung daran gliedern sich

a) die feuchten Tropen in:

dauerfeuchte (vollhumide) Tropen bzw. Regenwaldzone

wechselfeuchte (semihumide) Tropen bzw. Feuchtsavannen

b) die trockenen Tropen in:

wechseltrockene (semiaride) Tropen bzw. Trockensavannen

dauertrockene (aride und vollaride) Tropen bzw. Dornstrauchsavanne, Halbwüsten und Wüsten.

Die feuchten Tropen weisen mindestens sechs humide Monate und mindestens 1000 m Niederschlag pro Jahr auf. Wo sich Niederschlag und Ver-

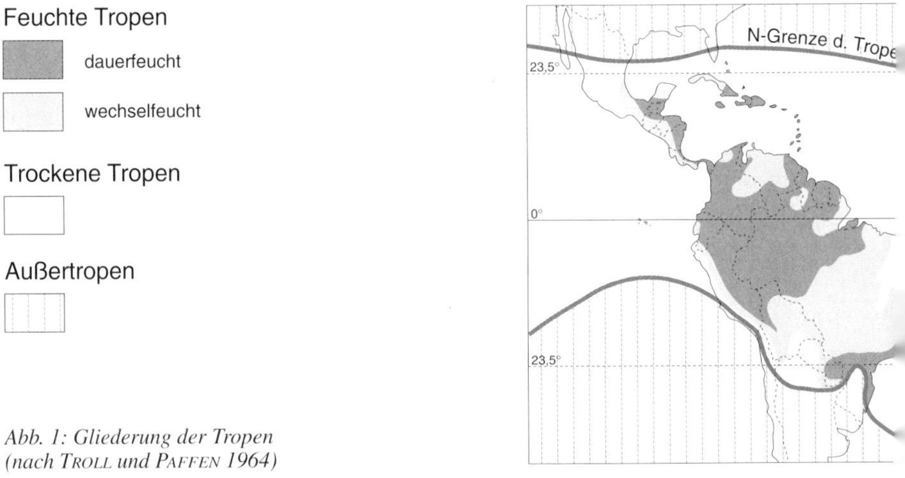

Feuchte Tropen

dauerfeucht

wechselfeucht

Trockene Tropen

Außertropen

Abb. 1: Gliederung der Tropen
(nach TROLL und PAFFEN 1964)

dunstung im Jahresmittel die Waage halten, ist die klimatische Trockengrenze und damit der Übergang zu den trockenen Tropen erreicht. In vegeta-
tionsgeographischer Sicht ist dies die Trennlinie zwischen Feuchtsavanne
und Trockensavanne.

LAUER und FRANKENBERG (1981) erweiterten die horizontale Zonierung
von TROLL und PAFFEN um die vertikale Dimension, indem sie zusätzlich
eine Höhenstufung der Tropen in *warme* und *kalte* Tropen vorschlugen (vgl.
Diercke Weltatlas 1996, S. 222①). Da sich jedoch in der internationalen Literatur die Zonierung von TROLL und PAFFEN weitgehend durchgesetzt hat, soll
ihr auch in diesem Buch der Vorzug gegeben werden, wobei selbstverständlich die Höhenstufung in den Gebirgsländern ausreichend berücksichtigt
wird, ohne aber den Begriff „kalte Tropen" weiter zu verwenden.

Speziell im englischsprachigen Raum gibt es eine Reihe weiterer Zonie-
rungsansätze (zusammengefaßt bei READING, THOMPSON und MILLINGTON
1995). Sie unterscheiden sich aber nicht grundlegend von der Gliederung von
TROLL und PAFFEN.

Mathematisch könnte man die Grenze zwischen den feuchten und den
trockenen Tropen in der Mitte zwischen Äquator und den Wendekreisen, also
etwa bei $12°\,N$ bzw. $12°\,S$ ziehen; konsequenterweise wäre der Übergang
zwischen den dauerfeuchten und den wechselfeuchten Tropen bei $6°\,N/6°\,S$
anzulegen. Die tatsächliche Verbreitung in Abb. 1 zeigt aber, daß die Anlehnung an die Breitenkreise nur einen sehr groben Richtwert darstellt. In Wirklichkeit weichen die Zonen z. T. ganz erheblich von den mathematischen
Grenzlinien ab. So reichen im südostasiatischen Raum und in der Karibik die
feuchten Tropen bis an den nördlichen Wendekreis und grenzen dort direkt an
die Subtropen. Ebenso verhält es sich auf der Südhalbkugel mit der Südost-

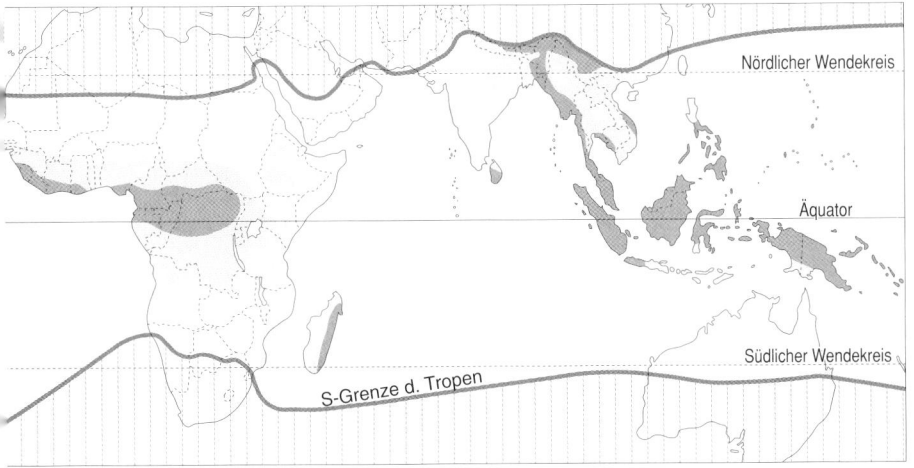

Nördlicher Wendekreis

Äquator

Südlicher Wendekreis

S-Grenze d. Tropen

Ungefähre Lage im Gradnetz	hygrisches Klima		Jahres-niederschlag	Anzahl der humiden Monate	Vegetations-formation
0° – 5°	humid (feucht)	vollhumid (dauerfeucht)	> 1500 mm	9–12	Regenwald
5° – 10°		semihumid (wechselfeucht)	1000–1500 mm	6– 9	Feuchtsavanne
		– – – – klimatische Trockengrenze – – – –			
10° – 15°	arid (trocken)	semiarid	500–1000 mm	3– 6	Trockensavanne
		– – – agronomische Trockengrenze – – –			
15° – 20°		arid	200–500 mm	0– 3	Dornstrauchsavanne
20° – 23°		vollarid	< 200 mm	0	Halbwüste und Wüste

– – – – Grenze der Tropen: Jahreszeitliche Temperaturschwankungen = Tagesschwankungen – – – – –

Abb. 2: Zonierung der Tropen

küste Brasiliens, die als feuchttropisches Gebiet bis an den südlichen Wendekreis reicht. In beiden Fällen fehlen die trockenen Tropen. Andererseits weist der ansonsten geschlossene äquatoriale Gürtel der feuchten Tropen im östlichen Afrika eine breite Lücke auf. Hier gehen die trockenen Tropen des nördlichen Afrikas nahtlos in die des südlichen Afrikas über. Eine weitere, wenn auch nicht ganz so ausgeprägte Lücke im feuchttropischen Gürtel stellt der trockene Nordosten Brasiliens dar.

b) Flächenaufteilung und Bevölkerungsverteilung

Von der Landfläche der feuchten Tropen liegen
- 46 % in Lateinamerika (mit 19 % der Bevölkerung)
- 31 % in Afrika (mit 21 % der Bevölkerung)
- 21 % in Asien (mit 60 % der Bevölkerung)
- 2 % in Australien und Ozeanien (mit weniger als 1 % der Bevölkerung)

Wegen des geringen Anteils von Australien und Ozeanien wird diese Region in diesem Buch nur noch gelegentlich berücksichtigt.

Eine exakte Ermittlung der *Einwohnerzahl* der einzelnen Tropenzonen ist schwierig, weil sich klimatische Zonen natürlich nicht mit administrativen Einheiten, z. B. Staaten, decken, für die exaktes Zahlenmaterial vorliegt. Große Länder, wie z. B. Brasilien und Indien, dehnen sich über alle tropischen Zonen aus und reichen bis in die Außertropen. Unter Zuhilfenahme der Einwohnerzahlen auf Provinzebene wurde eine Punkteverteilungskarte erstellt (s. Abb. 3b), die die räumliche Verteilung der Bevölkerung in etwa abbildet. Durch Verschneiden dieser Punkteverteilungskarte mit der Klimakarte von TROLL und PAFFEN (s. Abb. 1) konnten durch Auszählen der Punkte die Einwohnerzahlen für die verschiedenen Klimazonen relativ zuverlässig ermittelt werden (s. Tab. 1).

Tab. 1: Fläche, Bevölkerung und Bevölkerungsdichte der feuchten Tropen (1993)

	dauerfeuchte Tropen	wechselfeuchte Tropen	gesamte feuchte Tropen
Fläche in 1000 km²			
Amerikanischer Teil	6.830	6.181	13.011
Afrikanischer Teil	2.793	5.906	8.699
Asiatischer Teil	3.428	2.582	6.010
Australischer/Ozeanischer Teil	171	154	325
insgesamt	13.222	14.823	28.045
Bevölkerung in Mio. Einw.			
Amerikanischer Teil	182	123	305
Afrikanischer Teil	66	259	325
Asiatischer Teil	102	832	934
Australischer/Ozeanischer Teil	2	1	3
insgesamt	352	1.215	1.567
Bevölkerungsdichte in Einw/km²			
Amerikanischer Teil	27	20	23
Afrikanischer Teil	24	44	37
Asiatischer Teil	30	322	155
Australischer/Ozeanischer Teil	12	6	9
insgesamt	27	82	56

(nach Daten der Weltbank und FAO 1994)

Als Ergebnis der Auszählung ergibt sich eine Einwohnerzahl der feuchten Tropen von insgesamt 1567 Mio. (alle Zahlen für 1993). Das sind über 28 % der Weltbevölkerung. Hiervon leben nur 352 Mio. in den dauerfeuchten und erheblich mehr, nämlich 1215 Mio., in den wechselfeuchten Tropen. Damit ist auch die *Bevölkerungsdichte* in den dauerfeuchten Tropen mit durchschnittlich 27 Ew/km² wesentlich niedriger als in den wechselfeuchten Tropen, wo im Schnitt 82 Ew/km² leben. Für die gesamten feuchten Tropen liegt der Wert bei 56 Ew/km² (trockene Tropen 33 Ew/km²). Das ist zwar deutlich höher als auf der ganzen Erde (39 Ew/km²), aber doch auch wesentlich niedriger als in den meisten Industrieländern der gemäßigten Breiten, wie z. B. Deutschland (225 Ew/km²).

Bei der Aufschlüsselung der Bevölkerungszahlen nach Kontinenten (s. Abb. 3a und 3b) fällt die enorme Menschenfülle in den wechselfeuchten

Einleitung

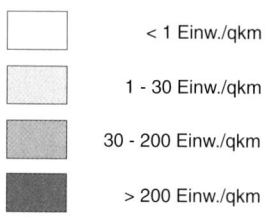

☐	< 1 Einw./qkm
▨	1 - 30 Einw./qkm
▨	30 - 200 Einw./qkm
▨	> 200 Einw./qkm

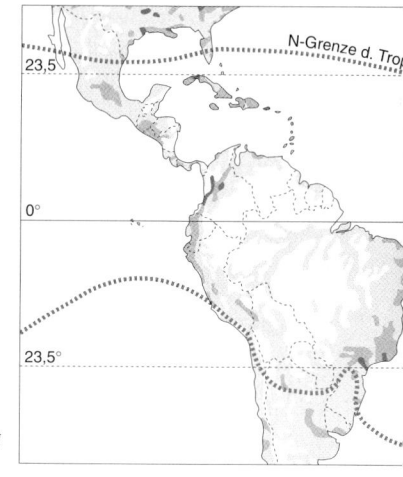

*Abb. 3a: Bevölkerungsdichte und Bevölkerungsverteilung
(aus Diercke Weltatlas 1988, S. 233①, verändert)*

Tropen Asiens auf, wo mit 832 Mio. mehr als die Hälfte (53 %) der Einwohner der gesamten feuchten Tropen lebt – und dies auf nur 9 % der Fläche! Entsprechend hoch ist in dieser Region auch die Bevölkerungsdichte, die mit durchschnittlich 322 Ew/ km² nicht nur alle anderen Teilzonen der feuchten Tropen weit übertrifft, sondern auch deutlich höher ist als in den meisten Industrieländern. In Teilgebieten dieser Region, etwa in Bangladesh, im Gangestiefland oder in Kerala (SW-Indien), nähert sich die Bevölkerungsdichte inzwischen der 800 Ew/km²-Marke, in Zentral- und Ost-Java liegt sie bereits darüber. Gegenüber den enormen Dichtewerten in den wechselfeuchten Tropen Asiens sind die Bevölkerungsdichten in den übrigen

●	20 Mio. Menschen
·	2 Mio. Menschen

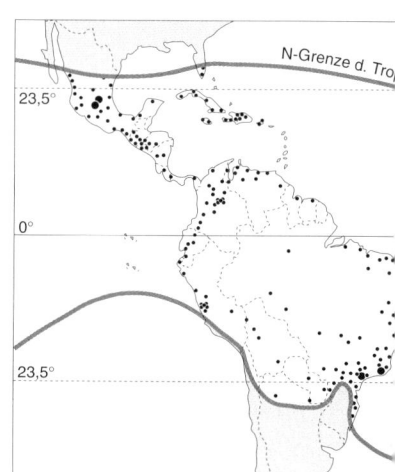

*Abb. 3b: Bevölkerungsverteilung in den Tropen
(nach Daten der FAO und der Weltbank 1993)*

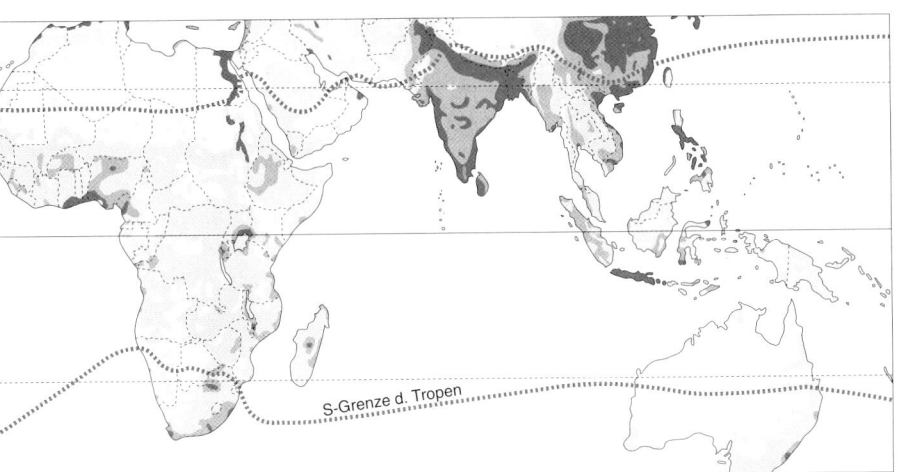

Teilzonen sehr gering. So sind die feuchten Tropen Lateinamerikas mit 23 Ew/km^2 durchweg dünn besiedelt, wobei der Wert für die wechselfeuchten Gebiete (20 Ew/km^2) unter dem der dauerfeuchten Regionen (27 Ew/km^2) liegt. In Tropisch-Afrika sind hingegen die wechselfeuchten Teile mit immerhin 44 Ew/km^2 wesentlich dichter besiedelt als die dauerfeuchten Teile mit nur 23 Ew/km^2. Auch in Tropisch-Asien sind die Dichtewerte der dauerfeuchten Regionen trotz der Nachbarschaft zu den übervölkerten wechselfeuchten Regionen mit 30 Ew/km^2 erstaunlich niedrig und unterscheiden sich kaum von den dauerfeuchten Tropenregionen Amerikas und Afrikas.

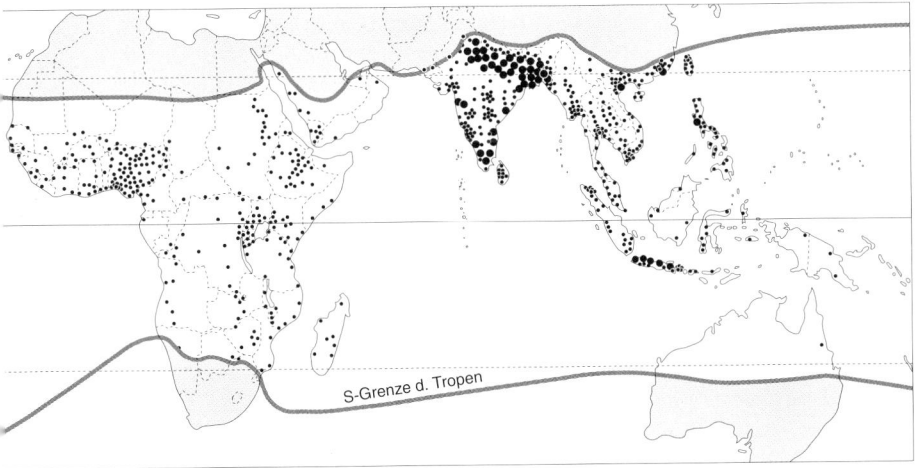

Einleitung

MÜLLER-WILLE (1978) hatte mit den Zahlen von 1965 ähnliche Berechnungen zur *Bevölkerungsverteilung in den verschiedenen Klimazonen* der Erde durchgeführt. Für die feuchten Tropen kam er auf eine durchschnittliche Bevölkerungsdichte von 29 Ew/km^2 (heute 56 Ew/km^2). Weltweit betrug seinerzeit die Bevölkerungsdichte 22 Ew/km^2 (heute 39 Ew/km^2). Somit hat sich die Bevölkerung in den feuchten Tropen mit einem Anstieg von 93 % fast verdoppelt, während sich die Weltbevölkerung nur um 77 % vermehrt hat. Dies ist freilich keine Überraschung, da speziell die Länder im feuchttropischen Afrika sehr hohe jährliche Bevölkerungszuwachsraten aufweisen. Darüber hinaus verglich MÜLLER-WILLE auch die Situation in den Tief- und Hochländern der Erde. Weltweit war seinerzeit (1965) die Bevölkerungsdichte in den Tiefländern deutlich höher als in den Hochländern, nämlich um den Faktor 2,8. In den gemäßigten Breiten waren die Tiefländer sogar 4,4 mal so dicht besiedelt wie die Hochländer. In den feuchten Tropen waren dagegen die Hochländer ungefähr gleich dicht, in den dauerfeuchten Teilen sogar dichter besiedelt als die Tiefländer (Faktor 0,9). Hierin kam die besondere Siedlungsgunst feuchttropischer Hochländer zum Ausdruck, die auch heute noch gilt. So gibt es in den feuchten Tropen Lateinamerikas dichtbesiedelte Hochlandgebiete über 1500 m, die an nahezu menschenleere Tiefländer grenzen (KULS und KEMPER 1993). Nach Berechnungen von HAMBLOCH (1966, S. 44) betrug 1958 in Südamerika die mittlere Bevölkerungsdichte in Höhen zwischen 1000 und 4000 m etwa 15 Ew/km^2, in den Tiefländern unterhalb von 1000 dagegen nur 7 Ew/km^2. Auch in Afrika treten die größten Bevölkerungsdichten in Hochländern zwischen 2000 und 3000 m auf.

In den asiatischen Tropen trifft diese Regel allerdings nur in den dauerfeuchten Gebieten zu, wo die Hochländer ebenfalls begünstigt und somit relativ dicht besiedelt sind, wie z.B. auf Sumatra oder Neuguinea. In den wechselfeuchten Tropen Asiens ist es dagegen gerade umgekehrt. Hier ballen sich die Menschenmassen in den Stromtiefländern unter 500 m. Der Grund hierfür ist in den natürlichen Voraussetzungen für den Naßreisbau zu suchen, der in den Ländern Tropisch-Asiens die Lebensgrundlage für die Bevölkerung darstellt: während sich in den wechselfeuchten Gebieten die natürliche Anbaugunst für den Naßreis eindeutig in den alluvialen Tiefländern konzentriert, verlagert sie sich in den dauerfeuchten Gebieten zu den Gebirgsländern hin (Kap. 3.3.4).

2 Naturräumliche Grundlagen

2.1 Das Klima

2.1.1 Sonneneinstrahlung und atmosphärische Zirkulation

a) Das passatische Zirkulationssystem
Die treibende Kraft für das gesamte Klimageschehen auf der Erde ist die *Sonneneinstrahlung*. In den äquatorialen Breiten ist der Einfallswinkel der Sonnenstrahlen über das Jahr gesehen am größten und sorgt damit für eine reichliche und konstante Energiezufuhr. Allerdings erreicht nach LAUER (1986, 1993) die *Globalstrahlung*, d. h. die Gesamtheit der auf der Erdoberfläche auftreffenden kurzwelligen Strahlung, in den feuchten Tropen keine Maximalwerte, weil ein Großteil der Sonnenstrahlung nicht direkt den Erdboden erreicht, sondern durch die häufig auftretende Wolkendecke aufgefangen bzw. nur als diffuse Strahlung durchgelassen wird. Deshalb ist die Globalstrahlung auch nicht in den äquatorialen Breiten, sondern in den wolkenfreien Randtropen entlang der Wendekreise am höchsten (s. Abb. 5).

Die starke Erwärmung am Äquator zwingt die Luftmassen zum Aufsteigen (thermische Kon-

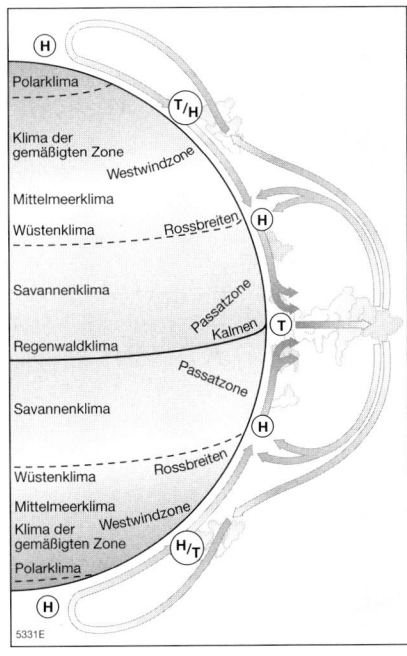

Abb. 4: Passatisches Zirkulationssystem

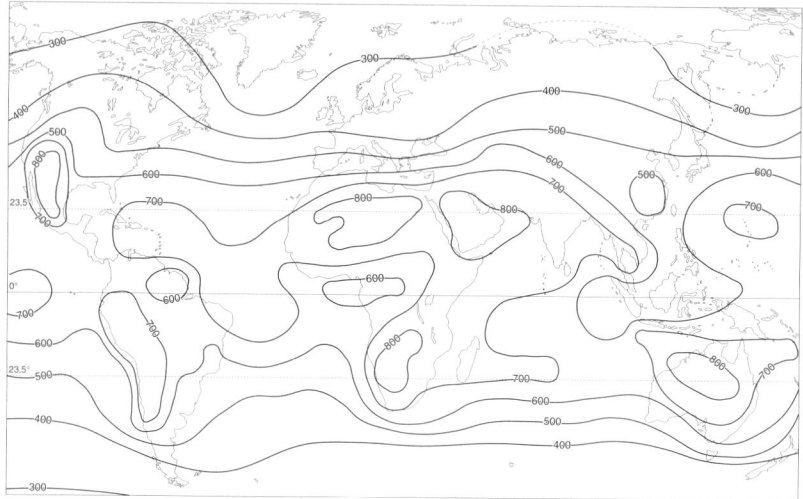

Abb. 5: Jahressummen der Globalstrahlung in 10⁸ kJ ha⁻¹ (nach de Jong 1973; in Schultz 1995, S. 23)

vektion), und es entsteht eine Kette von Tiefdruckzellen, die äquatoriale Tief-druckrinne oder *Innertropische Konvergenzzone (ITC)*. Die vertikal aufsteigen-den Luftmassen kühlen sich ab und bilden gewaltige, bis zu 15 km hochrei-chende Wolkentürme, aus denen ergiebige Regengüsse herniedergehen. Im Bereich der Wendekreise sinken die Luftmassen wieder ab, erwärmen sich dabei und trocknen aus. Aus den so entstehenden randtropischen bzw. subtropi-schen Hochdruckzellen fließen die Luftmassen als *Passate* sowohl von der nördlichen wie auch von der südlichen Halbkugel zurück zur äquatorialen Tief-druckrinne, strömen dort zusammen („konvergieren"), um erneut aufzusteigen und den Luftmassenkreislauf zu schließen (s. Abb. 4). Die passatischen Luft-strömungen am Erdboden bewegen sich jedoch nicht senkrecht auf den Äqua-tor zu, sondern werden durch die *Erdrotation* (Corioliskraft) auf der Nordhalb-kugel nach rechts und auf der Südhalbkugel nach links abgelenkt. So entstehen der Nordost- und der Südostpassat. Bei den Passaten handelt es sich um sehr konstante Winde, die zu Zeiten, als der Welthandel noch mit Segelschiffen bewältigt wurde, eine wichtige Rolle spielten. Hingegen kommt es im Bereich der ITC, ebenso wie in den „Roßbreiten" der randtropischen/subtropischen Hochdruckzellen, häufig zu völliger Windstille. Die Flauten in dieser „Kalmen-zone" waren bei der Segelschiffahrt mindestens ebenso gefürchtet wie Stürme.

Dem scheinbaren jahreszeitlichen Wandern des Sonnenhöchststandes zwi-schen den Wendekreisen folgt auch das passatische Zirkulationssystem, aller-dings mit einer zeitlichen Verzögerung von ein bis zwei Monaten. Dies gilt ebenso für die ITC, die dem Sonnenhöchststand gleichsam „hinterherhinkt" und deshalb auch nie bis zu den Wendekreisen, sondern über den Kontinenten in der Regel nur bis etwa 10°–15° Nord bzw. Süd gelangt (über den Ozeanen sogar nur bis 5°–10°) und dort für die typischen sommerlichen Niederschläge sorgt. Den Äquator überquert die ITC zweimal. Folglich kommt es hier zu zwei Regenmaxima, idealerweise im April und im Oktober. Während in den dauerfeuchten Tropen die ITC ganzjährig wirksam ist, gerät die Zone der wechselfeuchten Tropen nur einmal jährlich unter ihren vollen Einfluß. Die anschließenden semiariden Tropen werden nur noch randlich berührt.

b) Das System der Monsune

Zu dem passatischen Zirkulationssystem als grundlegender Komponente der globalen Luftzirkulation tritt als differenzierende Kraft die unterschiedliche *Verteilung von Land und Wasser.* Bekanntlich vollzieht sich sowohl die Erwärmung als auch die Abkühlung der Landoberfläche etwa zwei- bis dreimal so schnell wie die der Meeresoberfläche (LAUER 1993). Entsprechend rascher wechseln über Landflächen die Luftdruckverhältnisse. Man spricht von „Hitze-Tiefs" und „Kälte-Hochs". Beide setzen einen Luftaustausch in Gang, der im Sommer von den Ozeanen zu den Kontinenten und im Winter von den Kontinenten zu den Ozeanen gerichtet ist. Auf diesem Prinzip beruht die Entstehung der Monsune, die überall dort, wo in den Tropen größere Land- und Wassermassen aneinandergrenzen, das übergeordnete System der Passate abwandeln oder auch ersetzen.

Am eindrucksvollsten ist der saisonale Wechsel der Monsune in Süd- und Südostasien ausgebildet. Im Nordsommer entsteht über Zentralasien ein ausgedehntes Hitzetief, das gewaltige Luftmassen vom Indischen Ozean her ansaugt. Deren Ursprung liegt im südlichen Indischen Ozean. Von dort wehen die Winde zunächst als Südost-Passat auf das afrikanische Festland zu, erhalten aber nach Überschreiten des Äquators auf die Nordhalbkugel durch die Corioliskraft einen Rechtsdrall, wehen nun als feuchtigkeitsgesättigter Südwestmonsun über das südliche Asien hinweg und sorgen dort für ergiebige Niederschläge. Im Nordwinter ist es umgekehrt. Nun weht der Wind aus einem kräftigen Kältehoch über Zentralasien in Richtung Indischer Ozean. Dabei erwärmt er sich und sorgt als trockener Nordostmonsun für eine mehrmonatige Trockenphase.

Eine Ausnahme hiervon bilden die Ostküsten im süd- und südostasiatischen Raum, wo der Nordostmonsun über Meeresgebiete heranweht und auf seinem Weg Feuchtigkeit aufnehmen kann. Das bekannteste Beispiel ist der Inselstaat Sri Lanka. Während der Südwesten seine Niederschläge wie oben beschrieben hauptsächlich durch den „sommerlichen" Südwestmonsun erhält, regnet es im Nordosten der Insel vorwiegend während des „winterlichen" über den Golf von Bengalen heranwehenden Nordostmonsuns, wenn die meisten anderen Teile Südasiens unter Trockenheit leiden.

Außer in Süd- und Südostasien tritt das Monsunphänomen auch in Westafrika, in Nordaustralien und im Nordwesten Südamerikas auf (LAUER 1993).

c) Tropische Wirbelstürme
Tropische Wirbelstürme können nur über warmen tropischen Meeren entstehen, die ausreichend Energie und Wasserdampf liefern (LAUER 1993). Über Land regnen die Wirbelstürme ab und brechen in der Regel schnell zusammen. Eine weitere Voraussetzung ist die Mitwirkung der Corioliskraft, die erst jenseits von etwa 5° vom Äquator wirksam wird. Derartige Wirbelstürme, die man je nach Region auch *Hurrikan, Zyklon* oder *Taifun* nennt, kommen deshalb nur in den wechselfeuchten, äußeren Tropen vor, wie z. B. im Karibischen Raum, in Nordostindien und Bangladesh, auf den Philippinen usw. Dort sind sie als äußerst zerstörerische Wetterkatastrophen gefürchtet. Dagegen bleiben die äquatornahen dauerfeuchten Tropen von Wirbelstürmen verschont.

d) Andere klimadifferenzierende Faktoren
Wie überall auf der Erde wirken sich Gebirgsmauern mit ihrem *Luv-* und *Lee*-Effekt, der *Küstenverlauf* oder auch *Meeresströmungen* auf die regionale Niederschlagsverteilung aus. So ist z. B. der kalte *Humboldtstrom* entlang der Westküste Südamerikas verantwortlich für die Entstehung der chilenischen und peruanischen Küstenwüste (Atacama), ebenso wie der aus den antarktischen Gewässern stammende und an der Südwestküste Afrikas entlangströmende *Benguelastrom* für die Namib-Wüste. In beiden Fällen kühlen die vom Ozean heranwehenden Luftmassen über den kalten Strömungen ab, mit der Folge, daß diese bereits vor der Küste abregnen und als trockene Winde auf das Land treffen.

Wo mehrere Effekte zusammenwirken, können extreme Situationen auftreten. Ein bekanntes Beispiel ist Assam (Nordostindien) und Nordbangladesh. Durch das Zusammenwirken von ITC, Südwestmonsun und dem Luv-Effekt der Himalaya-Gebirgsbarriere kommt es hier zu Rekordniederschlägen von durchschnittlich über 10 000 mm/Jahr. Die Station Cherrapunji verzeichnet allein für den Monat Juli einen Mittelwert von knapp 2500 mm. Bemerkenswerterweise liegt das Gebiet in den wechselfeuchten und nicht in den dauerfeuchten Tropen, wo man vielleicht mit den höchsten Niederschlägen gerechnet hätte.

2.1.2   *Das thermische Klima (Temperaturen)*

a) In den Tiefländern
Keine andere Zone der Erde weist derart *ausgeglichene Temperaturverhältnisse* auf wie die feuchten Tropen. Durch die stetig steile Sonneneinstrahlung

ist das Temperaturangebot konstant hoch. Andererseits sorgt die dämpfende Wirkung der häufig auftretenden Wolkendecke sowohl bei der Einstrahlung wie auch bei der Ausstrahlung für eine wirkungsvolle Abschirmung. Deshalb treten keine Extremwerte auf, weder nach unten noch nach oben.

Die durchschnittlichen Jahreswerte liegen in den Tiefländern bei durchweg 25–28 °C. Die jahreszeitlichen Schwankungen sind sehr gering. Besonders in den dauerfeuchten Tropen betragen sie kaum mehr als 1–3 °C, d. h. es sind *keine thermischen Jahreszeiten* (Sommer – Winter) spürbar. Zu den wechselfeuchten Tropen hin vergrößert sich die Jahresamplitude geringfügig; der Unterschied zwischen dem wärmsten und kältesten Monatsmittel übersteigt aber auch dort kaum 5 °C. Dabei richtet sich die jahreszeitliche Temperaturkurve weniger nach dem Sonnenstand als nach den Niederschlagsverhältnissen. Der wärmste Monat fällt im allgemeinen in die Trockenzeit. In der Regenzeit gehen die Temperaturen in der Regel geringfügig zurück, obwohl gerade dann die Sonne am höchsten steht. Auch die tageszeitlichen Schwankungen zwischen Tag und Nacht sind nicht sehr hoch. Sie betragen in den dauerfeuchten Tropen im Schnitt 8–10 °C und in den wechselfeuchten Tropen etwas mehr. Dennoch sind sie deutlich höher als die jahreszeitliche Amplitude. Wir sprechen deshalb von einem *„Tageszeitenklima"* (TROLL 1943). Die Situation läßt sich in sog. *„Thermoisoplethendiagrammen"* anschaulich darstellen (s. Abb. 6 und Abb. 7). Das abgebildete Diagramm von Belem (Amazonasmündung) verdeutlicht die Situation einer typischen äquatorialen Tieflandstation. Gut erkennbar ist die weitgehende Jahresisothermie. So liegen etwa die mittäglichen Temperaturen durchweg bei 30 °C. Lediglich in den „kühlen" Monaten während der Hauptregenzeit sinken sie auf 28–29 °C und steigen im „heißesten" Monat während der Haupttrockenzeit (November) auf 31 °C. Die nächtlichen Minimalwerte kurz vor Sonnenaufgang schwanken noch weniger. Sie liegen während des gesamten Jahres bei ca. 23 °C.

Der Eindruck *„thermischer Monotonie"* wird noch verstärkt durch das Fehlen von Extremwerten. Wenn in Reiseberichten gelegentlich von „unerträglicher" Hitze berichtet wird, trifft dies zumindest für die dauerfeuchten Tropen nicht zu. Zwar steigt hier das Thermometer Tag für Tag auf ca. 30 °C, jedoch so gut wie nie auf über 35 °C, eine Temperatur, die in den trockenen Tropen und in den Subtropen während des Sommers regelmäßig weit übertroffen wird. Selbst in den gemäßigten Breiten können die Temperaturen an heißen Sommertagen durchaus auf 35 °C ansteigen!

In den wechselfeuchten Tropen herrschen nicht ganz so ausgeglichene Verhältnisse wie in den dauerfeuchten Tropen. Dies verdeutlicht das Thermoisoplethendiagramm von Kalkutta (s. Abb. 7a). Hier erreichen die mittäglichen Temperaturen gegen Ende der Trockenzeit im April durchschnittlich 34–35 °C. Es kann aber auch bis zu 40 °C und somit recht heiß werden.

Abb. 6a:
Thermoisoplethen-
diagramm von Belem an
der Amazonasmündung

Dargestellt wird das typische Tageszeitenklima einer äquatorialen Tieflandstation. Die jahreszeitlichen Temperaturschwankungen liegen mittags zwischen 28,7 und 31,1 °C und vor Sonnenaufgang zwischen 22,3 und 23,4 °C, betragen also im Schnitt weniger als 2,0 °C. Die tageszeitlichen Schwankungen belaufen sich auf etwa 7 °C und sind somit deutlich höher als die jahreszeitlichen Schwankungen. Die senkrechten Linien geben die Zeiten der zenitalen Sonnenstände (Punkte) und des niedrigsten Sonnenstandes (Striche) an. (Quelle: TROLL 1943)

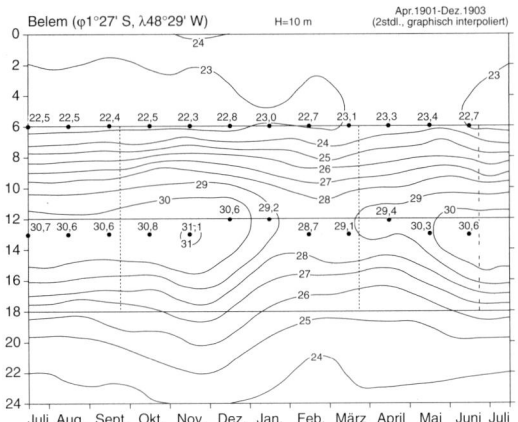

Belem ($\varphi 1°27'$ S, $\lambda 48°29'$ W)   H=10 m   Apr.1901-Dez.1903 (2stdl., graphisch interpoliert)

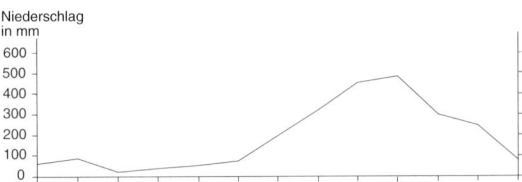

Niederschlag in mm

Abb. 6b:
Thermoisoplethen-
diagramm vom Gipfel
des Pangerango-Vulkans
(3022 m) in Westjava

Typisches Tageszeitenklima einer äquatorialen Hochlandstation mit ganzjährig sehr hohen Niederschlägen. Wie bei der Tieflandstation Belem (s.o.) betragen auch hier die jahreszeitlichen Schwankungen nur etwa 2 °C. Weil der Gipfel beinahe täglich in Wolken gehüllt ist, ist auch die tageszeitliche Amplitude mit durchschnittlich 4–5 °C relativ gering. Vor Sonnenaufgang ist es stets etwa 7 °C und mittags immer ca. 11–12 °C warm. Die Temperaturabnahme zur Höhe hin beträgt etwa 0,6 °C/100 m. (Quelle: TROLL 1943)

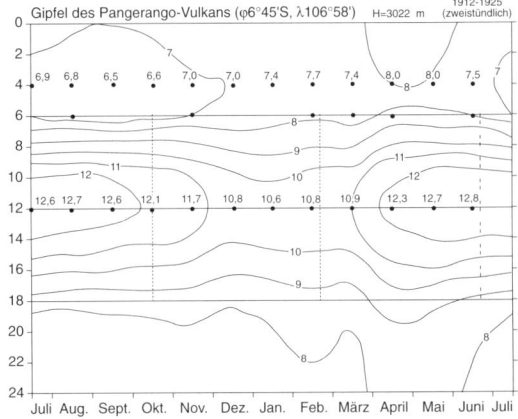

Gipfel des Pangerango-Vulkans ($\varphi 6°45'$S, $\lambda 106°58'$)   H=3022 m   1912-1925 (zweistündlich)

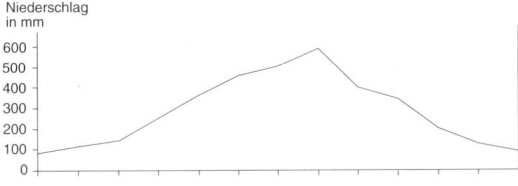

Niederschlag in mm

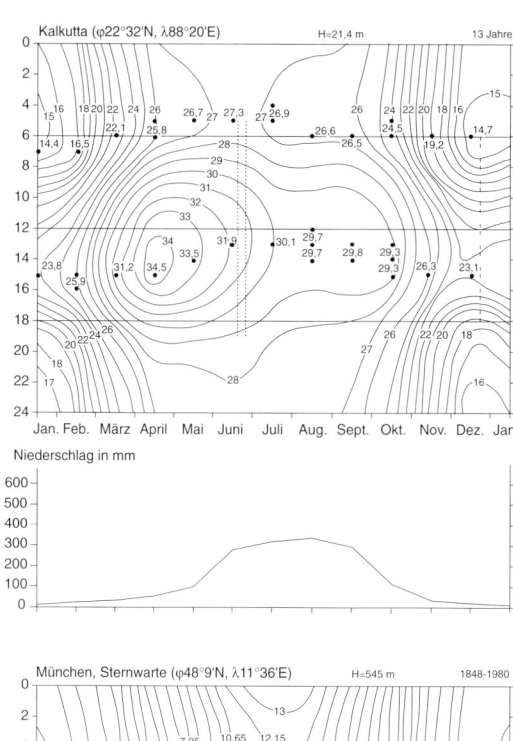

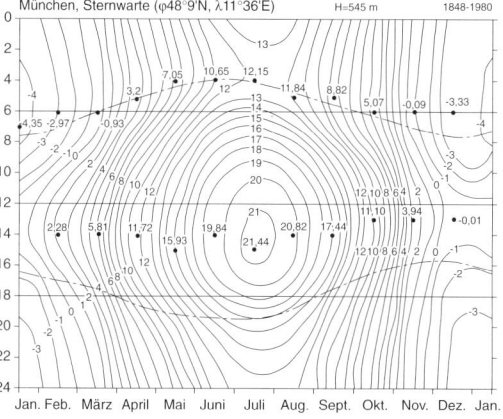

Abb. 7a:
Thermoisoplethen-
diagramm von Kalkutta
als Beispiel einer Station
der wechselfeuchten
Tropen unter Monsun-
einfluß nahe des nörd-
lichen Wendekreises

Wegen der schon großen Entfernung zum Äquator treten
bereits deutliche thermische
Jahreszeiten auf. Man unterscheidet drei Wärmejahres-
zeiten: eine sehr heiße Jah-
reszeit in April/Mai am Ende
der Trockenzeit, warmgemä-
ßigte Temperaturen, aber
große Schwüle während der
monsunalen Regenzeit (Juli
bis September) und einen
kühlgemäßigten „Winter"
von November–Februar wäh-
rend der ersten Hälfte der
Trockenzeit. Letzteres ist die
beste Reisezeit.
(Quelle: TROLL 1943)

Abb. 7b:
Thermoisoplethen-
diagramm von München,
als Beispiel einer Station
des subozeanischen
kühlgemäßigten Klimas
mit mäßigen Tages- und
(im Vergleich zu den
feuchten Tropen)
deutlichen Jahres-
schwankungen von
−4 °C bis +14 °C vor
Sonnenaufgang bzw.
0 °C bis +21 °C
zur Mittagszeit
(Quelle: TROLL 1943)

Daß ein Europäer die nur mäßige Hitze in den dauerfeuchten Tropen
dennoch als unangenehm empfindet, liegt weniger an den hohen Temperaturen als vielmehr an der *permanent hohen Luftfeuchtigkeit,* die für ein
schwüles *„Treibhausklima"* sorgt, an das man sich erst nach einer Übergangszeit gewöhnt. Langfristig schwieriger zu ertragen erscheinen vielen
die ständig gleichbleibenden Temperaturen. Wer über Jahre in äquatorialen

Tiefländern gelebt hat, vermißt mit der Zeit den Temperaturwechsel zwischen Sommer und Winter, ebenso wie die Übergangszeiten im Frühjahr und Herbst.

Die häufige Wolkenbildung und die hohe Luftfeuchtigkeit in den dauerfeuchten Tropen dämpfen nicht nur die tageszeitlichen und jahreszeitlichen Höchstwerte, sondern vermindern auch die Ausstrahlung und damit die nächtliche Abkühlung. So dürften z.b. in Belem die nächtlichen Tiefstwerte auch im Extremfall kaum jemals unter 18 °C sinken. In den wechselfeuchten Tropen sind die Temperaturamplituden schon größer. Hier kann es in klaren Nächten während der Trockenzeit gelegentlich bis auf 10 °C abkühlen. Frost tritt freilich, wie in allen tropischen Tiefländern, nie auf.

b) Thermische Höhenstufen

Zur Höhe hin nehmen die Temperaturen wie überall auf der Erde kontinuierlich ab. Man kalkuliert in Gebieten mit hoher Luftfeuchtigkeit mit einem Gradienten von 0,5–0,6 °C/100 m und in Trockengebieten bis zu 1,0 °C Abnahme pro 100 m. In den feuchten Tropen kann man demnach im Schnitt mit einer Abnahme von 0,6 °C/100 m rechnen.

Dies führt in den tropischen Gebirgen zu einer ausgeprägten thermischen Stufung mit einer deutlichen Differenzierung der natürlichen Vegetation und der Wirtschaftsformen der Menschen (s. Abb. 15 in Kap. 2.5.4). In einigen tropischen Gebirgsländern hat die einheimische Bevölkerung diese vertikalen Stufen mit lokalen Namen belegt, wie z.B. in den Anden (*Tierra caliente, T. templada, T. fria, T. helada*) oder im Hochland von Äthiopien (*Kolla, Woina Dega, Dega*).

Die Temperaturabnahme zur Höhe hin ändert jedoch nichts an der jahreszeitlichen Isothermie und damit an dem Tageszeitenklima. Dies geht aus dem Thermoisoplethendiagramm vom Gipfel des Pangerango-Vulkans (3022 m) in Westjava etwas südlich des Äquators deutlich hervor: Die Tageshöchstwerte liegen während des ganzen Jahres konstant zwischen 10 ° und 13 °C und die nächtlichen Tiefstwerte zwischen 6 ° und 8 °C.

Die Höhe der *absoluten Frostgrenze* hängt vom Relief, der Höhe der Niederschläge, der Häufigkeit der Wolkenbildung, der Entfernung vom Äquator und nicht zuletzt vom *Massenerhebungseffekt* ab. In der Regel ist in den äquatornahen dauerfeuchten Tropen unter 3000 m kaum mit Frost zu rechnen. Im Falle des Pangerango-Vulkans (s. Abb. 6) würde auch in 3500 m wohl noch kein Nachtfrost auftreten, wenn der Berg bis in solche Höhen reichte. Ist dann aber die absolute Frostgrenze erst einmal erreicht, beginnt wegen der fehlenden jahreszeitlichen Schwankungen schon wenig höher die Zone mit *täglichen Frostwechseln*. Hier herrscht gewissermaßen an jedem Tag „Sommer" und in jeder Nacht „Winter" (HEDBERG 1974).

2.1.3 Das hygrische Klima (Niederschlagsverhältnisse)

a) Jahreszeitliche Verteilung der Niederschläge
Nicht die einförmigen Temperaturverhältnisse, sondern die variierenden Niederschläge bestimmen die Jahreszeiten sowie den saisonalen Rhythmus der Natur und der menschlichen Aktivitäten. Im Unterschied zu den trockenen Tropen ist in den feuchten Tropen die *jährliche Wasserbilanz* positiv, d. h. die Niederschläge sind höher als die Verdunstung. Die Anzahl der humiden Monate ist größer als die der ariden, zumindest die größeren Flüsse führen ganzjährig Wasser, Seen verfügen über einen Abfluß und Versalzungsprobleme treten nicht auf. Insgesamt fällt in den feuchten Tropen rund die Hälfte aller Niederschläge auf der Erde (LAUER 1983). In den dauerfeuchten Tropen steht der Landwirtschaft ganzjährig reichlich Wasser zur Verfügung. In den wechselfeuchten Tropen kommt es aber bereits zu deutlichen Trockenzeiten von zwei bis drei Monaten Dauer, in denen sowohl Trinkwasser wie auch Wasser für die Agrarproduktion knapp werden können.

Die *mittleren Jahreswerte* der Niederschläge betragen mindestens 1000 mm. Der Übergang von den wechselfeuchten zu den dauerfeuchten Tropen erfolgt bei ungefähr 1500 mm/Jahr.

Das bedeutet allerdings nicht, daß die höchsten Niederschlagswerte notwendigerweise in den dauerfeuchten Tropen gemessen werden. Tatsächlich kann es in den wechselfeuchten Tropen ebenso viel oder sogar erheblich mehr regnen, wie das schon erwähnte Beispiel Cherrapunji im Nordosten Indiens zeigt.

Für das Leben in den Tropen ist meistens nicht so sehr die Höhe der Niederschläge, sondern vielmehr deren jahreszeitliche Verteilung von Bedeutung. Der *Wechsel von Regen- und Trockenzeiten* bestimmt den Rhythmus aller Lebewesen ebenso wie die Wirtschaftsformen des Menschen, vor allem die Landwirtschaft. Auch für den Mitteleuropäer, der seinen Urlaub in den Tropen plant, ist die Beachtung von Regen- und Trockenzeit wichtig. Weit mehr als für die dauerfeuchten Tropen gilt dies für die wechselfeuchten Tropen mit ihren ausgeprägten „sommerlichen" Regenzeiten und ebenso deutlichen „winterlichen" Trockenzeiten. Wenn man bedenkt, daß die Jahressumme der Niederschläge in den wechselfeuchten Tropen durchaus nicht niedriger zu sein braucht als in den dauerfeuchten Tropen, diese aber auf wenige Monate konzentriert sind, wird deutlich, mit welcher Intensität die Regenschauer während dieser Zeit fallen können. So verzeichnet z. B. Bombay (Südwestindien) in den vier Monaten von Juni bis September fast den gesamten Jahresniederschlag von über 1800 mm. Dafür regnet es von Dezember bis April so gut wie gar nicht (s. Abb. 8).

In den dauerfeuchten Tropen ist der Unterschied zwischen Regen- und Trockenzeit weniger ausgeprägt. Im Gefolge des zweimaligen Durchzugs der

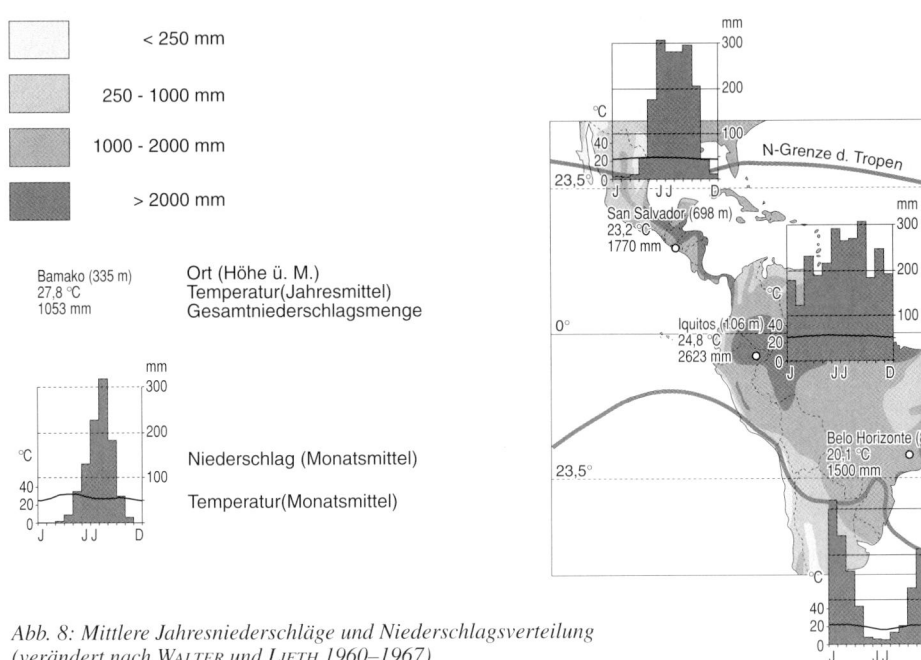

Abb. 8: Mittlere Jahresniederschläge und Niederschlagsverteilung (verändert nach WALTER und LIETH 1960–1967)

ITC kommt es zu zwei Regenmaxima. Einen klassischen Fall stellt Kuala Lumpur (s. Abb. 8) dar. Die beiden dazwischen liegenden Minima kann man kaum als wirkliche Trockenzeiten bezeichnen, da es auch dann häufiger regnet. Tatsächlich weisen viele Stationen in den dauerfeuchten Tropen keinen einzigen ariden Monat mit weniger als 100 mm Niederschlag auf. Auf der anderen Seite fallen dort aber auch in den Regenzeiten kaum mehr als 300 mm Niederschlag pro Monat. Die gesamten Niederschläge sind also relativ gleichmäßig über das Jahr verteilt.

b) Tageszeitliche Verteilung und Intensität der Niederschläge
Bei den Niederschlägen in den feuchten Tropen handelt es sich in der Regel um kurze, dafür aber sehr ergiebige, wolkenbruchartige Schauer. Meistens treten diese am frühen Nachmittag im Gefolge des mittäglichen Sonnenhöchststandes auf. Es gibt aber auch Beispiele, vor allem Küstenorte, die dieser Regel nicht folgen und ihr Tagesmaximum nachts und in den frühen Morgenstunden erreichen. Bei wieder anderen Stationen, wie z. B. Singapur, ändert sich der Tagesablauf mit den Jahreszeiten. Während die Verteilungskurve zur Zeit des Nordostpassats von November bis April den klassischen

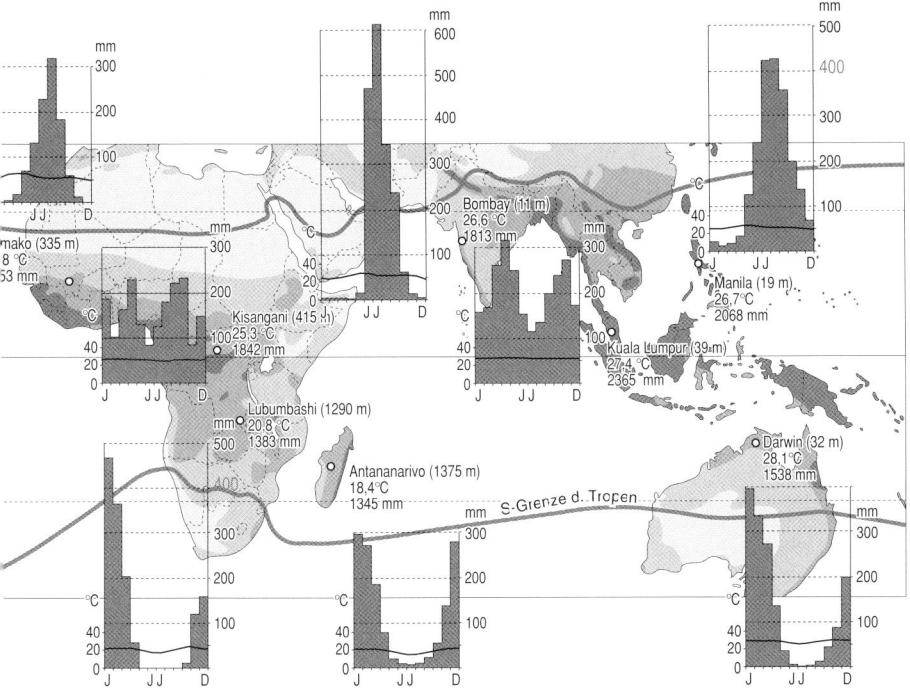

Verlauf mit dem Nachmittagsmaximum nimmt, verlagert sich während des Südwestmonsuns von Juni bis September das Maximum auf den Vormittag (READING, THOMPSON, MILLINGTON 1995, S. 76).

Besonders charakteristisch ist die *hohe Intensität* der Niederschläge. Etwa 60 % der Niederschläge fallen als kurze aber kräftige Schauer von höchstens einer Stunde Dauer. Im Schnitt beträgt die Regenmenge pro Niederschlagsereignis etwa 20 mm. Schon bei 25 mm/Stunde ist auf ungeschützten Böden mit verstärkter Erosion zu rechnen. Es sollen aber auch schon Wolkenbrüche von bis zu 150 mm/Stunde vorgekommen sein (READING, THOMPSON, MILLINGTON 1995), ebenso wie Tagessummen von 500 mm, was der Jahressumme vieler Stationen in den gemäßigten Breiten entspricht. Der Autor hat an der Westküste Sumatras bis zu 350 mm/Tag erlebt.

Aus der hohen Niederschlagsintensität ergeben sich mehrere wichtige Konsequenzen: Auf die große Erosionsleistung der kräftigen Schauer wurde schon hingewiesen. Sie sind natürlich dann besonders wirksam, wenn eine schützende Vegetationsdecke fehlt, wie z.B. unmittelbar nach einer Brandrodung im Regenwald. Die hohen Jahressummen der Niederschläge täuschen eine überreichliche Wasserverfügbarkeit für die Landwirtschaft vor, die aber

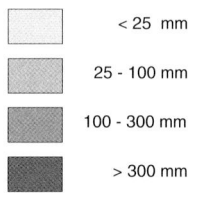

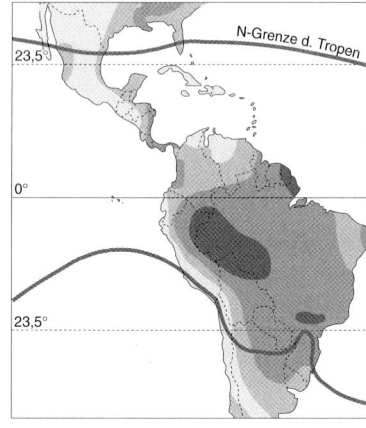

Abb. 9a: Mittlere Niederschläge im Januar

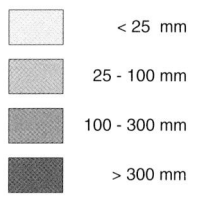

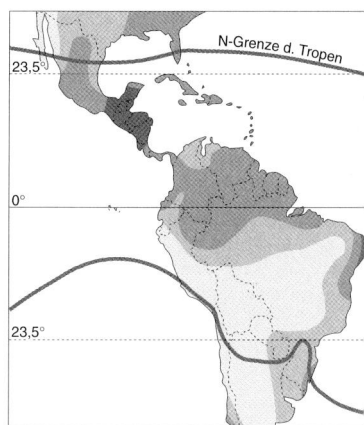

Abb. 9b: Mittlere Niederschläge im Juli

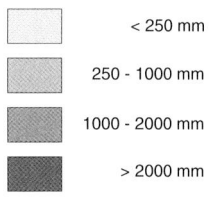

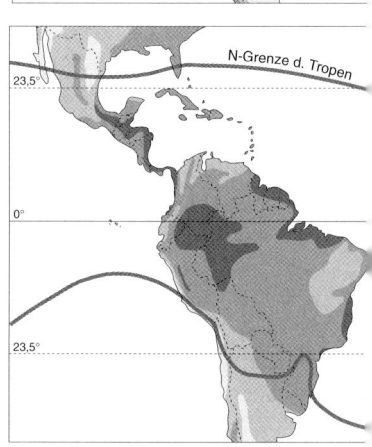

Abb. 9c: Mittlere Jahresniederschläge

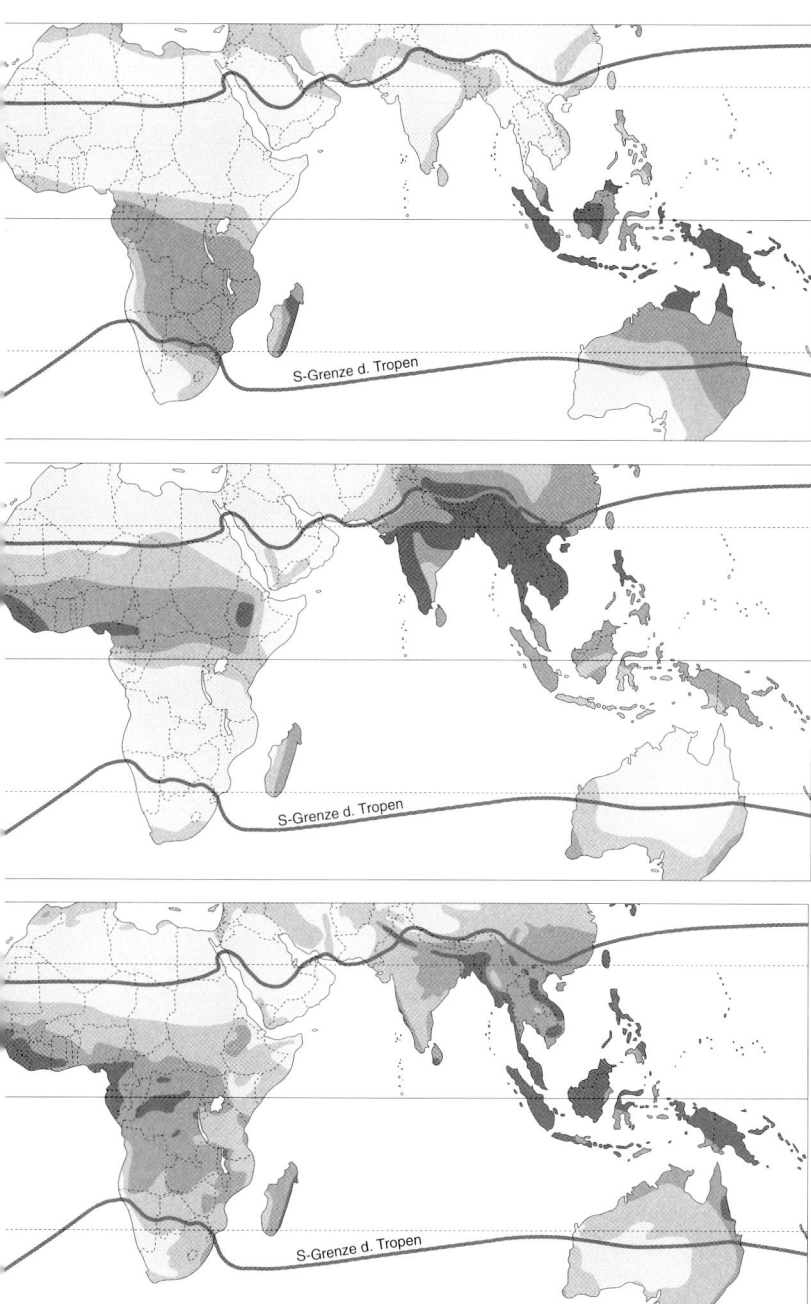

in Wirklichkeit nicht existiert, da ein Großteil des Regenwassers ungenutzt an der Oberfläche abfließt. Insbesondere in den durch dichte Bebauung und Asphaltstraßen weitgehend versiegelten Großstädten kommt es nach wolkenbruchartigen Regenfällen immer wieder zu Überschwemmungen, da die Kanalisation, soweit vorhanden, mit den plötzlich anfallenden Wassermassen nicht fertig wird.

Eine für den Tourismus sicherlich positive Konsequenz ist, daß es selbst in den dauerfeuchten Tropen trotz sehr hoher Niederschläge und ganzjähriger Humidität keineswegs ständig regnet. So ist z. B. in Padang an der Westküste Sumatras die Zahl der Sonnentage pro Jahr fast ebenso groß wie die Zahl der Regentage, obwohl im Jahresmittel immerhin fast 4500 mm und in keinem Monat weniger als 230 mm Niederschlag fallen (SCHOLZ 1988a). Selbst an Regentagen scheint normalerweise zumindest für einige Stunden die Sonne.

Wer also in die dauerfeuchten Tropen reist, kann selbst in der Regenzeit auf ausreichend Sonnenschein hoffen, muß sich aber auf wiederholte, sehr kräftige, aber eben nur kurze Schauer einstellen.

c) Hygrische Höhenstufen
Wie in allen Gebirgen der Erde, ist auch in den feuchten Tropen mit zunehmender Höhe infolge von *Steigungsregen* mit einem Anstieg der Niederschläge zu rechnen. Diese Regel gilt in gleicher Weise auch für die trockenen Tropen, so daß in dortigen Gebirgsländern feuchttropische Verhältnisse eintreten können. Beispiele für solche extrazonalen feuchttropischen Höheninseln umgeben von trockentropischen Tiefländern sind die ostafrikanischen Vulkane und das Hochland von Äthiopien. Allerdings nehmen die Niederschläge nur bis zu einer bestimmten Höhe zu. Diese liegt im allgemeinen bei 2000–3000 m, wo sich das mittägliche Kondensationsniveau mit der Bildung von Quellwolken befindet. Weiter oben nehmen die Regenfälle wieder ab (WEISCHET 1991).

Gut dokumentiert ist dieses Phänomen am *Beispiel des Kilimanjaro* (Diercke Weltatlas 1996, S. 131④): Am Fuß dieses ostafrikanischen Vulkans beträgt das jährliche Niederschlagsmittel etwa 800 mm. Zur Höhe hin steigt dieser Wert zunächst rasch an und erreicht bei 2000–2500 m sein Maximum mit über 2000 mm pro Jahr. Hier, in der Nebelwaldstufe (Kap. 2.5.4), befindet sich das Hauptkondensationsniveau mit beinahe täglicher Bildung von Wolken und Nieselregen. Oberhalb dieser Stufe gehen die Niederschläge ebenso rasch zurück, wie sie vorher angestiegen sind. Im Gipfelgebiet des Kibo zwischen 5000 und 5900 m fallen schließlich kaum noch 500 mm Niederschlag pro Jahr. Die schüttere Vegetationsdecke unterhalb der Schnee- und Eiskappe des Kibo ist somit nicht nur kälte-, sondern auch trockenheitsbedingt (HEDBERG 1974).

2.1.4 Auswirkungen des Klimas auf die Agrarproduktion und den Menschen

a) Intensität und Dauer des Lichtangebots
Grundlage für die physiologische Leistung einer Pflanze und damit auch für den Ertrag von Nutzpflanzen ist die *Photosynthese,* welche in erster Linie von der Intensität und der Dauer des Lichtangebots abhängig ist. Die Intensität des Sonnenlichts ist in den feuchten Tropen zwar hoch, aber nicht optimal, da die häufige Wolkenbildung die Einstrahlung deutlich reduziert. Gleichwohl ist die Lichtversorgung und somit das *photosynthetische Potential* immer noch doppelt so groß wie in den gemäßigten Breiten (REHM 1986). Am intensivsten werden freilich die trockenen Randtropen mit Licht versorgt.

Die Dauer des Lichtangebots beträgt in den feuchten Tropen über das ganze Jahr ziemlich konstant zwölf Stunden pro Tag. Zu den höheren Breiten hin verlängern sich die Tage im Sommer. Optimale Verhältnisse herrschen während der Sommermonate in den subtropischen Winterregengebieten, wenn dort lange Tage und intensive Sonneneinstrahlung kombiniert auftreten. Viele einjährige Nutzpflanzen liefern unter diesen Bedingungen Spitzenerträge – allerdings nur einmal pro Jahr! Dagegen lassen die klimatischen Bedingungen der feuchten Tropen einen ununterbrochenen Anbau und somit, je nach Vegetationsdauer der betreffenden Nutzpflanze, mehrere Ernten im Jahr zu. Die niedrigere Saisonleistung kann so in der Regel durch eine weit höhere Jahresleistung mehr als ausgeglichen werden.

Bei vielen Pflanzen bestimmt die *Tageslänge* den Eintritt von Blüten- und Fruchtbildung *(Photoperiodismus).* Da in den feuchten Tropen die Tage konstant zwölf Stunden lang sind, können Nutzpflanzen, die größere Tageslängen für die Reifung benötigen *(Langtagspflanzen)* nicht kultiviert werden. Deshalb waren z. B. einige sehr ertragreiche Reissorten der Subtropen wegen ihrer ausgeprägten „*Photosensibilität"* für die äquatorialen Breiten ungeeignet. Eines der wichtigsten Ziele der modernen Agrarforschung ist deshalb in den vergangenen Jahrzehnten die Verbesserung der *Tageslichtneutralität* gewesen. Dies ist für die meisten subtropischen Nutzpflanzen, so auch für den Reis, inzwischen gelungen (REHM 1986). Somit fällt der ökologische Nachteil der kurzen Tage in den äquatorialen Breiten heute kaum noch ins Gewicht.

b) Das Wärmeangebot
Neben dem Licht ist die Temperatur ein weiterer bedeutsamer Bestimmungsfaktor für das pflanzliche Wachstum. In vielen Fällen sind allerdings die Maximalwerte ausschlaggebender als die Durchschnittswerte (CAESAR 1986). Wie schon erwähnt, zeichnen sich die feuchten Tropen durch ein ganzjährig konstant hohes Wärmeangebot aus. Gleichzeitig fehlen Extrem-

werte, etwa Hitzegrade von über 40 °C, wie sie in den Randtropen und in den Subtropen immer wieder auftreten. Beides wirkt sich auf das Pflanzenwachstum generell positiv aus. Andererseits stellen die hohen Nachttemperaturen eher einen Nachteil dar, da durch die *erhöhte nächtliche Atmung* ein Großteil der tagsüber aufgebauten Assimilate wieder abgebaut wird. Nach REHM (1986) können die nächtlichen Atmungsverluste bis zu 35 % der Photosyntheseleistung betragen. Außerdem fördern die hohen Nachttemperaturen oftmals das vegetative Wachstum auf Kosten der Samenbildung, was zusätzlich den Kornertrag mindert. So schießt z. B. der Mais in den feuchten Tropen zwar kräftig in die Höhe, bildet aber nur kleine Kolben aus. Eine größere Temperaturamplitude zwischen Tag und Nacht wäre für das Ertragsniveau günstiger. Diese Bedingung erfüllen die trockeneren Randtropen oder auch tropische Hochländer im allgemeinen eher als die Tiefländer der feuchten Tropen.

Außer auf Wachstum und Ertrag kann sich die Temperatur auch auf die *Qualität des Ernteprodukts* auswirken. Zum Beispiel bilden sich bei den öl- und fettliefernden Pflanzen der gemäßigten Breiten überwiegend ungesättigte Fettsäuren, in den feuchten Tropen dagegen meist gesättigte Fettsäuren (CAESAR 1986). Futtergräser liefern in den feuchten Tropen zwar beachtliche Erträge, bestehen jedoch größtenteils aus Rohfasern mit geringem Proteinanteil. Die Futterqualität feuchttropischer Naturweiden ist deshalb nur als mäßig einzustufen (FRANKE und PÄTZOLD 1986).

Immer wieder ist versucht worden, Obstbäume aus den gemäßigten Breiten in die feuchten Tropen zu verpflanzen. Hier stellt sich das Problem der fehlenden Winterkälte, die der Baum benötigt, um Blütenknospen zu treiben (Vernalisation). Insbesondere mit Apfelbäumen sind in verschiedenen tropischen Hochländern wiederholt Experimente mit mechanischer Blattentfernung oder chemischer Entlaubung durchgeführt worden. Bislang konnten die bescheidenen Erfolge den Aufwand kaum rechtfertigen (CAESAR 1986).

Nach Auffassung von REHM (1986) wird bei der Diskussion über die Temperaturverträglichkeit von Nutzpflanzen der *Bodentemperatur* zu wenig Aufmerksamkeit geschenkt, obgleich diese für das Pflanzenwachstum eigentlich viel wichtiger sei als die Lufttemperatur. Bemerkenswerterweise führen in den feuchten Tropen viel häufiger zu hohe als zu tiefe Bodentemperaturen zu Wachstumsbehinderungen und Ertragsabfall. Im Tieflandregenwald der dauerfeuchten Tropen beträgt die Bodentemperatur während des ganzen Jahres konstant 27–29 °C. Schon ab 35 °C stellen sich bei vielen Pflanzen der Regenwaldzone Wachstumsstörungen ein, und bei 40 °C ist im allgemeinen die Obergrenze der Verträglichkeit erreicht. Besonders empfindlich reagieren die für den Erhalt des Regenwaldbestandes so wichtigen Wurzelpilze (Mykorrhizae, Kap. 2.4), die schon bei 35 °C abzusterben beginnen. Dies unterstreicht nachdrücklich die Notwendigkeit, landwirtschaftliche Nutzflächen in den feuchten Tropen durch temperaturregulierende Maßnahmen vor direkter

Sonneneinstrahlung zu schützen, wie z. B. durch Schattenbäume, Boden-decker, Mulchen oder durch Wasserbedeckung beim Bewässerungsfeldbau.

c) Das Wasserangebot
In großen Teilen der Erde bildet das Wasser den entscheidenden Mangelfak-tor für die agrarische Produktion. Für die feuchten Tropen trifft dies jedoch nicht zu. Mit mindestens 1000 mm Niederschlag pro Jahr steht ausreichend Wasser zur Verfügung, um wenigstens eine oder sogar mehrere Ernten pro Jahr sicherzustellen.

Die *überreichliche Wasserversorgung* in den dauerfeuchten Tropen kann aber auch Probleme schaffen. So sind die hohen Niederschläge durch ihre auswaschende Wirkung mitverantwortlich für den geringen Nährstoffgehalt der Böden. Auf Schwemmlandflächen besteht die Tendenz zu Staunässe, die zu einer Unterversorgung mit Sauerstoff im Wurzelbereich der Pflanzen führt. Weiterhin fördert die ständige Wasserbenetzung auf den Blättern die Bildung von Pilzen und anderen Erregern von Pflanzenkrankheiten. Die glei-che negative Wirkung übt auch Nebel aus, der in den Hochlagen der feuchten Tropen („Nebelwaldzone", Kap. 2.5.4) fast täglich auftritt. Außer der ver-minderten Sonneneinstrahlung sind der lästige Bewuchs mit Moosen, Flech-ten und anderen Epiphyten auf den Kulturpflanzen unerwünschte Begleiter-scheinungen. Eine Ausnahme bildet der Tee, der gerade unter diesen Bedin-gungen die beste Qualität liefert.

d) Fazit für die Landwirtschaft
Insgesamt bietet das Klima der feuchten Tropen zwar keine optimalen, aber doch sehr günstige Voraussetzungen für die agrare Landnutzung. In keiner anderen Klimazone der Erde steht das kombinierte Angebot von Licht, Wärme und Wasser so reichlich, so kontinuierlich und letztlich so billig zur Verfügung. Die Möglichkeit ununterbrochen zu produzieren, beschert dem Landwirt eine Reihe von *betriebswirtschaftlichen Vorteilen:* So entfällt die in anderen Klimazonen notwendige Vorratswirtschaft sowohl für Nahrungsmit-tel als auch für Trinkwasser. Das Fehlen von Jahreszeiten gestattet eine gleichmäßigere Ausnutzung der Arbeitskraft über das Jahr: Arbeitsspitzen und -flauten lassen sich ausgleichen. Die Notwendigkeit saisonaler Arbeits-migration, die z. B. in den trockenen Tropen häufig anzutreffen ist, entfällt.

Neben den Vorteilen sind aber auch einige *klimabedingte Nachteile* nicht zu übersehen. Denn in gleicher Weise, wie das hohe Angebot an Wärme und Wasser das Wachstum der Nutzpflanzen fördert, stellt es selbstverständlich auch einen idealen Nährboden für die Ausbreitung von Krankheitserregern, Schädlingen und Unkräutern dar. Die dadurch verursachten Ertragseinbußen sind nirgends größer als in den feuchten Tropen (KRANZ und ZOEBELIN 1986).

Unkräuter wachsen in den feuchten Tropen etwa doppelt so schnell wie in den gemäßigten Breiten. Nach ALKÄMPER (1986) beansprucht allein die Unkrautbekämpfung zwischen 30 und 40 % der gesamten Feldarbeiten und stellt damit einen wesentlichen Begrenzungsfaktor für die Ausweitung des Anbaus dar. Die schädigende Wirkung der Unkräuter beruht in erster Linie auf der Konkurrenz um die Mangelfaktoren Licht und Nährstoffe, während die Wasserkonkurrenz in den feuchten Tropen kaum eine Rolle spielt (ALKÄMPER 1986).

Das älteste Mittel gegen Unkraut ist das Feuer. Deshalb ist die Brandrodung auch heute noch weit verbreitet, insbesondere beim Wanderfeldbau (Kap. 3.3.2). Die Wirkung kann mehrere Wochen anhalten und der Nutzpflanze einen entscheidenden Wachstumsvorsprung bescheren. Zu häufig wiederholte Brände führen jedoch zu einer Selektion feuerresistenter Unkräuter, denen schließlich kaum noch beizukommen ist. Ein bekanntes Beispiel ist das Hartgras Imperata cylindrica (indones.: „alang-alang"), das maßgeblich am Savannisierungsprozeß in Südostasien beteiligt gewesen ist (Kap. 2.5.2). Eine andere, sehr effektive und dabei umweltschonende Maßnahme gegen das Unkraut ist die traditionelle Verpflanzung von Reis in das überflutete Feld. Trotz des enormen zusätzlichen Arbeitsaufwands wird diese Methode noch immer von der Mehrheit der asiatischen Reisbauern zur besseren Unkrautkontrolle angewendet (Kap. 3.3.4).

e) Auswirkungen auf die Gesundheit des Menschen
  (Tropenkrankheiten)
In früheren Reiseberichten über die feuchten Tropen wurde stets besonders eindringlich auf die *gesundheitlichen Gefahren* dieser Zone hingewiesen. Begriffe wie „schwüles Treibhausklima", „Fieberhölle" oder die Umbenen-

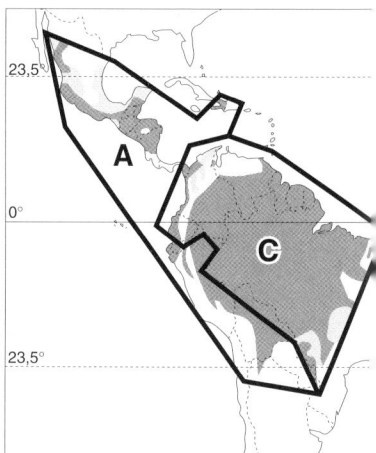

▨ Gebiete mit Malariavorkommen

☐ Gebiete mit begrenztem Risiko

☐ Gebiete, in denen Malaria nicht mehr vorkommt, ausgerottet wurde oder nie vorkam

A   Risiko allgemein gering und saisonbedingt , in vielen Gebieten (z.B. Stadtgebieten) besteht kein Risiko

B   Risiko in den meisten Teilen gering

C   In Afrika besteht mit Ausnahme einiger hochgelegener Gebiete in den meisten Teilen ein hohes Risiko. In Asien und Amerika ist in den meisten Teilen dieser Zone das Risiko gering, im Amazonasbecken jedoch relativ hoch.

Abb. 10: Malariavorkommen und Erkrankungsrisiko
(nach World Health Organization 1993

nung von Sumatras Westküste in „Pestküste" durch die niederländischen Handelsfahrer im 18. und 19. Jahrhundert deuteten unmißverständlich an, daß das Leben in den feuchten Tropen nicht gerade unproblematisch war. Tatsächlich gibt es wohl in keiner anderen Klimazone einen fruchtbareren Nährboden für Krankheitserreger aller Art. Nach Ansicht von GOUROU (1966) dürfte das „ungesunde" Klima ein wesentlicher Grund dafür gewesen sein, daß insbesondere die Tiefländer der feuchten Tropen lange Zeit als Siedlungsplatz gemieden wurden und deshalb bis heute relativ dünn besiedelt geblieben sind. Regionen wie Amazonien, das Kongo-Becken und die dauerfeuchten Gebiete im südostasiatischen Archipel sind offenkundige Belege.

Heute sind viele Tropenkrankheiten medizinisch kontrollierbar, wodurch sich die Attraktivität der feuchten Tropen als Siedlungs- und Wirtschaftsraum deutlich verbessert hat (Kap. 5.1). Dennoch gilt diese Klimazone noch immer als *gesundheitlicher Risikoraum* und zwar nicht nur für Europäer, sondern entgegen landläufiger Meinung fast noch mehr für die lokale Bevölkerung, da diese im allgemeinen nicht über die finanziellen Mittel verfügt, um sich Medikamente gegen die vielen Krankheiten zu kaufen.

Der französische Tropenkenner PIERRE GOUROU schilderte die Situation in einem typischen westafrikanischen Dorf bei Accra (Ghana) wie folgt: Zum Zeitpunkt der Untersuchung litten 43 % der Bewohner an Malaria, 44 % hatten Hakenwürmer, 76 % sonstige Würmer, 9 % machten gerade eine Bilharzia durch und die vielen Darmerkrankungen wurden gar nicht erst mitgezählt. Das Innenleben eines normalen Bewohners gliche einem „museum of horrors", so sehr wimmelte es von Krankheitserregern (GOUROU 1966).

Unter den vielen Tropenkrankheiten verdient zweifellos die *Malaria* die größte Beachtung. Nachdem sie in den 50er Jahren schon gebannt schien, hat

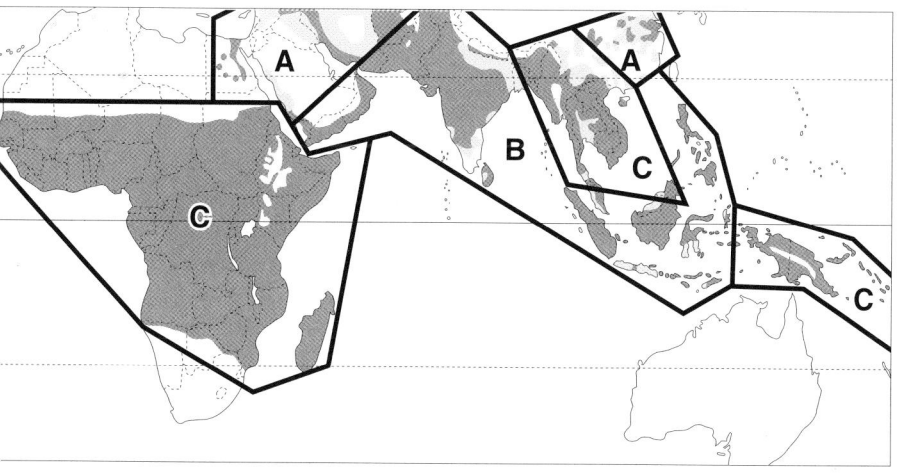

sie sich in den letzten Jahren erneut stark ausgebreitet und stellt nicht nur für die lokale Bevölkerung, sondern auch für Reisende eine sehr ernstzunehmende Bedrohung dar. Da sich das Krankheitsbild und die Verbreitungsgebiete laufend ändern, veröffentlicht die World Health Organization (WHO) jährlich eine Weltkarte mit den Risiko-Gebieten und den entsprechenden Prophylaxeempfehlungen (s. Abb. 10). Demnach ist die Malaria heute über alle Tropenländer verbreitet mit Ausnahme von Ostbrasilien, Nordaustralien, Kuba, Hochländern oberhalb 1500 m und einigen Großstädten (z. B. Singapore). Am schlimmsten ist das tropische Afrika betroffen. Laut WHO (1996) leben von den knapp 300 Mio. infizierten Menschen der Erde 80–90 % in Afrika. Rund 70 % aller Malariaerkrankungen bei deutschen Touristen wurden in Tropisch-Afrika erworben.

Noch häufiger als die Malaria, dafür aber weniger gefährlich, sind *Durchfallerkrankungen,* die für den Tropenreisenden fast schon zur Regel gehören. Probleme mit der Klimaumstellung, dazu verdorbene Speisen oder Getränke, schließlich auch Bakterien, Amöben oder Salmonellen können die Ursachen sein. Auch die einheimische Bevölkerung der Tropen hat unter den Durchfallerkrankungen zu leiden. Im Schnitt kalkuliert man für alle Kinder unter fünf Jahren mit drei bis vier Erkrankungen pro Jahr, die nicht selten zu chronischer Mangelernährung und beträchtlichem Gewichtsverlust führen (FISCHER und HAURI 1997). Da sich alle Bakterien und Keime unter den feuchtheißen Klimabedingungen viel rascher vermehren als bei uns, sind für den europäischen Reisenden einige hygienische Grundregeln zu beachten, wie die Vermeidung von frischen Salaten, Hackfleisch, Speiseeis und vor allem unabgekochtem Wasser (ein zumindest in hygienischer Sicht bedeutsamer Fortschritt sind die inzwischen in fast allen Tropenländern erhältlichen Plastikwasserflaschen!).

Des weiteren ist die *Gelbsucht* (Hepatitis A) zu beachten, obwohl inzwischen eine aktive Schutzimpfung mit fünf- bis zehnjähriger Schutzwirkung möglich ist. Wie die Durchfallerkrankungen wird sie durch mangelhafte Hygiene sowie unreines Essen bzw. Trinkwasser übertragen.

Unter der ländlichen Bevölkerung der afrikanischen Tropen ist die *Bilharziose* stark verbreitet. Der Zwischenwirt dieser Krankheit, eine Tellerschnecke, ist an Gewässer gebunden, weshalb die Krankheit auch nur in diesem Milieu weitergegeben wird. Daher ist dringend vor einem Bad oder auch nur Waten in den meisten afrikanischen Gewässern zu warnen.

In der Vergangenheit zählte die *Cholera* zu den gefährlichsten und schrecklichsten Tropenkrankheiten, die sich vor allem durch unzureichende Fäkalienentsorgung ausbreiten konnte. Da sich in den meisten Tropenländern die hygienischen Verhältnisse inzwischen deutlich verbessert haben, hat diese Krankheit viel von ihrem Schrecken verloren. Nur noch wenige Ärzte empfehlen vor Antritt einer Tropenreise eine Impfung. In katastrophenartigen

Situationen, etwa in Flüchtlingslagern oder nach Flutkatastrophen, stellt die Cholera allerdings auch heute noch eine akute Gefahr dar. So brach zum Beispiel 1991 in Peru eine Choleraepidemie aus und griff in kürzester Zeit auf mehrere Nachbarländer über. Über 300 000 Erkrankte und rund 3000 Todesfälle waren die Folge (WHO 1996).

Inwieweit das feuchtheiße Klima über die Gefährdung der Gesundheit hinaus auch die körperliche und geistige *Leistungsfähigkeit des Menschen* herabsetzt, ist immer wieder gestritten worden. Für GOUROU fällt die Antwort eindeutig aus: „Ein Mensch, der Malaria-Plasmodien in seinem Blut beherbergt, dazu eine reiche Kollektion von Amöben, Bakterien, Haken- und anderen Würmern, Schistosomen der Bilharzia und eine Vielzahl von Darmparasiten, wie es in den feuchten Tropen der Normalfall ist, kann wahrhaftig nicht fit für harte körperliche Arbeit und komplizierte geistige Aufgaben sein". Ein wesentlicher Grund für die Armut sowie die wirtschaftliche und kulturelle Stagnation der Bevölkerung sei deren schlechter Gesundheitszustand (GOUROU 1966). FISCHER und HAURI (1997) sehen dies anders. Ihres Erachtens sei nicht so sehr das Klima für die Gesundheitsprobleme der tropischen Bevölkerung verantwortlich, sondern weit mehr die sozialen und ökonomischen Rahmenbedingungen in den Tropenländern. Insbesondere verunreinigtes Trinkwasser sei eine stete Gefahr, ebenso die mangelhafte Entsorgung von Fäkalien und Abfällen. Nicht der schlechte Gesundheitszustand sei der Grund für die Armut, sondern umgekehrt die Armut für die zahlreichen Krankheitsfälle.

Diese These läßt sich an dem Gesundheitszustand der Europäer in den feuchten Tropen bestätigen. Zwar erscheint vielen das Klima in der Anfangsphase belastend. Nach einer gewissen Eingewöhnungszeit, während der man auch seinen tageszeitlichen Schlaf- und Arbeitsrhythmus an die Klimasituation angepaßt hat, wird das Leben von den meisten als erträglich empfunden, woran allerdings die moderne Technik mit ihren Klimageräten und die moderne Medizin einen gewichtigen Anteil haben. Viele Europäer möchten trotzdem auf das regelmäßige Wochenende in einem kühleren Höhenort und den alljährlichen „Heimaturlaub" in den gemäßigten Breiten auch aus gesundheitlichen Gründen nicht verzichten.

2.2   Der Wasserhaushalt

a) Die Wasserbilanz
Das Hauptmerkmal der feuchten Tropen gegenüber den trockenen Tropen ist die positive Wasserbilanz, d.h. der Niederschlag ist über das Jahr gesehen größer ist als die potentielle Verdunstung (N > pV).

Die Ermittlung der Wasserbilanz mittels der *potentiellen Verdunstung* (pV) kann jedoch nicht restlos befriedigen, da diese den Wert repräsentiert, den eine freie Wasserfläche verdunstet. Damit bleibt die Transpiration der Vegetation unberücksichtigt, was den ökologischen Gegebenheiten im Gelände natürlich nicht entspricht. PENMAN (1948) hat daher vorgeschlagen, die potentielle Evapotranspiration (pET) einer genormten Grasfläche zur Messung der Wasserbilanz von Landflächen zu verwenden. Noch einen Schritt weiter sind LAUER und FRANKENBERG (1981) gegangen, die eine Formel für die potentielle Landschaftsverdunstung (pLV) entwickelt haben. Neben den Haupteinflußgrößen des Verdunstungshaushalts, nämlich das Sättigungsdefizit, die Windgeschwindigkeit und die Temperatur gehen in diese Formel noch eine Reihe anderer Parameter, z. B. die Boden-/Pflanzen-Ratio, das Transpirationsverhalten der Vegetation, die Albedo und edaphische Faktoren ein. Auf dieser Grundlage wurde eine neue Karte der humiden und ariden Zonen Afrikas erstellt LAUER und FRANKENBERG 1981), auf der die humide Zone etwas größer ausfiel als nach den herkömmlichen Messungen. Wegen der Kompliziertheit der neuen Formel und der Schwierigkeit, alle dafür notwendigen Daten für hinreichend viele Meßstationen zu erhalten, wird in der Praxis weiterhin die einfache Formel der potentiellen Verdunstung (pV) über offenen Wasserflächen bevorzugt – trotz der angedeuteten Unzulänglichkeiten zur Bestimmung von Aridität und Humidität (LAUER 1986, S. 30).

Neben der potentiellen Verdunstung gibt es die *reale Verdunstung* (V), die sich auf Landflächen am zweckmäßigsten aus der Differenz zwischen Niederschlag (N) und Abfluß (A) ermitteln läßt: V = N-A. Über den Meeren ist die reale Verdunstung gleich der potentiellen Verdunstung, da stets ausreichend Wasser zur Verfügung steht. Am größten ist sie dort, wo neben hoher Sonneneinstrahlung hohe Windgeschwindigkeiten die Verdunstung fördern. Dies ist in den randtropischen Meeren der Passatzone der Fall (LAUER 1993, S. 71). Hier beträgt die Verdunstung bis zu 2000 mm/Jahr. Am Äquator verringert sich der Wert wegen der verminderten Sonneneinstrahlung und der häufigen Windstille („Kalmen") auf durchschnittlich 1400 mm/Jahr. Dieser Wert wird auch in einigen äquatorialen Regenwaldgebieten erreicht, in denen die Niederschläge nicht nur hoch, sondern auch gleichmäßig über das ganze Jahr verteilt sind, so daß in jedem Monat der Niederschlag höher ist als der Abfluß. Sobald sich mit zunehmender Äquatorferne Trockenphasen einstellen, nimmt die reale Verdunstung immer weiter ab (während die potentielle Verdunstung zunimmt): im Bereich der klimatischen Trockengrenze beträgt sie etwa 1000 mm/Jahr (alle Daten nach BAUMGARTNER und REICHEL 1975). Man kann also für die gesamten feuchten Tropen als Durchschnittswert eine reale Verdunstung von etwa 1200 mm/Jahr (in Mitteleuropa sind es etwa 500 mm/Jahr) und eine potentielle Verdunstung von ca. 1500 mm/Jahr annehmen. Demzufolge ist ein Monat mit > 125 mm Niederschlag humid, mit < 125 mm Niederschlag arid (in der landwirtschaftlichen Praxis der feuchten

Tropen gilt schon ein Monat mit 100 mm Niederschlag als „feucht", weil für gewöhnlich noch Restfeuchte im Boden vorhanden ist). In den gemäßigten Breiten mit seinen weit geringeren Verdunstungsraten genügt bereits die Hälfte des Niederschlags für eine positive Wasserbilanz.

b) Oberflächengewässer
Dank der hohen Niederschläge und der positiven Wasserbilanz verfügen die feuchten Tropen trotz hoher Verdunstung über die größten *Wasserüber-schüsse* der Erde, die sich in mächtigen Flüssen sammeln und dem Meer zufließen. Auf dem Wege dorthin können sie benachbarte Wasserdefizitge-biete mit Wasser versorgen, wie dies z. B. bei Nil und Niger der Fall ist.

Das mit weitem Abstand wasserreichste Flußsystem der Welt ist das des *Amazonas* und seiner Nebenflüsse (Bild 5). Es enthält etwa 20 % des gesam-ten Oberflächenwassers der Erde (Sioli 1983). Mit einer durchschnittlichen Abflußmenge von knapp 200 000 m^3/s übertrifft er den Mississippi um rund das Zehnfache und den Rhein um nahezu das Hundertfache! Unterhalb von Manaus ist der Fluß stets über 5 km breit mit Ausnahme der Engstelle von Obidos rund 800 km vor der Mündung. Dort engen Ausläufer des brasiliani-schen Schildes den Fluß auf 1,8 km Breite ein. Durch die 270 km breite Mün-dung werden täglich rund 1,5 Mio. t Sedimente bis zu 250 km weit in den Atlantik geschüttet bzw. entlang der Küste verdriftet. Dies hat u. a. zur Folge, daß sich an der gesamten Nordostküste Südamerikas keine Korallenriffe ent-wickeln konnten (s. Kap. 2.5). Im Anschluß an die Hauptregenzeit sind weite Flächen beiderseits des Flußlaufs überschwemmt. Eine Flußseenlandschaft von bis zu 200 km Breite entsteht. Diese sog. „*Varzeas*" stellen ein einzigar-tiges Refugium für zahllose Fische und Wasservögel dar.

Von den etwa 15 000 Zuflüssen sind zwölf über 1600 km lang. Je nach Ein-zugsgebiet verfügen die Nebenflüsse über ganz unterschiedliche Wasserqua-litäten. Man unterscheidet drei Typen (Sioli 1983):
a) die aus den Anden stammenden und deshalb mit reichlich Sedimentfracht beladenen *Weißwasserflüsse* (Beispiele: Solimões und Madeira) mit Sicht-tiefen von nur 10–50 cm (Bild 5).
b) die aus dem kristallinen Schild Zentralbrasilien strömenden und nur extrem wenig Schwebstoffe transportierenden *Klarwasserflüsse* (Beispie-le: Tapajos und Xingu) mit Sichttiefen von teilweise über 4 m.
c) die aus den Sumpfgebieten des Amazonastieflandes stammenden und gleichfalls sehr schwebstoff- und äußerst nährstoffarmen *Schwarzwasser-flüsse* (Beispiele: Rio Negro und Trombetas) mit Sichttiefen von rund 2 m.

Ein eindrucksvolles Naturschauspiel bietet sich auf der Höhe von Manaus, wo die Weißwassermassen des Solimões (wie der Ober- und Mittellauf des Amazonas genannt wird) und die Schwarzwasser des Rio Negro auf einer

Strecke von mehr als 15 km nebeneinander fließen, ehe sie sich schließlich vermischen.

Speziell die Klar- und Schwarzwasserflüsse weisen stellenweise große Tiefen von mehr als 100 m auf, so daß sich der Grund des Flußbettes deutlich unter dem Meeresspiegel befindet, was normalerweise nicht möglich ist. Tatsächlich sind diese tiefen Flußrinnen während der Eiszeit herauserodiert worden, als der Meeresspiegel bis zu 100 m tiefer lag als heute. Mit dem nacheiszeitlichen Meeresspiegelanstieg „ertranken" diese Flußtäler. Während die schwebstoffreichen Weißwasserflüsse ihre Betten zwischenzeitlich wieder auffüllten, sind die Klar- und Schwarzwasserflüsse wegen ihrer geringen Sedimentfracht bisher nicht dazu in der Lage gewesen.

Eine weitere Besonderheit der Klar- und Schwarzwasserflüsse ist deren *Nährstoffarmut*. Einige sind sauberer als Regenwasser und chemisch fast so arm wie geringfügig verunreinigtes destilliertes Wasser (SIOLI 1983). Der Grund hierfür ist der äußerst eng geschlossene Nährstoffkreislauf des tropischen Regenwaldes, der praktisch alle Nährstoffe direkt verwertet und einen Abtransport in die Fließgewässer verhindert (Kap. 2.5.1). Entsprechend arm ist auch das tierische und pflanzliche Leben in diesen Flüssen.

Ganz anders verhält es sich mit den Überschwemmungsgebieten beiderseits der Weißwasserflüsse, den sog. „Varzeas". Diese stellen in den eher nährstoffarmen amazonischen Tieflländern ausgesprochene ökologische Gunsträume dar, weil hier alljährlich während des Hochwassers ein Großteil der von den Anden herabtransportierten Sedimente abgelagert und somit für eine stete Erneuerung des Substrats gesorgt wird. Während die Varzea-Seen in den Senken sich durch einen großen Fischreichtum und üppiges Wachstum von Wasserpflanzen auszeichnen, sind die etwas erhöhten Dammufer bevorzugte Siedlungsplätze (Bild 5) mit guten Anbaumöglichkeiten für Nutzpflanzen (FITTKAU 1975; SIOLI 1983).

Das zweitgrößte Flußsystem der Welt, der *Kongo* (Zaïre), liegt ebenfalls in den feuchten Tropen. Mit durchschnittlich 50 000 m^3/s Abfluß schafft er allerdings nur etwa 25 % der Leistung des Amazonas. In den dauerfeuchten Tropen Südostasiens konnte sich wegen der Archipelstruktur kein vergleichbares zusammenhängendes Flußsystem entwickeln wie das des Amazonas oder des Kongo. Trotzdem existiert auch hier ein sehr dichtes Flußnetz, vor allem auf den Inseln Sumatra, Borneo und Neuguinea.

c) Wassernutzung

In den dauerfeuchten Tropen führen selbst kleine Bäche ganzjährig Wasser. Das hat für den wirtschaftenden Menschen einige *Vorteile*, insbesondere für den Bewässerungsfeldbau (Kap. 3.3.4). So sind Speichereinrichtungen und Pumpanlagen praktisch überflüssig. Außerdem können infolge der ständigen Drainage durch das Regenwasser keine Versalzungsprobleme auftreten. Bisher ist es allerdings erst den reisbauenden Völkern Tropisch-Asiens gelungen, die Vorteile des Wasserüberschusses in nennenswertem Maße produktiv umzusetzen.

Selbstverständlich erleichtert die positive Wasserbilanz die Trinkwasserversorgung. Um so verwunderlicher ist es, daß z. b. in der indonesischen Hauptstadt Jakarta, trotz eines durchschnittlichen Jahresniederschlags von 2200 mm, die Trinkwasserversorgung ernsthaft gefährdet ist. Das liegt allerdings weniger an der Quantität als an der durch Verunreinigungen beeinträchtigten Qualität.

Das dichte Netz ganzjährig Wasser führender Flüsse behindert zwar den Straßenbau, erleichtert aber den *Schiffsverkehr*. Davon profitiert insbesondere Amazonien. So können 3000 t-Seeschiffe den Amazonas aufwärts quer durch den südamerikanischen Kontinent bis nach Iquitos im peruanischen Tiefland fahren. Nachdem die großen transamazonischen Straßen z. T. wieder verfallen, zeichnet sich in Brasilien eine Rückverlagerung des Personen- und Frachtverkehrs auf die gut funktionierende Flußschiffahrt ab. Im Falle des Kongo-Flusses in Zentralafrika ist die Schiffahrt allerdings durch die vielen Stromschnellen beeinträchtigt. Deshalb müssen auf bestimmten Flußabschnitten Passagiere und Fracht vom Schiff auf die Eisenbahn und umgekehrt verladen werden, was nicht nur zu Zeitverlusten führt, sondern auch die Transportkosten erhöht.

Schließlich steckt in den vielen Flüssen der dauerfeuchten Tropen noch ein gewaltiges *Potential an Wasserkraft*. Dabei ist man zur Energiegewinnung gar nicht auf Riesendämme mit Megakraftwerken angewiesen, wie sie etwa in Brasilien bereits fertiggestellt (z. B. Tucurui) oder noch geplant sind (KOHLHEPP 1987). Vielmehr könnte die Stromerzeugung auf eine Vielzahl von Kleinstkraftwerken verteilt werden, die ohne Staudämme auskommen und deshalb weder Umsiedlungsaktionen erfordern noch Regenwaldgebiete unter Wasser setzen.

In den wechselfeuchten Tropen ist mit sechs bis neun humiden Monaten die Wasserbilanz über das gesamte Jahr gesehen zwar ebenfalls noch positiv, doch unterliegt hier das Wasserangebot deutlichen saisonalen Schwankungen, die sich natürlich auf die Trinkwasserversorgung, die Schiffahrt und die Energiegewinnung nachteilig auswirken. Will man die Agrarproduktion auf das gesamte Jahr ausdehnen, was bei zunehmender Landverknappung immer notwendiger wird, ist man – anders als in den dauerfeuchten Tropen – auf den Bau von Staudämmen oder Pumpanlagen angewiesen. Desgleichen ist eine Trinkwasserbevorratung in Zisternen notwendig, um die Versorgung während der Trockenzeit sicherzustellen.

Derartige Schwankungen können aber auch ein Vorteil sein. Während der ständige Wasserüberschuß in den Alluvialebenen der dauerfeuchten Tropen zur Entstehung von kaum nutzbaren Dauersümpfen mit Torfmoorböden

(Histosole, Kap. 2.4) führt, resultiert aus dem regelmäßigen Wechsel von saisonaler Überschwemmung und Abtrocknung in den wechselfeuchten Tropen eine ideale Basis für den Naßreisbau. Die „Reisschüsseln" in den Stromtiefländern Monsun-Asiens sind dafür ein eindrucksvoller Beleg (Kap. 3.3.4).

2.3   Das Relief

Für die Gestaltung der Oberflächenformen der Erde *(Morphogenese)* ist neben dem Ausgangsgestein und den Bewegungen der Erdkruste *(Tektonik)* auch das Klima verantwortlich.

Durch wechselnde Temperatur- und Niederschlagsverhältnisse werden Gesteine in unterschiedlicher Art und Weise verwittert, sei es mehr durch mechanische oder mehr durch chemische Prozesse, und in unterschiedlicher Intensität aufbereitet. Damit sind auch Abtragung und Verlagerung des aufbereiteten Materials von klimatischen Faktoren abhängig, so daß als Ergebnis *klimazonenspezifische Oberflächenformen* entstehen. Über die klimamorphologischen Prozesse in den feuchten Tropen ist in der deutschsprachigen Geomorphologie seit BÜDEL (1977) lebhaft diskutiert worden (WIRTHMANN 1994). Dabei ging es vorrangig um die Frage, ob die flächenhafte Abtragung *(Denudation)* mit Flächenbildung oder die linienhafte Abtragung *(Erosion)* mit Talbildung überwiegt. Wie in vielen anderen Bereichen ist auch hier zwischen den wechselfeuchten und den dauerfeuchten Tropen zu unterscheiden.

In den wechselfeuchten Tropen herrscht offensichtlich die *Flächenbildung* vor (WIRTHMANN 1994). Da ja Frost als effektivster Faktor der physikalischen Verwitterung und mechanischen Gesteinsaufbereitung fehlt, dominiert

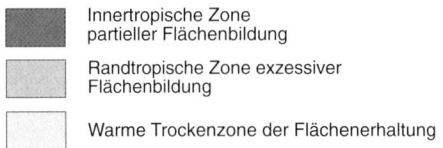

Innertropische Zone
partieller Flächenbildung

Randtropische Zone exzessiver
Flächenbildung

Warme Trockenzone der Flächenerhaltung

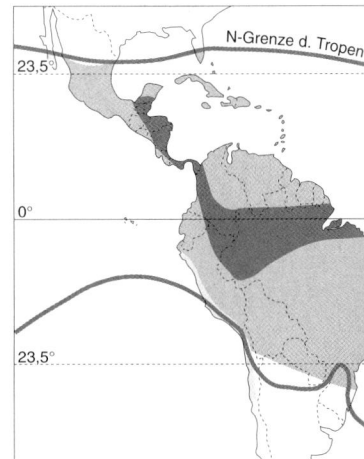

*Abb. 11: Klimamorphologische Zonen der Tropen
(nach BÜDEL 1977*

die chemische Verwitterung. Das daraus entstehende, sehr feinkörnige Material wird vor allem zu Beginn der Regenzeit, wenn die Vegetationsdecke der Savannen noch lückenhaft ist, durch die ersten kräftigen Regenschauer weitflächig verschwemmt. Mit der denudativen Flächenabtragung, zu der auch noch die Abtragung durch den Wind kommt, kann die linienhafte Tiefenerosion der Flüsse nicht mithalten, zumal diese im Vergleich zu außertropischen Flüssen nur über eine geringe Erosionskraft verfügen. Das liegt daran, daß die chemische Verwitterung überwiegend gelöstes oder nur sehr feinkörniges Material liefert, wodurch es den Flüssen an Grobmaterial und somit an „Erosionswerkzeugen" mangelt, die sie für eine effiziente Tiefenerosion brauchten. So erklären sich die typischen gestuften Längsprofile mit Stromschnellen und Wasserfällen zahlreicher tropischer Flüsse, wie z. B. Sambesi oder Kongo. Statt in eingeschnittenen Tälern fließen die Flüsse durch sanfte Mulden.

In den dauerfeuchten Tropen spricht hingegen vieles für eine Tendenz zur *Tiefenerosion mit Talbildung,* obwohl die Voraussetzungen für flächenbildende Prozesse wegen der noch intensiveren chemischen Gesteinsaufbereitung und wegen der noch geringeren Erosionskraft der Flüsse eigentlich noch günstiger sein müßten als in den wechselfeuchten Tropen. Dem steht in den dauerfeuchten Tropen jedoch als entscheidendes Hindernis die dichte Vegetationsdecke des tropischen Regenwaldes entgegen. WILHELMY (1974, 1975) hält deshalb die Flächenbildung in Regenwaldgebieten für ausgeschlossen. Allerdings weist BREMER (1981) auf die Möglichkeit mechanischer Denudation unter dem Regenwald hin („subsilvines Bodenfließen"), was angesichts des viele Meter mächtigen Verwitterungshorizonts und der Flachwurzeligkeit der Baumvegetation nicht von der Hand zu weisen ist.

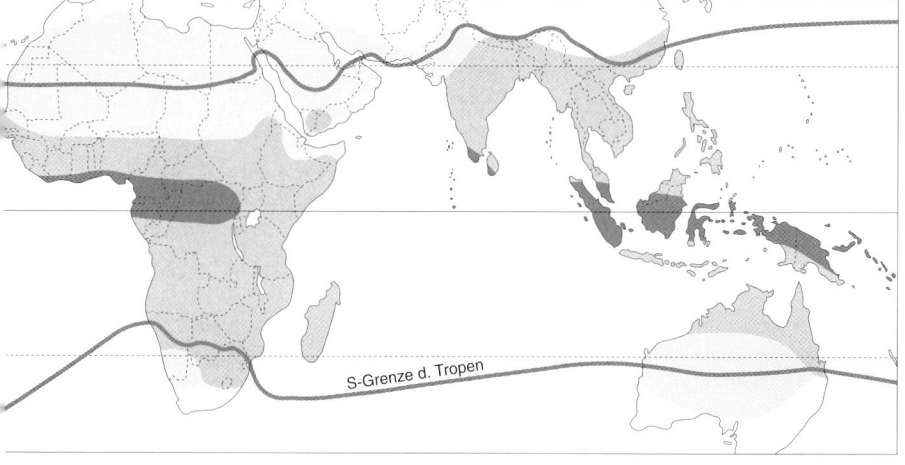

Trotzdem besteht kein Zweifel an dem sehr effizienten Oberflächenschutz der dichten Regenwalddecke insbesondere gegenüber der morphologischen Kraft exzessiver Regenschauer, wie sie in den dauerfeuchten Tropen an der Tagesordnung sind (Kap. 2.1.3). Während solche Wolkenbrüche bei der schütteren Vegetationsdecke einer Savanne zu Beginn der Regenzeit schwerste Erosionsschäden nach sich ziehen können, werden sie durch das dicht gestaffelte Kronendach eines Regenwaldes wirkungsvoll abgefangen und jeglicher erosiver Energie beraubt. Eine der großen Gefahren der Regenwaldrodungen besteht ja gerade darin, daß normalerweise harmlose Starkregen nun katastrophale Erosionsschäden auslösen können. Selbstverständlich stellt die dichte Vegetationsdecke auch einen perfekten Schutz gegen den Wind dar. Äolische Abtragungen spielen daher in den feuchten Tropen so gut wie keine Rolle.

Insgesamt dürfte also unter den jetzigen Klimaverhältnissen in den dauerfeuchten Tropen die Talbildung und in den wechselfeuchten Tropen die Flächenbildung vorherrschen. Allerdings ist auf den möglichen Einfluß von *Klimaveränderungen* hinzuweisen (WIRTHMANN 1994). Obwohl es in den Tropen seit dem Tertiär keine Eiszeiten gab, haben sich doch mehrere Pluvialzeiten und Trockenzeiten einander abgelöst. Das heutige Relief tropischer Landschaften ist somit das Ergebnis wiederholter Wechsel von humider Tiefenerosion und arider Flächenspülung. Allerdings gilt es als unwahrscheinlich, daß die ariden Phasen lange genug andauerten, um die mächtigen Verwitterungsdecken aus den humiden Perioden vollständig auszuräumen. Grundsätzlich blieben Tiefenverwitterung und Bodenbildung seit dem Tertiär mehr oder weniger kontinuierlich bestehen. Dies erklärt auch die Mächtigkeit und das hohe Alter vieler tropischer Böden (Kap. 2.4).

Weiterhin macht WIRTHMANN (1994) darauf aufmerksam, daß in der gesamten bisherigen Diskussion um Flächenbildung versus Talbildung zumindest in der deutschsprachigen Geomorphologie ein wesentlicher Prozeß weitgehend außer acht gelassen worden sei, der gerade in den feuchten Tropen eine entscheidende Rolle spiele: die durch chemische Verwitterung induzierte *Lösungsabtragung* (chemische Erosion).

Bislang beschränkte sich die morphologische Forschung, wenn es um das Problem der Lösungsabtragung in den gemäßigten Breiten ging, vorwiegend auf Gebiete mit dem leicht wasserlöslichen Kalk oder Dolomit. Dabei wurde zu wenig beachtet, daß sich selbstverständlich auch alle anderen Gesteine aus mehr oder weniger stark wasserlöslichen Komponenten zusammensetzen, was sich freilich erst in den feuchten Tropen voll auswirkt, wo die Hydrolyse um ein Vielfaches stärker ist als in den gemäßigten Breiten. Daran ist neben dem hohen Wasserangebot und den hohen Temperaturen auch die durch den raschen Humusabbau beträchtlich erhöhte chemische Aggressivität des Wassers schuld.

Chemische Verwitterung mit Lösungsabtragung kann auch ohne zusätzlichen mechanischen Abtransport gewaltige Erosionsleistungen vollbringen und zur Reliefreduzierung beitragen (WIRTHMANN 1994). Der hohe Anteil des Lösungsabtrags an der Gesamtabtragung in den dauerfeuchten Tropen fällt deshalb nicht so auf, weil so gut wie die gesamte gelöste Fracht gleichsam „unsichtbar" über die Flüsse bis ins Meer gelangt, während mechanisch zerkleinerte Fracht großenteils entlang der Mittel- und Unterläufe akkumuliert wird und dort in Form von Dammufern und Schwemmlandflächen ihren sichtbaren Ausdruck findet.

Speziell in den Tiefländern der dauerfeuchten Tropen dominiert also eindeutig die chemische Erosion im Vergleich zu der nur geringen Effektivität der mechanischen Abtragung (WIRTHMANN 1994). In den stärker reliefierten Gebirgsländern verschiebt sich dieses Verhältnis jedoch rasch zugunsten mechanischer Abtragung. Zwar bleibt auch hier, zumindest in tieferen Lagen, die Effizienz der chemischen Lösungsabtragung voll erhalten, doch kommt zur Höhe hin in immer stärkerem Maße die mechanische Erosion hinzu, vor allem im Form von *Erdrutschen* und *Schlammlawinen*. Beide sind, auch bei intaktem Regenwald in den Gebirgen der dauerfeuchten Tropen eine sehr häufige Erscheinung, vor allem zum Höhepunkt der Regenzeit. Oftmals werden sie durch leichte Erdbeben ausgelöst. Jeder Tropenreisende erinnert sich an die ständigen Straßensperrungen durch Erdrutsche. Darüber hinaus kann es aber auch zu verheerenden Zerstörungen von Siedlungen durch Schlammlawinen kommen. Zweifellos gehören beide zu den wirksamsten Formen der Hangabtragung in den dauerfeuchten Tropen. Darüber hinaus reißen sie immer wieder Lücken in den Regenwald.

Eine weitere, typische morphologische Erscheinung der feuchten Tropen ist der *Kegel-* oder *Turmkarst* (PFEFFER 1978; AHNERT 1996). Der früheren Auffassung, wonach diese Karstform auf die besonders intensive Lösungsverwitterung der feuchten Tropen zurückzuführen sei, wird heute nicht mehr uneingeschränkt zugestimmt. Vermutlich ist sie vielmehr das Ergebnis der sehr langen ungestörten Lösungsverwitterung seit dem Tertiär, die nicht wie in den gemäßigten Breiten von den pleistozänen Eiszeiten unterbrochen wurde (AHNERT 1996). Das bekannteste Beispiel (gleichzeitig eine touristische Attraktion) ist die Turmkarstlandschaft von Guilin in Südchina, wo Karsttürme bis zu mehreren 100 m über die Ebene aufragen. Andere Beispiele finden sich in Nordvietnam, Südthailand, Südsulawesi, Zentraljava und in der Karibik.

Ein weiteres auffallendes Formenelement tropischer Savannenlandschaften sind die z. T. mehrere Meter mächtigen Termitenbauten (LESER 1993).

Der Verwitterungsprozeß in den feuchten Tropen erzeugt nicht nur zerkleinertes bzw. gelöstes Material, sondern er kann im Gegenteil auch Krustenhorizonte mit ausgeprägter Resistenz gegen chemische und mechanische Abtragung schaffen. Das bekannteste Beispiel derartiger Krustenbildungen in den feuchten Tropen ist der *Laterit* (Kap. 2.4; s. auch Bild 7).

Bodenzonen der feuchten Tropen

■ Ferralsol-Zone

▦ Acrisol-Zone

▢ Acrisol-Lixisol-Nitisol-Zone

Sonstige Böden der trockenen Tropen und Subtropen

▢ Vertisole

▦ sonstige Böden der trockenen Tropen und trockenen Subtropen (Xerosole und Yermosole)

▢ sonstige Böden der Subtropen

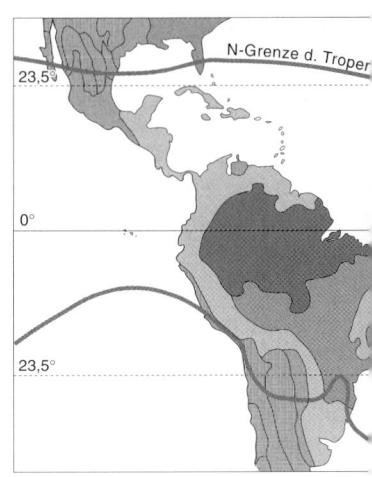

Abb. 12: Bodenzonen der Tropen (nach SCHULTZ 1995)

2.4   Die Böden

Das reichliche Angebot an Wasser und Wärme begünstigt die *chemische Verwitterung* und somit auch die Bodenbildung. Außerdem wird der Prozeß weder durch saisonale Trocken- noch durch winterliche Kälteperioden unterbrochen. Hinzu kommt, daß sich die Bodenbildung über sehr lange Zeiträume entfalten konnte und nicht, wie in den gemäßigten Breiten, durch wiederholte Eiszeiten unterbrochen wurde. In keiner anderen Klimazone sind Dauer und Intensität der Verwitterung so ausgeprägt und somit die Bodenbildung so weit fortgeschritten wie in den feuchten Tropen (s. Abb. 13). Das Ergebnis sind außerordentlich *tiefgründige* Böden, deren Mächtigkeit nicht selten über 20 m beträgt (SCHMIDT-LORENZ 1986; SCHEFFER UND SCHACHT-SCHABEL 1992; SEMMEL 1993).

Allerdings hat der Mensch durch vielfältige Landnutzungsaktivitäten die natürliche Bodenbildung erheblich modifiziert und dazu die Bodenabtragung kräftig gefördert. Eine Betrachtung der aktuellen Bodensituation muß somit fast immer anthropogene Einwirkungen mit einbeziehen.

Gemäß der inzwischen weltweit akzeptierten *Bodenklassifikation* der FAO/UNESCO (1974–1981, 1988), der in diesem Buch der Vorzug vor der gleichfalls international verbreiteten US-Soil Taxonomy eingeräumt wird, dominieren in den feuchten Tropen die folgenden beiden Bodentypen:

● die *Ferralsole* in den dauerfeuchten Tropen (lt. US-Taxonomy: „Oxisols")

● die *Acrisole* in den wechselfeuchten Tropen (lt. US-Taxonomy: „Ultisols").

Beide Bodentypen unterscheiden sich nur geringfügig voneinander und existieren häufig nebeneinander. Der Unterschied ist im wesentlichen gene-

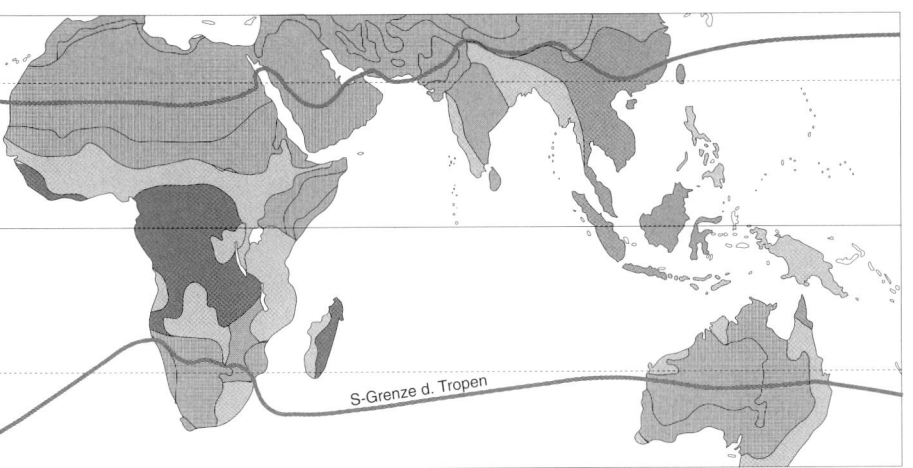

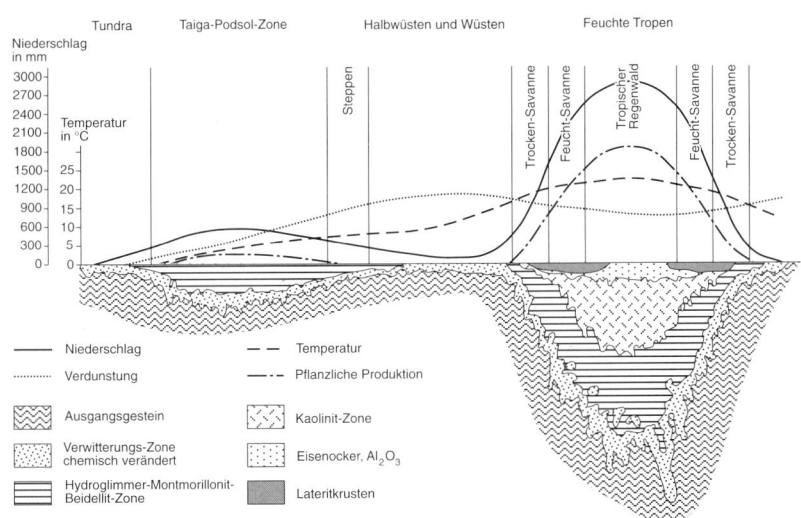

Abb. 13: Verwitterung und Bodenbildung vom Äquator zum Pol (verändert nach STRACHOW 1962; in R. BRINKMANN: Abriß der Geologie, Bd. 1, Stuttgart 1975, S. 10

tisch bedingt: Ferralsole sind in der Regel älter; sie befinden sich in einem fortgeschritteneren Stadium der Bodenbildung als die Acrisole.

Neben diesen beiden Haupttypen gibt es noch eine Vielzahl anderer Bodentypen mit ganz speziellen Ausstattungsmerkmalen. Auf einige, die für die Landnutzung besonders wichtig sind, wird weiter unten eingegangen.

Hauptbodentypen

a) Ferralsole

Der beherrschende Bodentyp der dauerfeuchten Tropen sind die Ferralsole (Bild 6). Wo lange Zeiträume für eine ungestörte Entwicklung zur Verfügung gestanden haben, können sie aber auch in den wechselfeuchten Tropengebieten vorkommen. Wie der Name andeutet, bilden Eisen und Aluminium die Hauptbestandteile, nachdem durch die intensive chemische Verwitterung und durch Auswaschung die anderen, leichter löslichen Minerale, wie z. B. gleich zu Beginn Kalk und später auch Silicium weitgehend abgebaut sind. Die verbreitet auftretende Rotfärbung entsteht durch Hämatit, das neben dem eher gelbbraunen Goethit bei der Eisenoxidation anfällt. Für die Nährstoffversorgung der Böden und damit für deren agrarisches Ertragspotential spielen der Gehalt an verwitterbaren Restmineralen, die Beschaffenheit der Tonminerale und deren Kationenaustauschkapazität, sowie der Gehalt an organischen Substanzen (Humus) die ausschlaggebende Rolle. Alle diese Faktoren sind jedoch in den Ferralsolen nur schwach ausgebildet. Hinzu kommt, daß sie durchweg extrem sauer reagieren, was das Pflanzenwachstum zusätzlich einschränkt. Oftmals liegt der pH-Wert unter 4,0.

Restminerale sind im Boden verbliebene Bruchstücke des Ausgangsgesteins, die noch nicht vom Verwitterungsprozeß erfaßt worden sind. Sie stellen ein wichtiges Langzeitdepot an Nährstoffen wie Phosphor, Kalium, Magnesium, Natrium oder Calcium dar. Die intensive chemische Verwitterung der feuchten Tropen läßt diesen Mineralen jedoch kaum eine Überlebenschance. Infolgedessen ist in den Ferralsolen der Vorrat an Restmineralen größtenteils verschwunden. Die Böden sind „ausgewaschen".

Unter *Kationenaustauschkapazität* (oder Sorptionskapazität) versteht man die Fähigkeit des Bodens, Nährstoffe in austauschbarer Form zu speichern und den Pflanzen rasch verfügbar zu machen. Dies schließt auch künstliche, in Form von Mineraldünger zugeführte, Nährstoffe mit ein. Tatsächlich nutzt Düngung den Pflanzen nur, wenn der Boden über die nötige Kationenaustauschkapazität verfügt. Ist dies nicht der Fall, wird der Dünger ungenutzt von Regen- und Sickerwasser abgeführt. Zwei Bodenkomponenten sind für den Kationenaustausch zuständig:

● die Tonminerale

● der Humus.

Die *Tonminerale* sind die kleinsten Fraktionen, die bei der Verwitterung entstehen. Es gibt verschiedene Gruppen mit jeweils sehr unterschiedlicher Austauschkapazität. Austauschstark sind die *dreischichtigen,* austauschschwach hingegen die *zweischichtigen* Tonminerale. So übertrifft z.B. die Kationenaustauschkapazität des dreischichtigen *Montmorillonit* die des zweischichtigen *Kaolinit* um rund das 100fache (WEISCHET 1977). Nun bilden sich unter den intensiven Verwitterungsbedingungen der feuchtheißen tropischen Tiefländer überwiegend die austauschschwachen Tonminerale der Kaolinitgruppe, und entsprechend schwach ist die Kationenaustauschkapazität der Ferralsole.

Außer durch die Tonminerale kann die gewünschte Nährstoffspeicherung und -abgabe auch durch den *Humus* erfolgen, der die Tonminerale an Kationenaustauschkapazität sogar meistens übertrifft. Außerdem liefert der Humus, ähnlich wie die Restminerale, durch Zersetzung der abgestorbenen organischen Substanzen mineralische Pflanzennährstoffe. Bedenkt man das Defizit an Restmineralen und die schwache Kationenaustauschkapazität der vorherrschenden Tonminerale, wird die überragende Rolle des Humus in seiner *Doppelfunktion als Nährstofflieferant und Nährstoffaustauscher* für das Pflanzenwachstum und somit für die Agrarwirtschaft in den feuchten Tropen überdeutlich. Allerdings ist trotz des geradezu erdrückenden Nachschubs an toter Biomasse im tropischen Regenwald die Humusauflage im allgemeinen nur dünn ausgebildet. Dies erklärt sich aus dem sehr raschen Abbau der organischen Substanz, der sich in den dauerfeuchten Tropen etwa fünf bis zehnmal so schnell vollzieht wie in den gemäßigten Breiten. Demzufolge ist der Humusgehalt unter tropischem Regenwald letztlich nur etwa halb so groß wie unter einem mitteleuropäischen Wald (WEISCHET 1977). Dies unterstreicht nur noch zusätzlich den Wert der kostbaren Humusauflage und deren Gefährdung durch unsachgemäße Rodung des Regenwaldes für landwirtschaftliche Zwecke. In der bäuerlichen Praxis läßt sich die Humusauflage durch die Ausbringung von organischem Material in Form von Kompost, Gründüngung oder Mulch verbessern. Dies ist allerdings sehr transport- und arbeitsaufwendig und findet deshalb, wenn überhaupt, nur in unmittelbarer Siedlungs- bzw. Hausnähe statt, wie z. B. beim intensiven Gartenbau mit Gemüse (PRINZ 1986).

Die mächtige Pflanzenmasse eines tropischen Regenwaldes wird nicht nur von der dünnen Humusauflage gespeist, sondern darüber hinaus auch aus einem dichten Geflecht von Pilzen, das die Wurzeln der Bäume umhüllt. Diese *Wurzelpilze* (Mykorrhizae) fungieren gleichsam als „Nährstoffallen", welche die durch Regenwasser aus der Luft und aus der Kronenschicht herabtransportierten Nährstoffe aufnehmen und der Pflanze verfügbar machen, ehe sie ungenutzt ausgewaschen werden können (WEISCHET 1977). Aus der Wirkungsweise der Mykorrhizae erklärt sich auch die bekannte Ertragsschwäche einjähriger Nahrungspflanzen auf Ferralsolen, wie z. B. Mais, Trockenreis oder Maniok, weil sich bei diesen in der kurzen Vegetationszeit kaum Wurzelpilze entwickeln können. Dagegen ist der Anbau von Baum- und Strauchkulturen, wie z. B. Kautschuk, Kokos- und Ölpalmen, in der Regel viel erfolgreicher (s. Kap. 3.3.5).

Wegen der überragenden Bedeutung von Humus und Wurzelpilzen sind für die Nährstoffversorgung der Pflanzen praktisch nur die obersten 30 bis 40 cm

Tab. 2: Kriterien der Fruchtbarkeit tropischer Böden

Vegetationszone	A Trockene Tropen		Trockensavanne	B Feuchte Tropen	
	Wüste/Halbwüste	Dornstrauchsavanne		Feuchtsavanne	Regenwaldzone
Niederschläge/Jahr	<100 mm	100–500 mm	500–1000 mm	1000–1500 mm	>1500 mm
FAO/UNESCO Bodenname (US-Taxonomy)	Xerosols (Aridisols)	Lithosols	Lithosols (Alfisols)	Acrisols (Ultisols)	Ferralsols (Oxisols)
Intensität der chemischen Verwitterung	sehr gering	gering	mittel	stark	extrem stark
Gehalt an Nährstoffreserven (Restmineralgehalt)	sehr hoch	hoch	mittel	gering	sehr gering
Auswaschung löslicher Salze	keine	gering	mittel	stark	sehr stark
Versalzungsgefahr	sehr groß	groß	mäßig	unerheblich	nicht vorhanden
Humusauflage	fehlt praktisch	sehr gering	gering	mittel	mittel
Sorptionsträger (Kationenaustauscher)	Ton	Ton (Humus)	Ton und Humus	Humus (Ton)	Humus (Ton)
vorherrschende Tonminerale	Dreischichttonminerale (z. B. Montmorillonit)			Zweischichttonminerale (bes. Kaolinit)	
Kationenaustauschkapazität der Tonminerale	hoch–mittel	hoch–mittel	mittel–gering	gering	gering
Erosion vor allem durch	Wind	Wind	Wind und Wasser	Wasser	Wasser

agron. Trockengrenze   klimat. Trockengrenze

Quelle: *FINCK 1971, S. 102 (verändert)*

im Bodenprofil relevant. Die charakteristischen Baumriesen des Regenwaldes sind deshalb extreme *Flachwurzler*, deren Wurzelmasse sich zu 70–80% in dieser dünnen Oberschicht konzentriert (FITTKAU und KLINGE 1973).

Ein weiterer Nachteil der Ferralsole ist deren geringe *Basensättigung* und somit extrem *saure Reaktion*. Oft sinkt der pH-Wert unter 4,0, was zur sogenannten „Aluminiumdynamik", d.h. Al-Konzentration in der Bodenlösung führt und auf viele Pflanzen toxisch wirkt (SCHULTZ 1955). Dieser Bodenversauerung könnte durch den Einsatz von Kalk entgegengewirkt werden, wodurch sich mit dem Abbau der Al-Toxizität auch eine Verbesserung der Kationenaustauschkapazität erreichen ließe. So könnte auch die Wirksamkeit von Mineraldünger erhöht werden. Um dies tatsächlich zu erreichen, wären allerdings erhebliche Kalkmengen erforderlich. Auf den sauren Ferralsolen kalkuliert man mit einer Dosis von 3–4 t/ha, die zudem in gewissen Zeitabständen erneut verabreicht werden müßte (PRINZ 1986). Außerdem ist gerade in den dauerfeuchten Tropen, wo die Kalkung am dringendsten benötigt würde, wegen der intensiven chemischen Lösungsabtragung (Kap. 2.3) anstehender Kalkstein relativ rar, was den ohnehin beträchtlichen Transportaufwand zusätzlich erhöhen würde. Die Maßnahme würde also die meisten Kleinbauern in den tropischen Regenwaldgebieten logistisch und damit letztlich finanziell überfordern. Im übrigen wird der gleiche basische Effekt, den die Kalkung bewirkt, auch durch die Asche bei der Brandrodung erzielt (SANCHEZ 1976; SCHULTZ 1995), was für den Bauern z.Z. noch wesentlich billiger ist.

b) Acrisole
Die typischen Böden der wechselfeuchten Tropen sind die *Acrisole* (lt. US-Taxonomy „Ultisols"). Sie treten aber auch in den dauerfeuchten Tropen auf, vor allem in Südostasien (s. Abb. 12). Der Name (lat. acer = sauer) deutet auf eine starke Versauerung hin. Auch andere Merkmale wie die Dominanz von Kaolinit in der Tonfraktion mit entsprechend schwacher Kationenaustauschkapazität, der hohe Anteil an Eisen und Aluminium, die Tiefgründigkeit und der geringe Restmineralgehalt sind ähnlich wie bei den Ferralsolen, jedoch nicht so extrem ausgeprägt (SCHULTZ 1995). Außerdem enthalten Acrisole neben Eisen und Aluminium auch noch Silicium, weshalb man sie „fersiallitisch" nennt, im Gegensatz zu den „ferallitischen" Ferralsolen.

Die im Vergleich zu den dauerfeuchten Tropen reduzierte Zersetzungsrate fördert die Humusakkumulation. Allerdings verändert sich dessen Funktion: Während in den dauerfeuchten Gebieten der Humus in erster Linie als Kationenaustauscher und Nährstofflieferant dient, besteht in den wechselfeuchten Tropen seine Hauptbedeutung eher in der Regulierung des Bodenwasserhaushalts und der Verminderung der Bodenerosion durch verbesserte Infiltration (GEROLD 1991). Trotz einiger qualitativer Verbesserungen gegenüber den Ferralsolen ist auch bei den Acrisolen das ackerbauliche Potential gering, allerdings mit verbesserten Möglichkeiten der Düngeranwendung und dann durchaus zufriedenstellenden Ertragsleistungen.

Andere Bodentypen

Neben den beiden Hauptbodentypen, Ferralsole und Acrisole, existiert eine Vielzahl weiterer Böden, die an bestimmte topographische Besonderheiten, z. B. ein bestimmtes Ausgangsgestein oder einen hohen Grundwasserstand gebunden sind, oder die aufgrund spezieller genetischer Prozesse (z. B. durch Akkumulation oder durch Krustenbildung) entstanden sind. Solche Böden weichen qualitativ z. T. erheblich von der Norm ab. Dies gilt vor allem für die Böden in den Hochländern, weil dort die abnehmende Temperatur für eine Verlangsamung der chemischen Verwitterung, der Bodenbildung und des Humusabbaus sorgt.

a) Andosole (US-Taxonomy: Inceptisols)
Andosole sind dunkel gefärbte, häufig sehr mächtige Böden, die auf Aschen rezenter Vulkane entstehen. Am besten entwickeln sie sich in Hochländern zwischen 1000 und 1600 m (READING, THOMPSON, MILLINGTON 1995). Im allgemeinen weisen Andosole eine gut entwickelte Humusschicht, eine hohe Wasserhaltekapazität und zugleich hohe Permeabilität auf. Dadurch sind sie, zumindest in feuchtem Zustand, recht erosionsstabil, was man daran erkennen kann, daß Terrassen im Bewässerungsfeldbau keine Stützmauern benötigen.

Darüber hinaus reagieren sie meist basisch bis schwach sauer, verfügen über eine hohe Kationenaustauschkapazität und, bedingt durch wiederholte Substraterneuerung, über reichliche Reserven an Restmineralen (SCHMIDT-LORENZ 1986). Aufgrund ihrer günstigen chemischen und physikalischen Eigenschaften weisen *Andosole* ein *hohes landwirtschaftliches Nutzungspotential* auf und heben sich sehr positiv von den Ferralsolen und Acrisolen ab (SCHMIDT-LORENZ 1986; SCHEFFER und SCHACHTSCHABEL 1992). Flächenmäßig nehmen Andosole kaum mehr als 1–2 % der feuchten Tropen ein, haben aber wegen ihrer Fruchtbarkeit in der kulturlandschaftlichen Entwicklung einiger Tropenländer eine wichtige Rolle gespielt. Klassische Beispiele sind die Inseln Java und Bali mit ihren Hochkulturen und ihrer hohen Bevölkerungsdichte von über 800 Ew/km^2 (1994).

b) Fluvisole und Gleysole
Fluvisole und Gleysole (US-Taxonomy: Entisole) bilden sich auf alluvialen Ablagerungen in Stromtiefländern und Deltabereichen.

Die *Fluvisole* beschränken sich auf die rezenten Ablagerungsstreifen (*„Dammufer"*) entlang großer Tieflandflüsse. Sie sind deutlich höher aufgeschüttet als das Hinterland, somit weniger hochwassergefährdet und deshalb bevorzugte Siedlungsstandorte. Allerdings können Dammufer nur dann entstehen, wenn die Flüsse reichlich Sedimente mit sich führen, wie z. B. die „Weißwasserflüsse" Amazoniens (s. Kap. 2.2). Wegen der steten „Auffrischung" des Bodenmaterials durch Flußsedimente weisen die Fluvisole ein hohes landwirtschaftliches Potential auf. Neben einer Vielzahl einjähriger Nutzpflanzen lassen sich auch Baum- und Strauchkulturen anpflanzen, denen die gelegentlichen Überschwemmungen normalerweise nichts anhaben. Ebenso wie die vulkanischen Gebiete mit den Andosolböden sind auch die Dammufer mit Fluvisolen ausgesprochene ökologische Gunsträume für Siedlung und agrarische Nutzung. Leider ist die räumliche Ausbreitung ähnlich eng begrenzt wie die der Andosole.

Gleysole entstehen auf älteren, stärker abgesetzten Schwemmlandflächen im flußferneren Hinterland. Im Gegensatz zu den Fluvisolen bestehen sie aus feinerem Material, weisen einen höheren Grundwasserstand auf, sind regelmäßig während der Regenzeiten überschwemmt und deshalb als Siedlungsplätze kaum geeignet. Grundsätzlich sind Gleysole reichlich mit Nährstoffen ausgestattet und somit potentiell fruchtbar. Die aktuelle Ertragsfähigkeit kann allerdings sehr unterschiedlich sein. In den dauerfeuchten Tropen verwandeln sich Gleysole oft zu Dauersümpfen bis hin zur Bildung von Torfschichten (Histosole; s. u.), die sich nur schwerlich für ackerbauliche Zwecke meliorisieren lassen. Anders verhält es sich mit den Gleysolen in den wechselfeuchten Tropen, die nur periodisch überschwemmt werden und zwischenzeitlich trockenfallen. Hier bieten sich ideale Bedingungen für den Naßreisbau. Die Reisbauhochkulturen in den Stromtiefländern Südasiens und des festländischen Südostasiens sind auf Gleysolen entstanden.

Durch die jahrhundertelange permanente Kultivierung mit Naßreis haben sich die Gleysole jedoch in ihrer Aggregatstruktur stark verändert (SCHEFFER und SCHACHTSCHABEL 1992). Man bezeichnet sie nun als *„paddy soils"* (Reisbauböden).

c) Histosole

Histosole (US-Taxonomy: ebenfalls Histosols; englisch: peat-soils) sind organische Böden der dauerfeuchten Tropen und mit unseren *Torfmoorböden* vergleichbar. Sie entstehen auf Gleysolen mit anstehendem Grundwasserspiegel und unter dem Einfluß hoher Niederschläge. Wegen Sauerstoffmangels verzögert sich die in den feuchten Tropen normalerweise sehr rasche und sehr gründliche Verwesung des pflanzlichen Materials, so daß sich bis zu mehrere Meter mächtige Torfschichten bilden können. Der nacheiszeitliche Anstieg des Meeresspiegels hat die Entwicklung solcher Torfmoore zusätzlich gefördert. Die ausgedehntesten Histosolgebiete findet man in den alluvialen Tiefländern Sumatras, Borneos und Neuguineas.

Das landwirtschaftliche Potential der innertropischen Tieflandsümpfe wurde früher sehr optimistisch eingeschätzt. Besonders in Indonesien hielt man sie noch in den 50er Jahren für die zukünftigen Reisschüsseln des Landes. Nach zahlreichen Fehlschlägen sind die Landwirtschaftsplaner inzwischen skeptischer geworden. Aus den Erfahrungen lokaler Pioniersiedler läßt sich ableiten, daß höchstens die Randgebiete mit einer Torfmächtigkeit von nicht mehr als 1 m für bestimmte landwirtschaftliche Zwecke, wie den Naßreisbau oder die Kultivierung von Kokos- und Sagopalmen nutzbar sind. Die Meliorisierung tiefgründigerer Histosole setzt eine behutsame Drainierung mit anschließender Torfabtragung voraus, die nicht nur sehr aufwendig, sondern auch riskant ist. Ein rascher biochemischer Abbau der organischen Substanz und ein Absinken der Bodenoberfläche wären die wahrscheinlichen Folgen (SCHMIDT-LORENZ 1986).

Hinzu kommt fast immer die schwierige verkehrsmäßige Erschließbarkeit solcher Moorgebiete. Daher wird eine solche heute nicht mehr so energisch vorangetrieben wie noch in den 70er Jahren, als die Küstensümpfe Sumatras, Kalimantans und Irian Jayas (West-Neuguinea) als potentielle Siedlungsgebiete für das staatliche „Transmigrasi"-Programm (Kap. 4.2.1) verplant wurden.

d) Laterit

Laterit entsteht durch Krustenbildung vor allem in den Acrisolböden der *wechselfeuchten Tropen* (Bild 7). Wo er auftritt, kann er ein schwerwiegendes Hemmnis für die Landwirtschaft darstellen. In einigen Gebieten wird Laterit als Baustein genutzt, woher er auch seinen Namen erhalten hat (lat. „later" = Ziegelstein). Einige Grundfragen der Entstehung von Laterit sind noch nicht restlos geklärt. Immerhin scheint festzustehen, daß Hämatit (Roteisenerz) bei der Verhärtung eine Schlüsselrolle spielt und daß ein Wechsel von Trocken- zu Feuchtzeiten vorliegen muß: während die Materialaufbereitung nur unter humiden Bedingungen stattfinden kann, ist für die Verhärtung eine Trockenphase erforderlich. Ob hierfür allerdings bereits ein jahreszeitlicher Wechsel ausreicht, oder ob ein längerfristiger Klimawechsel vorausgesetzt werden muß, ist noch umstritten. Jedenfalls treten Lateritkrusten gehäuft in den wechselfeuchten Tropen auf, während sie in den dauerfeuchten Tropen weitgehend fehlen (WIRTHMANN 1994).

Fazit:

Eine wertende Zusammenfassung ergibt, daß sich in den feuchten Tropen im Gegensatz zu der günstigen Versorgung mit Sonnenenergie und Wasser die Bodensituation, soweit es die Hauptbodentypen Ferralsole und Acrisole betrifft, eher problematisch darstellt. Im Sinne von WEISCHET (1977) sind sie ein *„ökologisches Handicap"*. Es zeigt sich aber auch, daß es eine Vielzahl von positiven Ausnahmegebieten mit sehr produktiven Böden gibt. Nachdrücklich warnt z. B. SCHULTZ (1995, S. 482) vor der verbreiteten These von der generellen Unfruchtbarkeit feuchttropischer Böden. Seines Erachtens sei diese nicht länger haltbar. Die bekannten Negativmerkmale seien „nicht der Normalfall, sondern vielmehr das Extrem auf der Ungunstseite". Oft sei „der Versorgungszustand der Böden mit Pflanzennährstoffen gar nicht so schlecht". Auch die physikalischen Eigenschaften der Ferralsole, nämlich die Tiefgründigkeit, die Gefügestabilität, die poröse Textur und somit gute Wasserleitfähigkeit sind nach FINCK (1971) für das Pflanzenwachstum prinzipiell nicht ungünstig. Bei entsprechend abgestimmten Maßnahmen, wie z. B. durch die Anwendung von Mulchen, Kompost, Kalkung, den Anbau von Baum- und Strauchkulturen, durch Bewässerung usw., ist auch in den feuchten Tropen eine produktive Agrarwirtschaft möglich, wenn auch mit großem Aufwand.

Darüber hinaus darf nicht übersehen werden, daß der Boden zwar ein wichtiger, aber nicht unbedingt der ausschlaggebende Faktor für den Erfolg der Landnutzung durch den Menschen ist. Neben den anderen physischen Faktoren, wie Klima, Relief und Höhenlage sind eine Vielzahl anthropogener Determinanten mindestens ebenso wichtig. Dazu gehören die Verkehrsinfrastruktur, die Vermarktungseinrichtungen, die Verfügbarkeit von Kapital, die gesellschaftlichen und politischen Leitlinien und nicht zuletzt das unternehmerische und technische „Know-how" des Landwirts. Das Beispiel West-Malaysias zeigt, wie produktiv Landwirtschaft auch auf Ungunstböden sein kann (UHLIG 1988). Selbstverständlich ist bei der Planung die einschränkende Wirkung der feuchttropischen Böden auf die Agrarwirtschaft zu berücksichtigen; man sollte sie aber auch nicht überbewerten.

2.5 Vegetation und Fauna

Mehr als alle anderen Geofaktoren ist der Pflanzenwuchs von den klimatischen Bedingungen abhängig. Demzufolge lehnen sich die Vegetationszonen der Erde sehr eng an die Klimazonen an und sind wie diese in Gürteln um den Erdball angeordnet.

Kennzeichnend für eine Vegetationszone sind bestimmte *Vegetationsformationen,* die sich durch einheitliche Wuchs- und Lebensformen, jedoch keineswegs durch identische Artenzusammensetzung, auszeichnen. Schon A. v. HUMBOLDT (1808) war auf seinen Reisen durch die neuweltlichen Tropen 1799–1804 aufgefallen, daß gänzlich verschiedene Pflanzenarten in weit voneinander entfernten Erdregionen unter gleichartigen Klimabedingungen überraschend ähnliche *(„konvergente")* Wuchsformen ausbildeten. Die von der Geobotanik entwickelte räumliche Ordnung in Florenprovinzen, -regionen und -reiche orientiert sich dagegen an bestimmten Pflanzenassoziationen, die eine relativ einheitliche Artenzusammensetzung aufweisen, physiognomisch aber recht verschiedenartig sein können.

Für den Bereich der feuchten Tropen hat der deutsche Botaniker SCHIMPER bereits 1898 in seinem Standardwerk „Pflanzengeographie auf physiologischer Grundlage" *zwei Waldformationen* unterschieden: den *immergrünen Regenwald* in den vollhumiden Tropen und den *halbimmergrünen* oder *regengrünen Wald* (Monsunwald) in den semihumiden Tropen. Gemeinsam bilden sie den tropischen Feuchtwald. Diese horizontale Zonierung der Tieflandvegetation wird zur Höhe hin durch eine vertikale Stufung in Tiefland-, Berg- und Höhen- (oder Nebel-)Wald-Stufen bis hin zu „alpinen" Formationen ergänzt. Darüber hinaus gibt es infolge spezieller Boden-, Wasser- oder Reliefverhältnisse azonale Sonderformen, wie z.B. Mangroven oder Galeriewälder.

Schließlich tritt als weiterer gestaltender Faktor der Mensch auf. Heute gibt es nur noch wenige Vegetationsformationen, die nicht mehr oder weniger *anthropogen* beeinflußt und umgeformt sind. Dies gilt besonders für die Savannen der wechselfeuchten Tropen. Dagegen sind in den dauerfeuchten Tropen trotz der gegenwärtigen Waldzerstörungsprozesse (Kap. 4.3) noch immer mehr Primärwälder erhalten geblieben als in jeder anderen Ökozone der Welt (SCHULTZ 1955). Jedenfalls ist bei der Betrachtung von Vegetationsformationen stets zwischen der potentiellen natürlichen „Klimax"-Vegetation und den anthropogen bedingten *„Ersatzformationen"* zu unterscheiden.

2.5.1   Vegetationsformationen der Regenwaldzone

a) Der immergrüne Tieflandregenwald (Bilder 1 und 4)
Immer wieder ist man erstaunt, wie sich auf den nährstoffarmen Böden der dauerfeuchten Tropen eine so üppige Vegetationsformation wie der tropische Regenwald entwickeln konnte, der allen anderen Vegetationsformationen der Erde an Dichte, Höhe und Biomasse klar überlegen ist. Dieses paradoxe Phänomen erklärt sich daraus, daß fast der gesamte Nährstoffhaushalt dieses Waldes in seiner eigenen Phytomasse ruht. Alles abgestorbene pflanzliche Material wird, großenteils mit Hilfe der schon beschriebenen Mykorrhizen (Kap. 2.4), sehr rasch und direkt wieder den lebenden Pflanzen zugeführt. Weitere Nährstoffe werden dem Wald durch die Regenfälle aus der Atmosphäre zugeführt und nur ein kleiner Teil wird dem Boden entnommen. Somit wirkt sich die Beschaffenheit des Bodens nur relativ wenig auf das Erscheinungsbild und die Produktionskraft des Waldes aus.

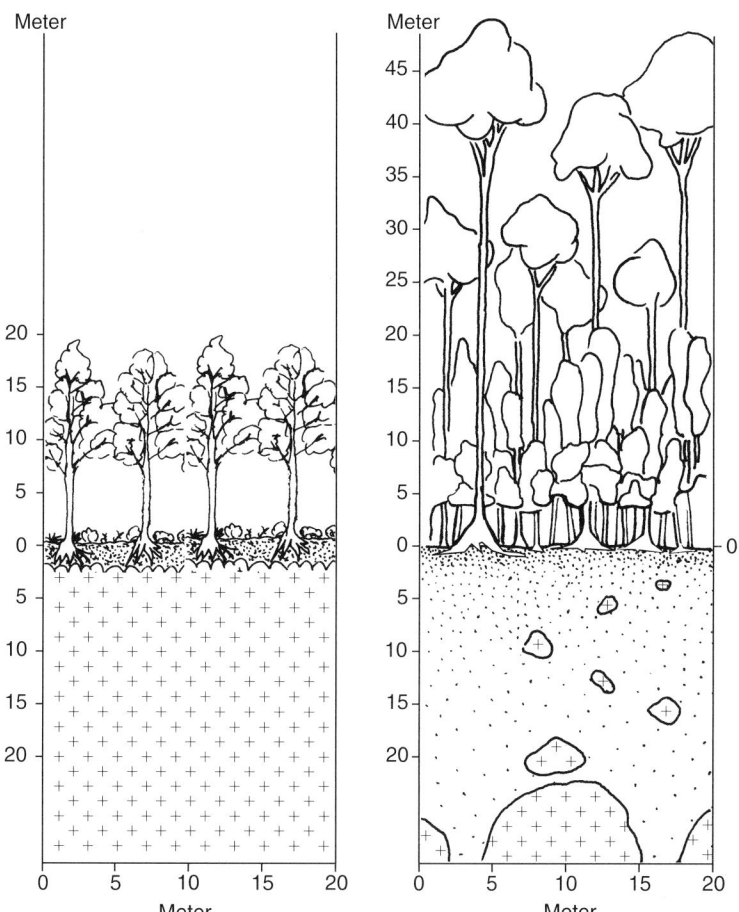

Abb. 14: *Schematisches Profil eines mitteleuropäischen Waldes (links) und eines tropischen Regenwaldes (rechts)*

Wesentliche Kennzeichen des Regenwaldes sind große Wuchshöhen, mehrschichtiges Kronendach, fehlende Krautschicht, Flachwurzeln und tiefgründiger Boden (Ferrasol) (verändert nach SCHULTZ 1955, S. 468)

Die größten zusammenhängenden Regenwaldbestände der Erde befinden sich in *Südamerika*. Sie umfassen als geschlossene Waldzone (von ALEXANDER VON HUMBOLDT „Hyläa" genannt) nahezu den gesamten Einzugsbereich des Amazonas und große Teile des nördlich anschließenden Guyana-Berglandes. Dazu gehören neben der Nordhälfte Brasiliens große Teile der Staatsgebiete von Bolivien, Peru, Ecuador, Kolumbien, Venezuela und die drei Guyana-Staaten. Räumlich von den Regenwäldern Amazoniens getrennt, zog sich früher ein breiter Regenwaldstreifen entlang der Atlantikküste von Nordost- bis Südostbrasilien. Dieser ist jedoch größtenteils verschwunden. Ein weiterer Streifen erstreckt sich von Nordecuador entlang der Pazifikküste im Nordwesten Südamerikas durch Kolumbien über die mittelamerikanischen Staaten bis in den karibischen Raum.

In *Afrika* ist wegen der schwierigen verkehrsmäßigen Erschließbarkeit des Kongo-Flußsystems die äquatoriale Regenwaldzone Zentralafrikas noch relativ gut erhalten. Dagegen sind die Regenwälder an der leicht erreichbaren Guineaküste Westafrikas inzwischen größtenteils abgeholzt. Weitere Ausleger haben sich im Luv regenbringender Winde an der Ostseite Madagaskars sowie an der Südwestabdachung des äthiopischen Hochlandes entwickeln können.

In den *asiatischen Tropen* war ursprünglich fast der gesamte südostasiatische Archipel einschließlich Neuguineas von geschlossenen Regenwaldbeständen bedeckt. Im festländischen Südostasien und in Südasien hatten sich an den dem Südwestmonsun zugewandten Gebirgsabdachungen gleichfalls regenwaldähnliche Monsunwaldformationen entwickelt, wie z. B. in Südwest- und Nordostindien, im Südwesten von Sri Lanka und in den Ländern Hinterindiens bis nach Südchina hinein. Weitere Regen- bzw. Monsunwaldausleger befanden sich in Nordostaustralien und auf den pazifischen Inseln. Inzwischen sind die Regen- und Monsunwälder Asiens und Australiens/ Ozeaniens stark dezimiert (Kap. 3.5 und 4.2). Großflächig zusammenhängende Areale findet man nur noch auf Neuguinea, Borneo und mit Abstrichen auf Sumatra, der Malayischen Halbinsel und auf Sulawesi (Celebes).

Die schon erwähnte *Formenkonvergenz* bestimmter Vegetationsformationen über Kontinente hinweg trifft auch für den tropischen Regenwald zu. Physiognomisch sind sich die südamerikanischen, afrikanischen, asiatischen und pazifischen Regenwälder einander recht ähnlich. Die Höhe des Kronendaches beträgt überall ca. 30–40 m. Einzelne Urwaldriesen erreichen bis zu 70 m. Das mehrschichtige Kronendach, eine nur spärlich ausgebildete Krautschicht und die Flachwurzeligkeit sind weitere gemeinsame Kennzeichen (Bild 1).

Trotz der ähnlichen Wuchsform gibt es große floristische Unterschiede. So werden die lateinamerikanischen Regenwälder von den etwa 120 Baumarten aus der Familie der *Lecythidaceen* (z. B. Brasil-Nuß) geprägt. In Südostasien gibt es zahlreiche Koniferen, während es in Lateinamerika davon nur zwei Arten und in Afrika nur eine Art gibt. Ein weiteres Charakteristikum der südostasiatischen Regenwälder ist die Dominanz der *Dipterocarpaceen,* die mit über 300 verschiedenen Baumarten vertreten sind. In großen Teilen Borneos wird fast das ganze obere Kronendach von Dipterocarpaceen gebildet. Die meisten liefern ein sehr gutes Holz. Deshalb sind die südostasiatischen

Regenwälder für die internationale Holzwirtschaft besonders attraktiv (Kap. 3.5). Östlich von Borneo hört das Verbreitungsgebiet der Dipterocarpaceen schlagartig auf. Auf der Nachbarinsel Sulawesi (Celebes) kommen nur noch vier Arten vor (WHITMORE 1995).

Ein weiteres Charakteristikum der Regenwälder Tropisch-Asiens sind die vielen Rattanarten, einer Kletterpalme, deren dünnen, sehr biegsamen Stämme für die Herstellung von Korbmöbeln genutzt werden (Kap. 3.5). In Afrika gibt es Rattan nur vereinzelt und in Lateinamerika überhaupt nicht (WHITMORE 1995).

Wohl das hervorstechendste gemeinsame Kennzeichen aller Regenwälder ist deren ungeheurer *Artenreichtum*. Allein bei den Bäumen rechnet man im Schnitt mit 50–200 verschiedenen Arten pro Hektar gegenüber höchstens 10–20 Baumarten pro Hektar in Mitteleuropa. In dem kleinen Sultanat Brunei auf der Insel Borneo sind über 2000 Baumarten registriert worden, in Sabah und Sarawak über 3500. Dafür ist die Individuenzahl relativ klein. Im Tieflandregenwald Nordostperus hat man auf einem Hektar 580 Baumexemplare gezählt, die 283 verschiedenen Arten angehörten. Jede Art war also im Schnitt mit nur zwei Exemplaren vertreten (READING, THOMPSON, MILLINGTON 1995). Insgesamt vermutet man über 20 000 Arten von höheren Pflanzen in den tropischen Regenwäldern der Erde. Fast bei jeder Erhebung werden neue Arten entdeckt.

Über die *Ursachen der Artenvielfalt* ist viel gerätselt worden. Ursprünglich hielt man sie für eine Folge der optimalen Wachstumsbedingungen, die aus der konstant hohen Zufuhr von Sonnenenergie und Wasser resultieren. Allerdings zeigte sich in Amazonien, daß die artenreichsten Wälder ausgerechnet auf den ärmsten Böden stocken (FITTKAU 1973). Daher neigt man neuerdings mehr der Auffassung zu, daß die Artenvielfalt eher das Ergebnis einer ständigen Abwehr gegenüber der unüberschaubaren Vielfalt von Schadinsekten und anderen Freßfeinden ist. Um sich gegen diese zu schützen, entwickeln die Pflanzen immer wieder neue Arten mit veränderten chemischen Waffen. Die Insekten ihrerseits antworten laufend mit neuen resistenten Arten. Der Regenwald wird so zum „Kriegsschauplatz", auf dem sich eine ständig wachsende Zahl spezialisierter Pflanzen einer ebenso stetig wachsenden Zahl spezialisierter Freßfeinde konfrontiert sieht. Je diversifizierter die Pflanzenbestände sind (dies trifft auch für die Landwirtschaft zu), desto geringer ist die Gefahr eines flächendeckenden Schädlingsbefalls und desto größer ist die Überlebenschance für den Wald (COLLINS 1990).

Das Überleben der Menschheit könnte einmal von der Artenfülle des Regenwaldes abhängen, deren Wert erst allmählich erkannt wird. Außer dem Vorhandensein zahlloser, noch weitgehend unerforschter Medizinpflanzen mit Wirkstoffen für die pharmazeutische Industrie, wird auch die landwirtschaftliche Forschung zunehmend auf das „Gen-Reservoir" Regenwald für die Züchtung von Nutzpflanzen zurückgreifen müssen, um die Ernährung der Menschheit langfristig sichern zu können.

Der mehrfache Kronenschluß schränkt den *Lichteinfall* derart ein, daß kaum mehr als ein Prozent der Sonnenstrahlung auf den Waldboden durchdringt und deshalb nur eine sehr lückenhafte Krautschicht ausgebildet ist. Der untere Stammraum bleibt somit weitgehend offen und ist relativ gut begehbar. Von undurchdringlichem Dschungel, wie in Reiseberichten oft zu lesen, kann jedenfalls keine Rede sein. Anders verhält es sich bei sekundären Waldformationen, die mit viel dichterem Unterwuchs durchsetzt sind als Primärregenwälder und in der Tat fast undurchdringlich sein können. Der Kampf der Pflanzen um den *Mangelfaktor Licht* führt bei sonst optimaler Versorgung mit Wärme und Wasser zu einem ausgeprägten und sehr raschen Längenwachstum. So schafft z.B. der Bambus bis zu 50 cm Längenwachstum an einem einzigen Tag. Die Bäume „strecken" sich gleichsam nach dem Licht und bilden deshalb in der Regel sehr gerade, dünnrindige Stämme aus, die sich erst in großer Höhe zu einer relativ kleinen Krone verzweigen.

Die Buntheit und Vielfalt des pflanzlichen und tierischen Lebens kann sich erst hoch oben in der dem Licht zugewandten Kronenschicht entfalten, während sich der Waldboden dunkel und tot präsentiert. Um im Zuge des aufkommenden Ökotourismus den Besuchern ein echtes „Urwalderlebnis" zu vermitteln, beläßt man es deshalb nicht mehr bei der Anlage von Trekkingpfaden, sondern konstruiert inzwischen Hängebrücken oder gar Sessellifte (z. B. in Costa Rica), um den Touristen einen Einblick in den interessantesten Teil des Regenwaldes, nämlich die Kronenschicht, zu eröffnen. Auch die Regenwaldforschung bedient sich heute derartiger Hilfsmittel.

Um die Ausbeute am Minimalfaktor Licht zu maximieren, bilden viele Baumarten unterschiedliche Blattformen aus *(Heterophyllie).* So sind die Blätter in den schattigen Bereichen oftmals groß, ganzrandig und mit einer sog. „Träufelspitze" versehen. Die der direkten Sonneneinstrahlung ausgesetzten Blätter in der obersten Kronenschicht sind dagegen vielfach klein und z. T. ledrig, da sie trotz reichlicher Niederschläge für einige Stunden am Tag unter Trockenstreß stehen (WALTER 1970).

Besonders interessant ist das Phänomen der *Periodizität,* die wegen des Fehlens von Jahreszeiten eigentlich nicht zu erwarten wäre. Trotzdem kann man nach WALTER (1970) periodische Erscheinungen beim Blühen, Blattabwurf usw. beobachten, die allerdings nicht an den bei uns gewohnten zwölfmonatigen Rhythmus gebunden sind, sondern zwei bis vier Monate, oder neun oder sogar 32 Monate betragen können. Man spricht von einer individuellen, autonomen Periodizität, die an keine Jahreszeiten gebunden ist. So kann selbst bei gleichen Baumarten der Blattfall zu verschiedenen Zeiten erfolgen, so daß belaubte neben unbelaubten Individuen stehen. Sogar die

Äste ein- und desselben Baumes können zu verschiedenen Zeiten blühen, fruchten und das Laub abwerfen. Es gibt im Regenwald also keine gemeinsame Blütezeit. Stets blühen nur einzelne Bäume, aber immer wird man auf Exemplare stoßen, die gerade in Blüte stehen. Außerdem bilden die Stämme keine Jahresringe aus.

Bei Experimenten mit europäischen Bäumen in den Tropen zeigte sich, daß diese zwar anfangs ihre gewohnte Zwölf-Monate-Periodizität beibehielten, diese aber im Laufe der Jahre allmählich aufgaben, bis schließlich Knospen, Blüten und Früchte an demselben Baum gleichzeitig auftraten. Verschiedene Baumvertreter aus den höheren Breiten, die an einen Langtag-Rhythmus angepaßt sind, können unter den äquatorialen Kurztagsbedingungen zwar vegetativ gedeihen, aber nicht blühen und fruchten (WALTER 1973).

Unter den Pflanzenarten eines Regenwaldes dominieren mit rd. 70 % eindeutig die *Bäume*. Sträucher und Kräuter fehlen dagegen weitgehend. Dafür gibt es eine Vielzahl von Lianen und Epiphyten, die wie die Bäume in der Lage sind, erfolgreich in die Konkurrenz um das Licht einzugreifen. Die *Lianen* bilden keinen eigenen festen Stamm aus, sondern nutzen den Stamm anderer Bäume als Stütze, um daran hochkletternd in relativ kurzer Zeit an das Licht zu gelangen. Spreizklimmer, wie die schon erwähnte Rattanpalme, Winde- und Rankenpflanzen wie die Maracuja- oder Passionsfrucht, sowie zahlreiche Orchideen (darunter die Vanille) sind derartige Beispiele. Manche Lianen erreichen beachtliche Längen. So hat man Rattan-Lianen von über 200 m Länge angetroffen (WALTER 1970).

Noch weniger aufwendig als die Lianen gehen die *Epiphyten* beim Wettbewerb um das rare Licht vor, indem sie ihren Standort gleich auf Astgabeln in den oberen Baumkronen einrichten. Allerdings kann dort oben nicht nur die Versorgung mit Nährstoffen, sondern auch mit Wasser zum Problem werden. Zahlreiche Orchideen haben deshalb wasserspeichernde Sproßknollen ausgebildet. Andere Epiphyten, wie die Bromelien, fangen das Regenwasser in rosettenartigen Blatttrichtern auf. Die vielen epiphytischen Farne bilden eine eigene Humuslage aus, die als Nährstoffgrundlage und Wasserspeicher dient.

Besondere Erwähnung verdienen schließlich noch die sogenannte „*Hemi-Epiphyten*", die eine Zwischenstellung zwischen Lianen und Epiphyten einnehmen. Die eindruckvollsten Vertreter sind die Würgefeigen (Ficus spec.), die im Anfangsstadium einen anderen Baum als Standort nutzen, von dem sie Luftwurzeln zum Boden entsenden, durch die letztendlich der ursprüngliche Wirtsbaum regelrecht erdrosselt werden kann. Einige bilden am Ende mächtige Kronen von bis zu 100 m Durchmesser aus. Wegen ihrer imposanten Erscheinung werden sie von verschiedenen Völkern als heilig verehrt und bei der Waldrodung stehengelassen.

2.5.2 Vegetationsformationen der Feuchtsavannenzone

a) Regengrüner Feuchtwald und Monsunwald

Mit dem Übergang von den dauerfeuchten zu den wechselfeuchten Tropen ändert sich auch der saisonale Rhythmus der Vegetation. Zwar bleiben die allgemeinen Merkmale des Regenwaldes im großen und ganzen erhalten, aber mit der immer ausgeprägteren Trockenzeit verlieren auch viele Bäume gleichzeitig die Blätter. Der immergrüne Regenwald geht in einen halb-immergrünen (regengrünen) Wald über; zu dem auch die *„Monsunwälder"* (Bilder 8 und 9) in Süd- und Südostasien gehören (SCHMITHÜSEN 1976). Wie die Regenwälder Südostasiens waren auch die Monsunwälder ursprünglich reich an wertvollen Holzarten, vor allem *Teak* und *Sal*, und somit für die Holzwirtschaft besonders interessant (WINDHORST 1978). Aus diesem Grund sind sie schon seit dem vorigen Jahrhundert intensiv ausgebeutet worden. Weiterhin verstärkten traditionelle Waldweidewirtschaft, Feuerholzentnahme und Holzkohleproduktion den Degradationsprozeß, ehe in den letzten Jahrzehnten die Agrarkolonisation den größten Teil der asiatischen Monsunwälder endgültig beseitigte (Kap. 4.1 und 4.2). Heute gibt es nur noch wenige Reste geschlossener Monsunwälder.

b) Die Feuchtsavanne

Als *„Savannen"* bezeichnet man tropische Grasländer, die mit lockeren Baumbeständen durchsetzt sind. Der gleichfalls häufig genutzte Begriff „Steppe" sollte nicht für die Tropen verwendet werden, sondern den außertropischen Grasländern vorbehalten bleiben.

Die Frage, inwieweit die Feuchtsavannen – wie auch die Trocken- und Dornstrauchsavannen – *anthropogen* oder *„natürlich"* sind, hat viele Forscher beschäftigt, zumal in einer Savanne mit Gräsern und Gehölzen zwei Lebensformen vergesellschaftet sind, die normalerweise in deutlicher Konkurrenz zueinander stehen. Nach Ansicht von WALTER (1970) müßten in den wechselfeuchten Tropen mit über 1000 mm Niederschlag pro Jahr die Gehölze bei diesem Wettbewerb klar die Oberhand behalten und durch ihren Schattenwurf die lichtliebenden Gräser auf Dauer zurückdrängen. Das bedeutet, daß in den wechselfeuchten Tropen von Natur aus eigentlich gar keine Grasländer existieren dürften. Ausnahmen sind bei kompakten, stark tonhaltigen Böden mit häufiger Staunässe möglich, wie sie zwischen den Anden und dem Orinoko im Nordosten Kolumbiens und West-Venezuela ausgebildet sind. Die dortigen Feuchtsavannen *(„Llanos")* scheinen tatsächlich natürlichen Ursprungs zu sein (WALTER 1970). Weniger sicher ist man sich bei den ausgedehnten Busch-Gras-Formationen *(„Campos cerrados")* südlich des amazonischen Regenwaldes in Ostbolivien und Zentralbrasilien (Mato Grosso). Aufgrund der vorherrschenden Tierpopulation vermutet

MÜLLER (1977), daß es in diesem Gebiet auch schon vor den Eingriffen des Menschen Grasländer gegeben haben muß (Bild 10).

Die ausgedehnten *Feuchtsavannen Afrikas* sind sicher überwiegend anthropogen. Der Savannisierungsprozeß setzte hier vermutlich mit Brandrodung zu ackerbaulichen Zwecken ein, wie dies beim Wanderfeldbau üblich war (vgl. Kap. 3.3.2). Dabei blieben wirtschaftlich verwertbare Bäume von der Brandrodung ausgespart (Bild 11). Wenn nach einigen Jahren die Erträge beim Ackerbau durch Bodenerschöpfung und zunehmende Verunkrautung nachließen, wurde das brachliegende Land von der Bevölkerung in Weideland umgewidmet. Zu diesem Zweck brannte man das Gelände in der Trockenzeit regelmäßig ab, um den Graswuchs zu fördern und somit eine Verbesserung der Weidegrundlage zu erzielen. Auch wenn einige Bäume diesen Bränden widerstanden, war an das Wiederaufkommen eines geschlossenen Waldes nicht zu denken und wäre auch von der Bevölkerung gar nicht erwünscht gewesen. Diese zog die offene, parkartige Savanne stets dem Wald vor, nicht nur für weidewirtschaftliche Zwecke, sondern auch für die Jagd von Großwild. In ähnlicher Weise scheinen die frühen europäischen Forschungsreisenden eine Vorliebe für die Savannen gegenüber den Regenwäldern entwickelt haben. So schreibt z. B. WAIBEL (1921): „Durch das ganze tropische Afrika geht der Gegensatz dieser beiden verschiedenen Welten. An den dunklen feindlichen Wald grenzt das offene heitere Grasland."

Die Umwandlung von Wald in Savannen blieb allerdings nicht auf die wechselfeuchten Tropen beschränkt, sondern pflanzt sich inzwischen auch in die Regenwaldgebiete der dauerfeuchten Tropen fort. In Südostasien ist die Entwicklung bereits weit fortgeschritten. Auch hier ist eine zu oft und zu kurzfristig wiederholte Brandrodung der Grund für die allmähliche Zurückdrängung der Gehölze zugunsten von Gräsern (Bild 22). Die häufigste Grasart ist *Imperata cyclindrica* (indonesisch: „alang alang"), die sich durch unterirdische Rhizome fortpflanzt, denen Brände nichts anhaben können. Überzieht das Imperata-Gras erst einmal als geschlossener Teppich das Gelände, ist eine natürliche Wiederbewaldung kaum noch möglich. Für die traditionelle Landwirtschaft waren *Imperata-Savannen* sowohl ackerbaulich (wegen der mühseligen Bearbeitbarkeit) als auch für Weidezwecke (wegen der geringen Futterqualität) wertlos. Die lokale Bevölkerung bevorzugte zum Roden stets Waldareale und gab Grasflächen auf.

Zunehmender Bevölkerungsdruck macht jedoch heute den Versuch einer Rekultivierung immer dringlicher – auch um die noch bestehenden Regenwälder zu schonen. So gibt es z.B. in Indonesien eine Reihe von Projekten der internationalen Entwicklungshilfe, die sich die Rehabilitierung von „Alang-alang"-Flächen zum Ziel gesetzt haben. Einmaliges Tiefpflügen und anschließende Bodenbedeckung mit schnellwachsenden Leguminosen haben sich als erfolgreiche Maßnahmen erwiesen.

2.5.3   Mangrovenwälder

Neben den zonalen Vegetationsformationen existieren eine Vielzahl *azonaler Formationen*. Eine der auffälligsten und ökologisch besonders interessant sind die Mangroven, die hauptsächlich im Aufschlickungsbereich tropischer Wattküsten und im Brackwasser von Flußmündungen auftreten. Das hervorstechendste Merkmal der Mangroven ist ihre *Salztoleranz,* die sie befähigt, im Meerwasser zu gedeihen (WALTER 1973; TOMLINSON 1986). Das Verbreitungsareal wird u. a. durch die Wassertemperatur gesteuert. So verschieben kalte, aus der Antarktis stammende Meeresströmungen wie der Humboldtstrom an der Westküste Südamerikas oder der Benguelastrom an der Südwestküste Afrikas die Arealgrenze der Mangroven äquatorwärts, während warme, vom Äquator weggerichtete Strömungen wie der Brasilstrom an der Ostseite Südmerikas und der Agulhas-Strom an der Südostseite Afrikas eine Verbreitung der Mangroven bis jenseits der Wendekreise ermöglichen. Die Mangroven sind also nicht auf die Tropen beschränkt. Doch finden sie hier ihre floristisch reichste Ausgestaltung.

Im Vergleich zum Regenwald sind die Mangrovenwälder artenarm. Weltweit existieren zwischen 20 und 30 Arten. Davon gibt es im indisch-pazifischen Raum rund 20 Arten, während in den atlantischen Küstengebieten nur fünf Arten vorkommen. Lianen und Epiphyten fehlen nahezu ganz, desgleichen jeglicher Unterwuchs. Je nach Dauer und Höhe der täglichen Gezeitenüberschwemmung, der Beschaffenheit des Untergrunds und der Salzkonzentration im Meer- oder im Brackwasser kommt es zu gürtelartigen Zonierungen unterschiedlicher Mangrovengemeinschaften (WALTER 1973; TOMLINSON 1986).

In Anpassung an die extremen Standortbedingungen werden spezielle Organe ausgebildet, die die Pflanzen zum Überleben befähigen (TOMLINSON 1986). Zur Überbrückung des Sauerstoffmangels während der Flut sind die Mangroven entweder mit *Stelzwurzeln* oder mit *Luftwurzeln* (Bilder 12 und 13) ausgestattet, die bei Ebbe aus dem Schlick herausragen. Die geniale Filterkapazität der Wurzelmembrane sorgt für eine fast vollständige Entsalzung des Meereswassers vor dessen Eintritt in das Zellgewebe (JORDAN 1991). Eine weitere Form der Anpassung ist die *Viviparie,* d. h. Keimung bereits an der Mutterpflanze. Die pfeilartig geformte Jungpflanze kann sich nach dem Abfallen von der Mutterpflanze direkt im Schlick verankern und sich so einem Abdriften durch die Gezeitenströmung widersetzen.

Mangrovendickichte bieten zahlreichen Tierarten einen Lebensraum und dienen verschiedenen Meeresfischen als Laichplatz. Mit ihrer speziellen Fauna, darunter Muscheln, Garnelen, Krabben, Reptilien und Amphibien bilden die Mangrovenbestände eine einzigartige amphibische Lebensgemeinschaft in der Übergangszone zwischen Festland und Meer.

Mangrovendickichte stellen außerdem einen wirksamen *Küstenschutz* dar. Sehr wahrscheinlich hätten die Überflutungen in Bangladesh im Jahre 1991 einen weit weniger katastrophalen Verlauf genommen, wenn im Mündungsdelta des Ganges und Bramaputra noch die ausgedehnten Mangrovenbestände existiert hätten, die in den Jahren zuvor in Fisch- und Garnelenteiche umgewandelt worden waren (UTHOFF 1996).

Die Stämme liefern ein sehr widerstandsfähiges und fäulnisresistentes Holz, das von den Küstenvölkern traditionell als Baumaterial geschätzt wird. Darüber hinaus eignet sich Mangrovenholz ausgezeichnet für die Herstellung von Holzkohle. Rund 90 % des thailändischen Mangrovenholzes wird in Holzkohle umgewandelt (UTHOFF 1996), und aus den einstmals dichten Mangrovenbeständen entlang der Ostküste Sumatras wurden die Städte Westmalaysias einschließlich Singapurs schon zu Kolonialzeiten mit Holzkohle versorgt. Inzwischen gibt es für diesen Zweck schon die ersten Wiederaufforstungen.

Im Verlaufe des 20. Jahrhunderts sind ausgedehnte Mangrovenflächen in andere Nutzflächen umgewandelt worden. Das begann in Teilen Asiens mit der Anlage von *Brackwasserteichen* für die Aufzucht von Fischen, insbesondere dem Milchfisch (Kap. 3.6) und zur Gewinnung von Salz. Gleichfalls in Tropisch-Asien sowie an der Guinea-Küste Westafrikas wurden Mangrovenflächen eingepoldert, um neue Reisfelder zu erschließen. Einen weiteren Beitrag zur Vernichtung von Mangrovenbeständen leistete allerdings in jüngster Zeit die moderne Aquakultur mit der Anzucht von Krabben und Garnelen (Kap. 3.6). Besonders weit ist dieser Prozeß wiederum in den asiatischen Küstengebieten fortgeschritten, wie z.B. im Golf von Thailand, im Ganges-Bramaputra-Delta und in den Philippinen (UTHOFF 1994). Im lateinamerikanischen Raum ist vor allem das Küstentiefland von Ecuador betroffen (JORDAN 1991).

2.5.4 Höhenstufen der Vegetation

Als erster hat A. VON HUMBOLDT auf die deutliche Höhenstufung der Vegetation hingewiesen. Er verwendete hierfür die lokalen Bezeichnungen für die Wirtschaftsstufen in den Anden, die er auf seinen Reisen in Südamerika kennengelernt hatte: *Tierra caliente, Tierra templada* und *Tierra fria* (VON HUMBOLDT 1811). C. TROLL (1959) übernahm diese Gliederung in seiner Arbeit über die dreidimensionale Zonierung der tropischen Gebirge, erweiterte sie aber nach oben hin noch um die *Tierra helada*. Diesen Höhenstufen lassen sich von unten nach oben die folgenden Vegetationsformationen zuordnen (TROLL 1959):

● Tieflandregenwald in der Tierra caliente (0–1200 m),
● Bergwald in der Tierra templada (1200–2400 m),

- Nebelwald in der Tierra fria (2400–3600 m),
- Paramo und Frostschuttzone in der Tierra helada (3600–4800 m),
- Schneegrenze (oberhalb 4800 m).

Die angegebenen Höhenstufen sind lediglich als Richtwerte zu verstehen. Sie variieren zwischen den verschiedenen Hochgebirgen der feuchten Tropen z. T. erheblich und sind abhängig von der Breitenlage, der Höhe der Niederschläge, der Exposition zu den Passaten und Monsunen, dem Relief (z. B. Bergrücken oder Talschluchten) und nicht zuletzt vom Massenerhebungseffekt (s. Abb. 15). Dazu kommen in fast allen Tropengebirgen menschliche Eingriffe, die die Höhengrenzen der Vegetation, wie z. B. die untere und die obere Waldgrenze, beträchtlich verschoben haben können.

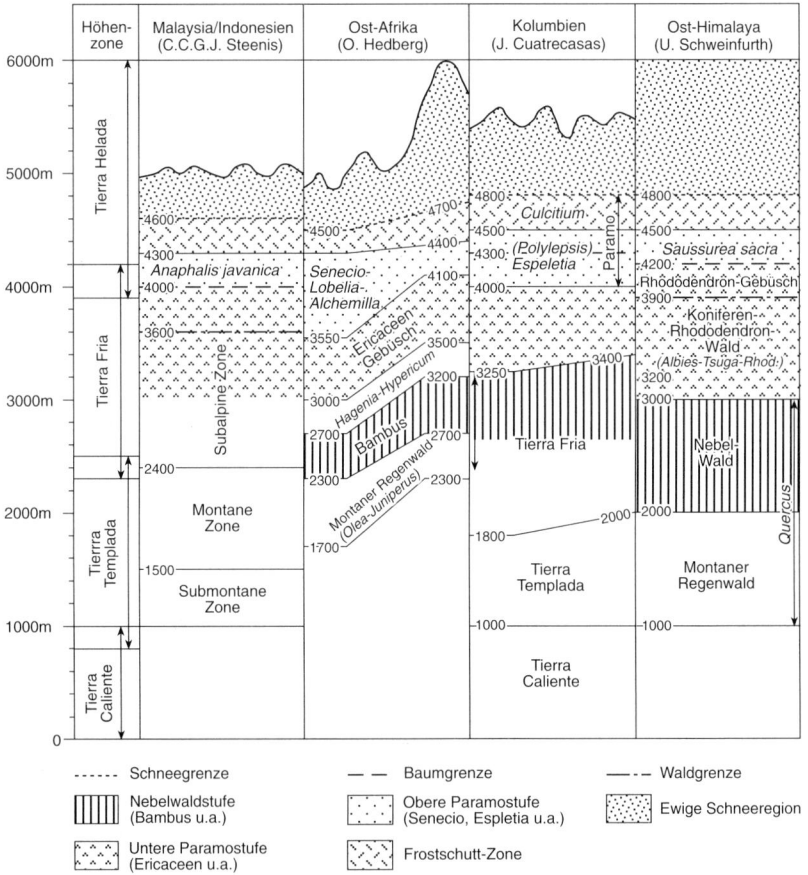

Abb. 15: Die Höhenstufen in Gebirgen der feuchten Tropen (verändert nach Troll *1959, S. 38)*

Bild 1: Tieflandregenwald in Zentralsumatra

Typisch ist das mehrschichtige Kronendach, aus dem einzelne „Baumriesen" herausragen.

Bild 2: Brandrodung im Regenwald

Der Brand liefert Aschedünger und hilft, Unkräuter und Schädlinge zu unterdrücken. Er trägt aber auch zur Regenwalddegradation und zum zusätzlichen Treibhauseffekt bei.

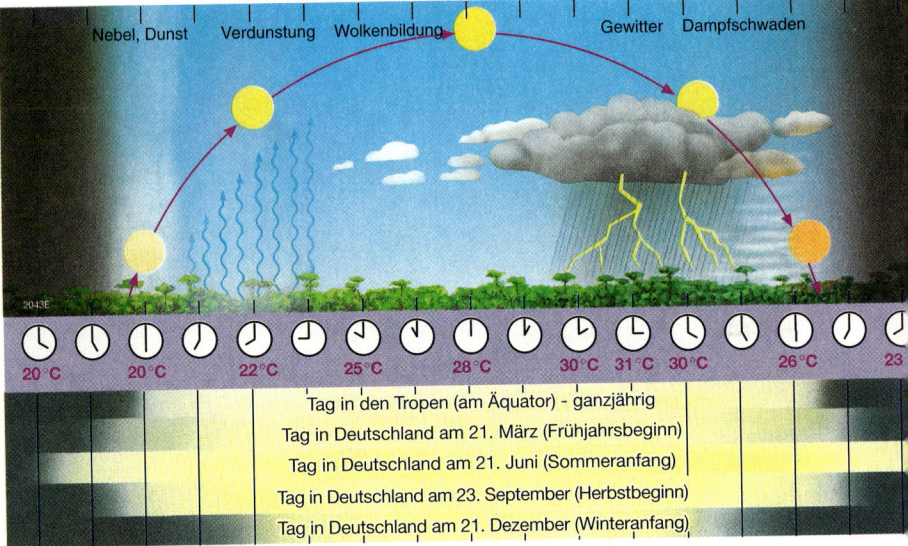

Bild 3: Typischer Tagesablauf in den immerfeuchten Tropen

Bild 4: Der Stockwerkbau und der Nährstoffkreislauf im tropischen Regenwald

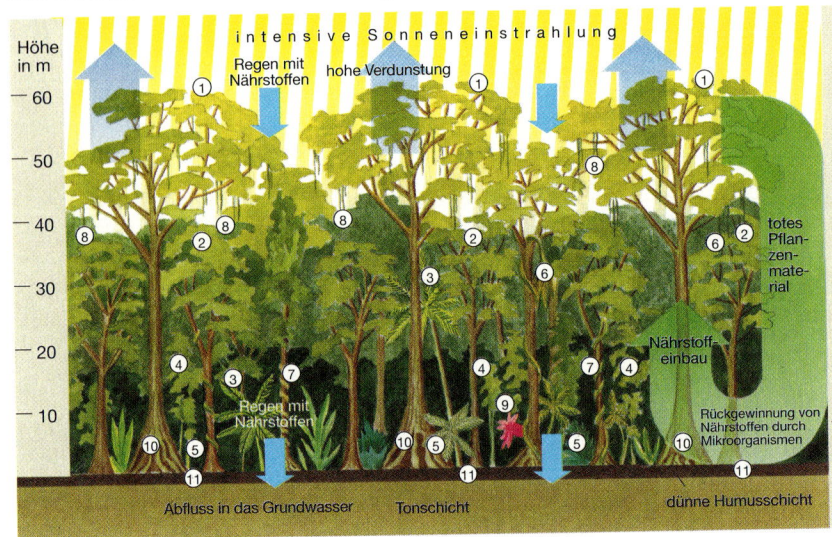

Bild 5: Das Amazonas-Flußsystem enthält ca. 20 % des Oberflächenwassers der Erde

Die Abflußmenge übertrifft die des Rheins um rund das Hundertfache. Die ufernahen dammartigen Aufschüttungen entlang der sog. „Weißwasserflüsse" (wie hier am Rio Madeira) sind bevorzugte Siedlungsstandorte.

Bild 6 (unten links): Ferralsol unter Tieflandregenwald in Zentralsumatra

Deutlich erkennbar sind die tiefgründige Auswaschung, die sehr dünne Humusauflage und die Flachwurzeligkeit der Bäume.

Bild 7 (unten rechts): Acrisol in der Feuchtsavanne Westafrikas (im Südwesten von Burkina Faso) mit unterlagerter Lateritsohle, die zur Herstellung von Ziegeln abgebaut wird

Gelangt die Lateritsohle durch Abtragung des leicht erodierbaren Oberbodens an die Oberfläche, bildet sich eine steinharte Lateritkruste.

Bilder 8 und 9: Degradierter regengrüner „Monsunwald" in Nordostthailand während der Regenzeit (oben) und während der Trockenzeit (unten)

Die natürlichen Bestände sind durch Feuerholzentnahme, die Gewinnung von Holzkohle und durch Waldweide in Verbindung mit wiederholten Brandlegungen zur Verbesserung der Weidegrundlage erheblich dezimiert.

Bild 10: „Campos cerrados" in Zentralbrasilien (Blick von der Mato-Grosso-Randstufe auf das Pantanal-Tiefland bei Cuiabá)

Ob diese Wald-Gras-Formationen überwiegend natürlich entstanden oder anthropogen bedingt sind, ist noch nicht endgültig geklärt.

Bild 11: Feuchtsavanne in Westafrika

Ihre Entstehung dürfte hauptsächlich auf menschliche Eingriffe zurückzuführen sein. Wanderfeldbau mit Brandrodung, extensive Rinderweidewirtschaft mit wiederholten Brandlegungen und Entnahme von Feuer-holz waren für die Umwandlung der ehemaligen Wälder verantwortlich. Unter den verbliebenen Bäumen dominiert der Karité-Baum (Butyrospermum parkii); die Nüsse liefern ein wichtiges Speisefett (Schibutter).

Bilder 12 und 13: Mangrovendickichte sind die charakteristische Vegetationsformation im Gezeitenbereich tropischer Flachküsten

Neben ihrer Salzverträglichkeit ist die Ausbildung von Atemwurzeln typisch, sei es in Form von Stelzwurzeln wie bei den Rhizophora-Arten (oben; in Südsenegal) oder von Luftwurzeln wie bei den Avicennia-Arten (unten; an der Nordküste Javas).

Bilder 14 und 15: Paramo-Vegetation mit Schopfbäumen (ca. 4 000 m). Oben: Espeletien am Nevado del Ruiz (Kolumbien); unten Senecien am Mt. Kenia (Ostafrika)

Beide Pflanzen haben überraschend ähnliche Wuchsformen ausgebildet – ein bemerkenswertes Beispiel für die „Konvergenz" verschiedener Pflanzen unter gleichartigen Klimabedingungen trotz räumlicher Trennung! Zum Schutz gegen den täglichen Wechsel von „Sommer" und „Winter" fallen die abgestorbenen Blätter nicht ab, sondern umhüllen den Stamm als Isolierpolster.

Bild 16: Die obere Wald-grenze an der Westseite des Mt. Kenia in 3 300 m Höhe

Unter der Baumvegetation dominiert die Baumheide (Erica arborea), die dicht mit Bartflechten behängt ist.

Bild 17: Oberhalb der Waldgrenze schließt sich die untere „Paramo"-Stufe mit Polstergrasfluren und kerzenartigen Lobe-lien an (Nordwestseite des Mt. Kenia, ca. 3 500 m)

Bild 18: Übergang vom Bergwald zum Nebelwald in 2 500 m Höhe an den Hängen des Gede-Pangrango-Vulkanmassivs in Westjava

Kennzeichen dieser Waldstufe sind die zahlreichen Epiphyten, der knorrige Baumwuchs und Baumfarne.

Bild 19: Zuckerrohrernte in Kolumbien

Effizienter als alle anderen Pflanzen setzt Zuckerrohr Sonnenenergie in Nahrungsenergie um.

*Bild 20: Bewässerter An-
bau von Knollenfrüchten
im Hochland von Neugui-
nea (Baliem-Tal, Irian
Jaya)*

Die vier wichtigsten tropischen Knollenpflanzen sind
vertreten: Maniok (vorn links)
umgeben von Süßkartoffeln
als Leitkultur, Taro (entlang
des Grabens in der Bildmitte)
und Yams an Stützpfählen (im
Hintergrund).

*Bild 21: Maniokernte
javanischer Umsiedler auf
Sumatra*

Im Vordergrund die frischen
Knollen, die zu Tapioka weiterverarbeitet werden. Im Hintergrund ein noch nicht abge-
erntetes Maniokfeld.

Bild 22: Anthropogene Savanne in Sumatra

Infolge wiederholter Brandrodungen mußte der ursprüngliche Regenwald einer Grasvegetation weichen, die sich hauptsächlich aus Imperata cylindrica („Alang-alang-Gras") zusammensetzt. Da derartige Grasflächen mit den traditionellen Techniken weder ackerbaulich noch weidewirtschaftlich nutzbar waren, wurden sie von der Bevölkerung aufgegeben. Heute gibt es in Südostasien zahlreiche Projekte, die mit modernen Techniken eine Rehabilitierung solcher Ödlandflächen anstreben.

Bild 23: Permanenter Trockenfeldbau und Landschaftszerstörung in Sumatra

Das Bild stellt die Endphase eines Degradationsprozesses dar, der durch ackerbauliche Übernutzung, fortwährende Brandlegung und Überweidung ausgelöst worden ist. Auf dem abgebildeten Geländeausschnitt kann allenfalls noch mit anspruchslosen Bäumen wie z. B. Pinus merkusii aufgeforstet werden.

Bilder 24 und 25: „Transmigrasi" in Indonesien ist das größte staatlich organisierte Umsiedlungsprogramm der Welt

Oben: Neu errichtetes Siedlerdorf in Zentralsumatra. In wenigen Tagen werden die Siedler aus Java eintreffen. Unten: Transmigrantengehöft nach vier Jahren.

Bild 26: Typische Wanderfeldbaufläche mit Trockenreis im Regenwald von Sumatra

Da solche Felder oft mehrere Kilometer vom Dorf entfernt sind, wird eine Arbeitshütte errichtet, in der während der Arbeitsspitzen die ganze Familie wohnt.

Bild 27: Brandrodungsfläche mit jungen Kautschuksetzlingen

Im Zuge der landwirtschaftlichen Kommerzialisierung seit Beginn des 20. Jhs. sind viele Wanderfeldbauern dazu übergegangen, nach Verlassen des Feldes die Brachflächen mit Dauerkulturen, wie z. B. Kautschuk, „wiederaufzuforsten".

XIV

Bild 28: Wanderfeldbau mit verschiedenen Brachestadien auf Sumatra

Wegen der geringen Nährstoffreserven im Boden und der raschen Verunkrautung wird ein Feld traditionell nur für ein Jahr genutzt und muß danach 10 bis 15 Jahre brachliegen, ehe ein genügend hoher Sekundärwald nachgewachsen ist. Der traditionelle Wanderfeldbau ist also eine sehr flächenaufwendige Landnutzungsform mit geringer Tragfähigkeit.

Bild 29: Permanenter Trockenfeldbau mit Hangterrassen bei den Akha in Nordthailand

In den Gebirgen der wechselfeuchten Tropen gibt es inzwischen erfolgversprechende Ansätze einer nachhaltigen Trockenfeldkultivierung. Eine entscheidende Komponente sind Konturhecken aus Leguminosengehölzen, die den Boden verbessern, die Erosion mindern und ein hochwertiges Viehfutter liefern.

Bild 30: Der Bewässerungsfeldbau mit Naßreis bildet seit Generationen die wirtschaftliche Grundlage der asiatischen Hochkulturen

Terrassen der Ifugao und Igorot auf Luzon/Philippinen mit Saatbeeten, kurz vor dem Verpflanzen. Hier wird seit über 1000 Jahren ununterbrochen Reis kultiviert.

Bild 31: Reisfelder mit Regenstaubewässerung in Nordostthailand während der Regenzeit

Zum Höhepunkt der Monsunregen sammelt sich das Niederschlagswasser in den eingedeichten Feldern, und der Reis kann verpflanzt werden. Die Bäume dienen als „Nährstoffpumpe". Ihr Laub sorgt für eine Stabilisierung der Bodenfruchtbarkeit. Den gleichen Effekt haben die Termitenhügel (hinten rechts), die über die Jahre in das Feld eingearbeitet werden.

Bild 32: Sojaanbau in Mato Grosso (Brasilien)

Mit großem technologischen Aufwand wird in Brasilien der Sojaanbau aus den Subtropen immer weiter gegen die äquatorialen Tropen hin ausgedehnt. Zur Zeit verläuft die „Sojafront" durch die wechselfeuchten Tropengebiete der „Campos Cerrados".

Bild 33: Teak-Forst im Süden von Yünnan

Derartige Baumplantagen können kaum den ursprünglichen Monsunwald ersetzen.

a) Bergwälder

Oberhalb von 1000 m gehen die Tieflandwälder der Tierra caliente in die immergrünen tropischen *Bergwälder* der Tierra templada über. Wuchshöhe und Artenvielfalt nehmen rasch ab. Die meisten Bäume werden nur noch 10–30 m hoch. Erreicht die Artenzahl im Tiefland zwischen 50 und 200 pro Hektar, so existieren in 1000 m Höhe im Schnitt nur noch 30 und in 1500 m lediglich noch zehn Arten pro Hektar (READING, THOMSON, MILLINGTON 1995). Die Obergrenze dieser Waldstufe liegt bei 2500 m (Bild 18). In besonders geschützten Lagen mit relativ geringem Niederschlag und erhöhter nächtlicher Ausstrahlung kann es hier zu ersten Nachtfrösten kommen. Dort ist die untere Grenze der Tierra fria erreicht.

b) Nebelwälder

Zwischen 2500 und 3500 m folgt eine Höhenstufe, in der sich beinahe täglich (und zwar nicht nur in den immerfeuchten, sondern auch in den wechselfeuchten Tropen!) um die Mittagszeit eine Wolkendecke bildet, aus der feiner Nieselregen fällt. Selbst wenn es nicht regnet, ist die Landschaft für mehrere Stunden in Nebel gehüllt. Hier entsteht der *tropische Nebelwald*. Die ständig feuchtigkeitsgesättigte Luft bietet ideale Lebensbedingungen für Epiphyten, die das auffallendste Florenelement dieses eigentümlichen Waldtyps darstellen. Die Epiphyten, in der Mehrzahl Moose, Farne und Bartflechten, umhüllen die Stämme und Äste als dicke Polster oder hängen von den Ästen herab. Man fühlt sich bei diesem Anblick in einen „Geisterwald" versetzt (Bild 16). Der ständige Nebel verstärkt diesen Eindruck noch. Infolge der niedrigen Temperaturen werden die Bäume nicht mehr so hoch und bilden nur noch knorrige Stämme aus. Außerdem nimmt die Artenvielfalt weiter ab. Auffallend sind die zahlreichen, prächtig ausgebildeten Baumfarne.

Eine regionale Besonderheit einzelner ostafrikanischer Gebirge ist das Auftreten fast reiner Bambusbestände, die aber zumindest teilweise anthropogen bedingt zu sein scheinen.

c) Páramo

Oberhalb der Berg- und Nebelwaldstufe schließt sich eine von Graswuchs dominierte Vegetationsstufe an, die in der Literatur gelegentlich als *„alpine"* Stufe (WALTER 1973) oder im Falle Afrikas von O. HEDBERG (1974) als *„afroalpine"* Stufe bezeichnet worden ist. Wegen der grundsätzlich völlig unterschiedlichen Klimaverhältnisse in den tropischen und außertropischen Hochgebirgen erscheint der Begriff „alpin" für die Tropen jedoch unangebracht. TROLL (1959) hat stattdessen die aus dem Andenraum stammenden Bezeichnungen „Paramo" für die feuchteren innertropischen und *„Puna"* für die trockeneren randtropischen Teile dieser Vegetationsstufe eingeführt. Es erscheint zweckmäßig, dem Vorschlag TROLLS zu folgen und diese Begriffe auf sämtliche tropischen Hochgebirge auszudehnen. In unserem Falle haben wir es demnach mit „Paramos" zu tun, was auf altspanisch etwa „waldfreies, schlechtes Land" bedeutet, da hier kein Ackerbau mehr möglich ist.

Im unteren Abschnitt der Paramo prägen polsterartige Hartgrasfluren *(Tussockfluren)* das Bild. Weiter oben gelangt man in den Bereich der eindrucksvollen Schopfblattgewächse, in den Anden vertreten durch Espeletien und in Ostafrika durch *Senecien* (Bilder 14 und 15). Beide sehen sich zum Verwechseln ähnlich – ein klassisches Beispiel für die Konvergenz unterschiedlicher Pflanzenarten unter gleichartigen ökologischen Wachstumsbedingungen. Trotz ihres Standortes weit oberhalb der Waldgrenze können die Schopfblattgewächse bis zu 10 m hohe Stämme ausbilden. Daneben fallen die großartigen Wollkerzenpflanzen auf, die in den Anden durch die Gattung Lupinus und in Ostafrika durch *Lobelia* vertreten sind (Bild 17). In den Hochgebirgen Neuguineas bilden *Baumfarne* die Charakterpflanzen dieser Höhenstufe.

Die Vegetation in der Paramostufe ist einem bemerkenswerten klimatischen Streß ausgesetzt. Wie schon bei den Ausführungen über die thermischen Höhenstufen (Kap. 2.1.2) vermerkt, bleibt die Jahresisothermie der äquatorialen Tiefländer auch in den Hochgebirgen unverändert bestehen. Ist also beim Aufstieg erst einmal die absolute Frostgrenze erreicht, folgt schon wenig oberhalb eine Höhenzone, in der *täglich Nachtfrost* auftritt, am Tage die Temperatur aber ebenso regelmäßig wieder über den Gefrierpunkt ansteigt.

Für die Pflanzenwelt bedeutet dies einen raschen Übergang von einer absolut frostfreien Stufe mit ganzjähriger ununterbrochener Vegetationszeit, zu einer Stufe mit täglichem Frostwechsel, in der den Pflanzen keine längere Vegetationszeit zur Verfügung steht, wie dies in den Alpen während des Sommers der Fall ist. Auch fehlt der Schutz einer länger liegenden Schneedecke.

Außerdem müssen sich die Pflanzen in der Paramostufe auf beträchtliche *Temperaturunterschiede zwischen Tag und Nacht* einstellen, wie sie für die feuchten Tropen eigentlich ungewöhnlich sind. Das liegt daran, daß diese Höhenstufe über das Hauptkondensationsniveau hinausragt und sich nur noch selten eine schützende Wolkendecke bildet. Folglich nehmen sowohl die mittägliche Sonneneinstrahlung als auch die nächtliche Ausstrahlung kräftig zu. Während in der Nebelwaldstufe mit ihrem sehr ausgeglichenen Bestandsklima die Tagesamplitude nur 4–6 °C beträgt (vgl. das Thermoisoplethendiagramm vom Gipfel des Pangerango-Vulkans, Kap. 2.1.2), kann sie in der Paramo auf über 30 °C ansteigen (RICHTER 1980).

Der *tägliche Wechsel von „Sommer" und „Winter"* zwingt die Pflanzen zur Ausbildung ganz spezieller *Anpassungsmechanismen*. So fallen bei den Schopfblattgewächsen, im Gegensatz zu fast allen höheren Pflanzen, die abgestorbenen Blätter nicht ab, sondern umhüllen den Stamm als dickes Isolierpolster. Dieses verhindert nicht nur das Gefrieren des Wassers im Stamm während der Nacht, sondern schützt die Pflanze auch vor zu hoher Erwärmung durch die intensive mittägliche Sonneneinstrahlung und vor übermäßigem Wasserverlust.

Weitere Schutzstrategien sind Polsterwuchs, ein dichter Haarfilz oder auch Rosettenwuchs in Verbindung mit der sogenannten Nachtknospenbildung, bei der die erwachsenen Rosettenblätter sich nachts nach innen biegen und die empfindliche zentrale Blattknospe umhüllen. Bei beginnender morgendlichen Sonneneinstrahlung öffnen sich die Blätter sofort wieder.

Der stete Frostwechselstreß läßt nur ein sehr langsames Wachstum zu: Senecien und Lobelien benötigen in 4000 m Höhe ein ganzes Jahr zur Entfaltung eines einzigen Blattes und Senecien schaffen nur etwa vier bis fünf Zentimeter Längenwachstum pro Jahr. Dafür werden sie aber auch bis zu 300 Jahre alt.

Bislang überwog in der Vegetationsgeographie die Auffassung, daß die obere *Waldgrenze* in den feuchten Tropen in erster Linie durch klimatisch-edaphische Faktoren, insbesondere die Bodentemperatur, determiniert sei. Inzwischen häufen sich jedoch die Hinweise, daß diese Grenze an vielen Stellen feuerverursacht, d. h. *vom Menschen angelegt* zu sein scheint. Nach Beobachtungen von G. und S. MIEHE (1996) im Hochland von Südäthiopien sind isolierte Baumgruppen in der unteren Paramo-Stufe ein deutlicher Hinweis, daß der natürliche Wald in den inneren feuchten Tropen möglicherweise bis an die 4000 m, in den trockeneren Randtropen sogar bis 4800 m, hinaufgereicht haben muß. Wie größtenteils die Savannen, seien die Polstergrasländer der unteren Paramo durchweg Ersatzgesellschaften, die hauptsächlich zu Weidezwecken durch Feuer offengehalten würden.

Auf die Möglichkeit, daß die obere Waldgrenze durch den Menschen verursacht sein könnte, weist auch LÖFFLER (1979) am Beispiel der Paramo-Grasländer in Papua-Neuguinea hin. Die meisten Untersuchungen kommen zu dem Schluß, daß die hochgelegenen Grasländer durch Feuer nach unten erweitert wurden. Die natürliche Waldgrenze dürfte bei 3800–3900 m gelegen haben.

d) Frostschutt- und Eisregion
Oberhalb der Paramostufe folgt ab etwa 4500 m die kahle Frostschuttregion. Neben den täglichen Frostwechseln ist in dieser Höhe auch das knappe Wasserangebot für die Einschränkung des Pflanzenwachstums verantwortlich. In ca. 5000 m ist schließlich die Region des ewigen Schnees erreicht.

2.5.5 Die Fauna

a) Im immergrünen Regenwald
Wie bei der Vegetation ist auch bei der Tierwelt die *Artenvielfalt* in den feuchten Tropen überdurchschnittlich groß. Man schätzt, daß mindestens zwei Drittel aller Tierarten der Erde in den Tieflandregenwäldern leben, viel-

leicht sogar erheblich mehr. Der größte Teil davon entfällt auf die Insekten, von denen die meisten bislang noch gar nicht beschrieben sind (GOLLEY 1983; WHITMORE 1993). So können auf einem einzigen Baum über 1000 verschiedene Insekten leben. Auch die anderen Tierarten sind in großer Artenzahl vertreten. So hat man z. B. in den Regenwäldern Amazoniens auf nur einem Quadratkilometer über 400 Vogelarten, darunter viele Kolibris, Papageien und Tauben, gezählt, während es in ganz Mitteleuropa nur rund 200 Vogelarten gibt. Im Flußsystem des Amazonas existieren zwischen 1500 und 2000 Fischarten, in ganz Europa dagegen ebenfalls nur knapp 200. Besonders groß ist schließlich die Artenzahl bei Reptilien und Amphibien (REICHHOLF 1989).

Der Hauptgrund für die beeindruckende Artenvielfalt ist das Vorhandensein unzähliger *ökologischer Nischen* im Regenwald mit ihren ganz speziellen Lebensbedingungen, auf die sich ganz bestimmte Tiere spezialisiert haben. So gibt es z. B. in der oberen Kronenschicht Schmetterlinge, die nie auf den Waldboden kommen. Dagegen haben sich verschiedene Schlangen- und Schildkrötenarten an die lichtarmen Verhältnisse auf dem Waldboden angepaßt. Wieder andere Tiere haben sich durch spezifische Farb- und Formenanpassung oder durch spezielle Werkzeuge zum Klettern und Klammern in den Wipfeln der mittleren Baumschicht ihren Lebensraum gesichert (MÜLLER 1977). Zu der territorialen Eingrenzung in ökologischen Nischen kommt die zeitliche Beschränkung der Aktivitäten auf bestimmte Tageszeiten. So gibt es unter den zahlreichen Schmetterlingen Arten, die nur für einige Stunden aktiv sind, während sie für den Rest des Tages das Terrain anderen Arten überlassen. Weiterhin gibt es viele dämmerungs- und nachtaktive Tiere. Die dämmerungsaktiven Tiere, wie einige Nachtaffen und verschiedene Frösche, besitzen besonders große Augen. Bei nachtaktiven Tieren, wie z. B. bei Fledermäusen, einigen Geckos und Baumschlangen, können die Augen hingegen degeneriert sein; stattdessen verfügen diese Tiere über hoch entwickelte chemische Sinneszellen oder andere Orientierungshilfen (SCHULTZ 1955).

Nach MÜLLER (1977) könnte der Artenreichtum auch mit den sog. *„Pleistozänen Refugien"* zusammenhängen. So gab es im Falle des amazonischen Tieflandes verschiedene eiszeitliche und nacheiszeitliche Trockenphasen; eine letzte ist für die Zeit zwischen 5000 und 2300 v.Chr. nachgewiesen. In solchen Phasen ist es durch Ausdehnung der Savannen wiederholt zu räumlicher Zersplitterung des zuvor und auch heute wieder zusammenhängenden Regenwaldareals gekommen. In der Isolation solcher Refugien entwickelten ganze Tierpopulationen eine Eigendynamik, die zu dem heutigen Artenreichtum Gesamtamazoniens beigetragen haben dürfte.

Der beschriebene Artenreichtum darf freilich nicht darüber hinwegtäuschen, daß die allermeisten Arten nur mit wenigen Individuen pro Flächeneinheit vertreten sind. Abgesehen von den Insekten ist also die absolute Anzahl von Tieren kaum größer als in einem mitteleuropäischen Wald. Die riesigen Vogelschwärme oder Großtierherden einer einzigen Art, wie wir sie aus den benachbarten Savannen kennen, treten in den Regenwäldern nicht auf. Wenn man zehn Schmetterlinge fängt, ist nach REICHHOLF (1989) die Wahrscheinlichkeit, daß jeder einer anderen Art angehört, weit größer als die Chance, daß sie alle von derselben Art sind.

Wer zum erstenmal den Regenwald besucht, ist im allgemeinen von der Pflanzenfülle beeindruckt, während ihn die Tierwelt eher enttäuscht. Der Wald wirkt unbewohnt. Das liegt daran, daß sich die meisten Tiere im Kronendach aufhalten, in das man von dem dämmerigen Waldboden aus keinen Einblick hat. Außerdem gibt es nur wenig größeres Wild. Im Innern der Regenwälder Amazoniens fehlen *Säugetiere* mit über 10 kg Körpergewicht ganz. Der Hauptgrund ist das unzureichende Futterangebot – trotz der Riesenproduktion an Blättern. Da die lebende Phytomasse des Regenwaldes zur Abwehr von Freßfeinden voller Gifte steckt, ist der größte Teil der Blätter für Pflanzenfresser ungenießbar oder kann, wie z. B. beim Faultier, erst durch langwierige Aufbereitung durch Bakterien und Pilze für den tierischen Verdauungstrakt verwertbar gemacht werden. Das *Faultier* behilft sich zusätzlich mit einer extrem energiesparenden Motorik, die es dem Tier ermöglicht, mit weniger als 50 % des für Säugetiere dieser Größenordnung üblichen Futterbedarfs auszukommen (REICHHOLF 1989). Andere Tiere bedienen sich ausgeklügelter Strategien indirekter Ernährung, um Blätter als Nahrung zu nutzen. So legen z. B. die *Blattschneiderameisen* mit den für sie selbst zunächst unverdaulichen Blattstücken regelrechte unterirdische Pilzkulturen an, die ihnen dann als Nahrung dienen. Bestimmte Vögel haben sich zu spezialisierten Fruchtfressern entwickelt, wie z. B. die Tukane in Lateinamerika oder die Nashornvögel in Asien mit ihren bizarren Schnabelformen. Die Papageien sind in der Lage, hartschalige Samen zu knacken und so im Regenwald zu überleben.

Trotz solcher Strategien gelangen nur etwa 2–3 % des Pflanzenzuwachses eines Regenwaldes in Tiermägen; in Savannen können es dagegen bis zu 50 % sein (COLLINS 1990). Entsprechend gering ist der Anteil der tierischen Biomasse *(Zoomasse)* an der Gesamtbiomasse. Nach Untersuchungen von FITTKAU und KLINGE (1973) im amazonischen Regenwald beträgt die Zoomasse nur etwas über 200 kg/ha, wovon rund 80 % auf die Bodenfauna entfallen. Dem stehen im Schnitt knapp 500 t/ha pflanzlicher Biomasse (Phytomasse) gegenüber, also 2000- bis 3000mal so viel. Die Primatenbiomasse erreicht im Regenwald durchschnittlich nur 10–20 kg/ha, in den afrikanischen Savannen dagegen bis zu 120 kg/ha (WHITMORE 1993). Das bedeutet, daß dem Menschen in den Regenwäldern erheblich weniger jagdbares Wild zur Verfügung steht als in den Savannen. Auf die natürliche Fleischarmut von Regenwaldgebieten weisen FITTKAU und KLINGE (1973) nachdrücklich hin.

Demnach sollen schon Mitglieder von Expeditionen im amazonischen Regenwald verhungert sein.

Trotz der geringen Individuenzahl spielen die größeren Tiere eine wichtige Rolle bei der Samenverbreitung bestimmter Baumarten und sind somit für deren Fortbestand unentbehrlich. Deshalb besitzen einige Früchte einen besonders intensiven Geruch, um die Tiere anzulocken, wie z. B. die in den asiatischen Tropen sehr beliebte Durian-Frucht. Einige Fluggesellschaften lehnen es ab, Passagiere zu befördern, die diese „Stinkfrucht" mit sich führen.

Bezüglich der Verbreitung der Tiere gibt es einige auffallende regionale Unterschiede. So wird z. B. die asiatisch-pazifische Regenwaldzone von einer wichtigen *zoographischen Grenze,* der *Wallace-Linie,* die zwischen den Inseln Borneo und Sulawesi (Celebes) verläuft, in eine westliche und eine östliche Hälfte unterteilt. Die Wälder in der Westhälfte, die neben dem südostasiatischen Festland auch die Inseln Sumatra, Java und Borneo umfaßt, weisen im Gegensatz zu den meisten anderen Regenwaldgebieten der Erde relativ viele größere Säuger auf, darunter Elefanten, Tiger, wilde Büffel, den Tapir, das Rhinozeros, Hirsche und verschiedene Affen, wie z. B. den Orang Utan (indones.: „Mensch des Waldes"). Östlich von Borneo und Java fehlen diese großen Säuger. Hier sind nur noch kleine Säugetiere heimisch, darunter zahlreiche Beutel- und Nagetiere. Dafür ist diese Faunenregion erheblich reicher an Vögeln, wie dem prächtigen Paradiesvogel Neuguineas, der wegen seiner Federn einst ein begehrtes Jagdobjekt war, sowie dem Kakadu und dem Kasuar.

Innerhalb der lateinamerikanischen und der afrikanischen Regenwaldgebiete bilden die schon erwähnten „pleistozänen Refugien" Inseln von auffallender Artenvielfalt, die von weniger artenreichen Gebieten umgeben sind. Für die Ausweisung und Abgrenzung von Naturparks ist die exakte Kenntnis von Lage und Ausdehnung derartiger Refugien von größter Bedeutung. Besondere Beachtung verdienen die Feuchtwälder Madagaskars. Wegen der langen erdgeschichtlichen Isolation weisen diese eine überdurchschnittlich hohe Zahl endemischer Pflanzen und Tiere auf, wie z.b. die rund 30 verschiedenen Lemurenarten. Etwa 90 % aller Reptilien und Amphibien, darunter auffallend viele Chamäleons, sind endemisch. Aus Sicht des Naturschutzes sind deshalb die Wälder Madagaskars besonders schutzwürdig (COLLINS 1990).

Menschliche Eingriffe in das Ökosystem Regenwald haben zweifellos zu einer Verminderung bis hin zum Aussterben zahlreicher Tierarten geführt. Stattdessen konnten sich andere Tiere schlagartig vermehren. Geradezu zu einer Landplage sind z. B. die Wildschweine geworden, die oft bis in die Nähe menschlicher Siedlungen vordringen und erhebliche Verwüstungen auf den Feldern anrichten. Auch bestimmte Affenarten, z. B. Paviane, haben sich vermehrt und dringen schon bis in die Städte vor. Das gleiche gilt für einige Vogelarten wie Webervögel, Aasgeier, Marabus usw., die als „Kulturfolger" vom Menschen profitieren.

b) In den Savannen der wechselfeuchten Tropen
Im Gegensatz zu den geschlossenen immergrünen Regenwäldern prägen in den offenen Savannen große Herden von Säugern das Bild. Dies gilt vor allem für die ostafrikanischen Savannen. Dagegen sind die indischen und südamerikanischen Savannen, wie z.b. die „Campos Cerrados" in Brasilien, wesentlich artenärmer. In Ostafrika herrschen vor allem Huftiere vor. Dazu zählen die Riesenherden von Zebras, Giraffen, Topis, Wasserböcken, Impalas, Thompson- und andere Gazellen und Kaffernbüffeln. Weiterhin gibt es Elefanten, Nashörner, Löwen, Geparde, Leoparde, Hyänen und Schakale. Unter den Vögeln fallen die mächtigen Strauße auf. Besonders zahlreich sind Sperlings- und Webervögel. Letztere können in gewaltigen Schwärmen auftreten und innerhalb kürzester Zeit ganze Getreidefelder kahlfressen.

Nur am Rande seien die zahllosen Insekten erwähnt, darunter die Termiten, die wiederum in Afrika besonders artenreich vertreten sind und deren charakteristischen, z. T. turmartigen Bauten das Landschaftsbild vieler Savannen prägen.

c) Korallenriffe
Obwohl sich dieses Buch auf die terrestrischen Lebensräume konzentriert, sollen die tropischen Meere nicht völlig unerwähnt bleiben; immerhin stellen Meere den weitaus größten Lebensraum der Geosphäre dar, wenn auch durch den gewaltigen Wasserdruck und den Mangel an Licht in größeren Tiefen die Lebensmöglichkeiten gegenüber dem terrestrischen Lebensraum deutlich limitiert sind (MÜLLER 1977). Im Falle der tropischen Meere ist insbesondere die Lebensgemeinschaft der *Korallen* zu beachten.

Der Aufbau eines Korallenriffs erfolgt durch *Polypen,* die das im Meereswasser gelöste Calciumcarbonat aufnehmen und durch stete Kalkabscheidung ständig den Sockel erhöhen, auf dem sie sitzen. Im Schnitt wächst ein solcher Korallenstock knapp 1 cm/Jahr. Es hat aber auch schon Zuwächse von bis zu 20 cm/Jahr gegeben, wie man an Schiffswracks, deren Untergangszeitpunkt bekannt war, beweisen konnte (SCHUHMACHER 1976).

Korallen können nur bis zu 50 m Wassertiefe leben. Darunter reicht das Lichtangebot nicht mehr aus. Tieferliegende Riffe sind abgestorben und können nur bei niedrigerem Meeresspiegelstand während der Eiszeiten oder durch tektonische Absenkungsvorgänge entstanden sein. Weiterhin sind Korallen an Salzwasser gebunden. Deshalb weisen Riffe an Flußmündungen stets eine Lücke auf. Die mittlere Jahrestemperatur des Wassers sollte mindestens 20 °C, am besten 25–30 °C betragen. Dadurch reduziert sich der

Lebensraum auf die Tropen (LESER 1993). Dieser ist in zwei Großregionen aufgeteilt: die *indopazifische* und die *atlantische Riffregion*. Die indopazifischen Riffe sind den atlantischen nicht nur an Ausdehnung, sondern auch an Artenzahl deutlich überlegen, wie Tab. 3 belegt:

Tab. 3: Vergleich der großen Riffregionen der Erde

	Indo-Pazifik	Atlantik
Gesamtfläche	125 000 km²	25 000 km²
– Steinkorallen	500 Arten	84 Arten
– Fische	2200 Arten	600 Arten
– beschalte Mollusken (Muscheln, Schnecken, etc.)	5000 Arten	1200 Arten

(aus: SCHUHMACHER 1976, S. 68)

Die artenreichsten Riffe gibt es im westlichen Pazifik (Nordostaustralien, Südphilippinen, Ostindonesien), im westlichen Indischen Ozean (Malediven, Seychellen) und im Roten Meer.

Im Atlantik konnten sich nur in der Karibik und entlang der Südostküste Brasiliens zusammenhängende Riffe entwickeln. Entlang der Nordostküste Südamerikas verhindern die gewaltigen Sedimentmassen vom Amazonas und Orinoco, die entlang dieses Küstenstreifens verschleppt werden, eine Riffbildung, da die Korallen keine Wassertrübung vertragen. In ähnlicher Weise beeinträchtigen die Sedimente des Niger und des Kongo das Korallenwachstum an der Guineaküste. Den gleichen Effekt haben die kalten Meeresströmungen und Auftriebwasser im Nordwesten und Südwesten Afrikas. Somit gibt es entlang der gesamten Westseite Afrikas so gut wie keine Korallenriffe. Ebenso verhält es sich an der Westseite Südamerikas, wo der kalte Humboldtstrom jegliches Korallenwachstum verhindert.

Man unterscheidet drei verschiedene *Rifftypen* (KELLETAT 1989): Saumriffe, Barriereriffe und Atolle.

Saumriffe schließen sich direkt an eine Küste an. Die küstenwärts weisende Riffplatte ragt bei Niedrigwasser bis an die Wasseroberfläche, seewärts fällt das Riff häufig mauerartig bis in größere Wassertiefen ab. Saumriffe sind gewissermaßen der „normale" Rifftyp und dementsprechend häufig. *Barriereriffe* sind dem Festland mehr oder weniger weit vorgelagert. Sie sind durch Ansteigen des Meeresspiegels im Gefolge der Eiszeiten oder durch Absenkung des Untergrundes entstanden und können beachtliche vertikale Ausmaße erreichen. Das bekannteste Beispiel ist das ca. 2000 km lange Große Barriereriff nordöstlich von Australien (LÖFFLER 1995).

Der auffallendste Rifftyp ist zweifellos das ringförmige *Atoll* (s. Abb. 16), über dessen Entstehung sich bereits DARWIN (1889) Gedanken gemacht hatte. Ausgangspunkt ist hierbei ein Saumriff, das sich um eine isolierte, runde (und deshalb oft vulkanische) Insel gebildet hat. Ähnlich wie beim Barriereriff, verschwand durch Absenkung des Untergrundes und/oder glazialeustatischen Meeresspiegelanstieg die „Mutterinsel" unter der Ozeanoberfläche, während das Wachstum des Korallenriffs mit dem allmählichen Anstieg des Wasserpegels Schritt halten konnte.

Korallenriffe weisen eine überaus *artenreiche Fauna* auf, die an Vielfalt und Produktionskraft nur vom Regenwald übertroffen wird. Dies ist um so erstaunlicher, als die hohe Konzentration und Produktion an organischer Substanz in einem eher nährstoffarmen Milieu, wie es die meisten tropischen Meere sind, erfolgt. SCHUHMACHER (1976) vergleicht ein Riff mit einer „Großstadt in der Wüste". Dies liegt daran, daß sich die Korallenpolypen nicht nur von Plankton ernähren, wie man lange glaubte (denn gerade die warmen tropischen Meere, in dem die Korallen leben, sind arm an Plankton!), sondern auch von gelösten Stoffen (Nitrate, Aminosäuren usw.) sowie von Assimilationsprodukten der Algen. Umgekehrt profitieren die Algen von den Stoffwechselprodukten der Korallenpolypen. Gemeinsam bilden beide eine gut funktionierende Symbiose.

Die Korallenpolypen sind von Nesselkapseln überzogen, die sie wirksam vor Freßfeinden schützen. Gleichwohl gibt es einige Mollusken, Schwämme, Fische (z. B. den Papageifisch) und Stachelhäuter, die das lebende Gewebe der Korallen fressen. Unter letzteren erregte in den 70er Jahren der *Dornkronenseestern* weltweites Aufsehen, der sich als „rifffressendes Monster" in einigen Riffen des Westpazifiks (darunter dem Großen Barriereriff) explosionsartig vermehrte. Inzwischen hat die Ausbreitung nachgelassen und die Riffe haben sich weitgehend erholt. Die Ursachen sind nicht eindeutig geklärt. Anfangs vermutete man anthropogene Faktoren, wie z.B. eingeleitete

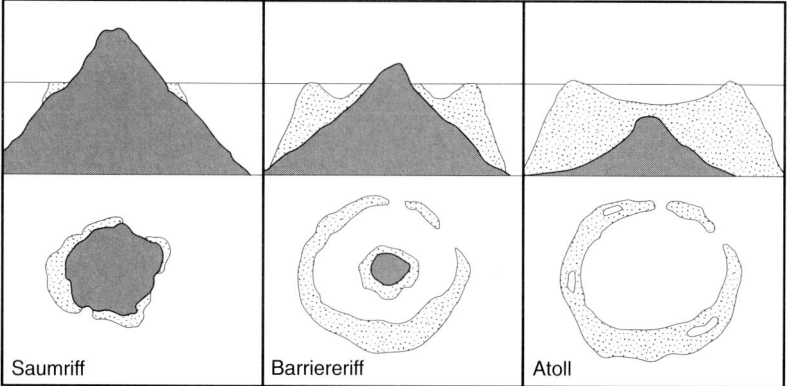

Abb. 16: Korallenriffe: Entwicklung vom Saumriff über das Barriereriff zum Atoll (verändert nach DARWIN 1889; in KELLETAT 1989, S. 153

Abwässer (MÜLLER 1977). LÖFFLER (1995) hält es dagegen für möglich, daß die Ausbreitung des Dornkronenseesterns durch verstärkte Anschwemmung von Flußsedimenten infolge überdurchschnittlicher Niederschläge gefördert wurde. SCHUHMACHER (1976) glaubt, daß es ähnliche Vorfälle sicher auch schon früher gegeben habe, diese jedoch nicht bemerkt worden seien.

Sicherlich beeinträchtigt auch die Zunahme von Algen durch eingeschwemmte Dünger (Eutrophierung) das Wachstum der Korallen. Hinzu kommt die Zerstörung von Riffen durch den Abbau von Korallenblöcken zur Gewinnung von Kalk und Zement. Erfreulicherweise haben aber viele Länder den Wert von Korallenriffen als Touristenattraktion erkannt und kümmern sich heute verstärkt um deren Schutz.

3 Die Nutzung der natürlichen Ressourcen durch den Menschen

3.1 Die Rahmenbedingungen

Die meisten Völker in den feuchten Tropen sind nach wie vor Agrargesellschaften. Zwar gibt es Länder, vor allem in Südostasien, deren Volkswirtschaften sich im Übergang zur Industrialisierung befinden, wie z. B. Malaysia, Thailand und Singapur. In wieder anderen Ländern, etwa in Lateinamerika, leben die Menschen bereits überwiegend in Städten. Auch ist der relative Anteil der Landwirtschaft am Bruttosozialprodukt der meisten Volkswirtschaften deutlich rückläufig. Trotzdem nimmt die landwirtschaftliche Produktion, absolut gesehen, stetig zu. Darüber hinaus ist in den meisten Ländern die *Landwirtschaft* nach wie vor der wichtigste Arbeitgeber und nimmt deshalb weiterhin eine Schlüsselposition ein.

Die Landwirtschaft hat in diesen Ländern nicht nur die Aufgabe, die Bevölkerung mit Nahrung zu versorgen, was angesichts der aktuellen Bevölkerungsexplosion schon schwierig genug ist. Sie muß darüber hinaus ihren Beschäftigten, d.h. im wesentlichen dem Heer der kleinbäuerlichen Familien, über die Subsistenz hinaus ein zusätzliches Einkommen verschaffen, mit dem andere Grundbedürfnisse wie Wohnen, Kleidung und Ausbildung sowie Abgaben an den Staat zu finanzieren sind. Und sie muß, drittens, für dringend benötigte Devisen in den Staatshaushalten sorgen. Noch immer hängen ganze Volkswirtschaften, besonders in Afrika, von den Erlösen aus dem Export landwirtschaftlicher Produkte ab.

An der tropischen Agrarproduktion sind zwei sehr gegensätzliche *Betriebstypen* beteiligt: kleinbäuerliche Familienbetriebe und landwirtschaftliche Großbetriebe (Plantagen bzw. Ranchbetriebe).

Der traditionelle Betriebstyp in den feuchten Tropen ist der *kleinbäuerliche Familienbetrieb*. Dessen Größe hing ursprünglich von der verfügbaren Arbeitskraft ab, solange es keine Mechanisierung gab, die auch heute noch in den Anfängen steckt. Mit steigendem Bevölkerungswachstum ist in dichtbesiedelten Regionen auch die Verfügbarkeit von Land zu einer determinierenden Größe geworden. Je nach Intensität der Anbauformen, wie dem Bewäs-serungsfeldbau, können schon 0,5 ha ausreichen, bei extensiven Produktions-formen, wie dem Wanderfeldbau oder der Weidewirtschaft, müssen dagegen mindestens 10 bzw. 50 ha zur Verfügung stehen, um die Grundbedürfnisse der Haushaltsmitglieder zu befriedigen.

Plantagen (mit Pflanzenproduktion) und *Ranchbetriebe* (mit Großviehhal-tung) wurden während der Kolonialzeit von europäischen und amerikani-schen Unternehmern eingeführt und gemanagt. Um deren Einkommensvor-stellungen und Lebensstil sicherzustellen, waren allerdings weit größere Wirtschaftsflächen nötig: bei Plantagen in der Regel über 500 ha und bei Ranchbetrieben im allgemeinen über 5000 ha.

Sicherlich wird die Agrarwirtschaft in den meisten Ländern der feuchten Tropen noch für längere Zeit eine Schlüsselrolle in der wirtschaftlichen Ent-wicklung spielen. Die Frage ist, inwieweit die natürlichen Ressourcen dieser Zone noch belastet werden können, um die stetig wachsende Nachfrage nach agrarischen Produkten zu befriedigen. Diese Frage ist nicht neu. Um das Pro-blem des *Agrarpotentials* und der *Tragfähigkeit* der Erde haben sich im Ver-laufe unseres Jahrhunderts schon viele Forscher Gedanken gemacht, darunter auch eine Reihe namhafter Geographen. Dabei haben gerade die feuchten Tropen in den Kalkulationen stets eine besondere Rolle gespielt, vor allem deshalb, weil diese Zone bis auf den heutigen Tag relativ dünn besiedelt ist und somit vermeintlich noch besonders ausgedehnte Landreserven aufweist. Vergleicht man die Einschätzungen im Verlaufe der Zeiten, stellt man fest, daß in früheren Jahren das Potential der feuchten Tropen viel optimistischer eingeschätzt wurde als heute. So errechnete PENCK (1924) eine potentielle agrare Tragfähigkeit von 200 Ew/km^2, und CAROL (1972) hielt allein für Tro-pisch-Afrika eine Bevölkerung von 4 Mrd. Einwohnern für möglich.

In jüngerer Zeit hat dagegen eine weit pessimistischere Einschätzung an Boden gewonnen. In der viel beachteten Arbeit von WEISCHET (1977) über die „ökologische Benachteiligung der Tropen", womit in erster Linie die feuchten Tropen gemeint sind, heißt es in den Grundthesen, es sei inzwischen bewiesen, „daß die tropischen Lebensräume hinsichtlich des agrarwirtschaftlichen Produk-tionspotentials von Natur aus wesentlich ungünstiger gestellt sind, als diejenigen der Außertropen und Subtropen" (WEISCHET 1977, S. 9). Obwohl diese These nicht unwidersprochen geblieben ist, hat sie doch das Meinungsbild über das Potential der feuchten Tropen in der deutschen Öffentlichkeit nachhaltig geprägt.

Um so kontroverse Positionen vernünftig einordnen und bewerten zu kön-nen, bedarf es einer grundlegenden Kenntnis der zur Verfügung stehenden Nutzpflanzen und -tiere sowie der verschiedenen Formen der Landnutzung und einer gründlichen Diskussion über deren spezielle Vor- und Nachteile in ökonomischer, ökologischer und soziokultureller Sicht. Hierzu möchte dieses Kapitel einen Beitrag leisten.

Für welche Wirtschaftsform sich der einzelne Haushalt letztlich entscheidet, hängt von den natürlichen, ökonomischen, soziokulturellen und politischen Rahmenbedingungen ab. Dazu einige grundsätzliche Anmerkungen:

a) Hinsichtlich der *natürlichen Standortfaktoren* (s. Kap. 1) halten sich in den feuchten Tropen positive und negative Geofaktoren in etwa die Waage. Positiv sind das ganzjährig hohe und konstante Angebot an Sonnenenergie und Wasser; negativ ist die bis auf wenige Gunsträume mangelhafte Bodenqualität. Die feuchten Tropen pauschal als „ökologisch benachteiligt" (WEISCHET 1977) abzuqualifizieren, ist wohl kaum gerechtfertigt (SCHOLZ 1984).

b) Bezüglich der *Bevölkerungsdichte* gilt, daß die feuchten Tropen mit durchschnittlich 56 Ew/km² noch immer relativ dünn besiedelt sind. Damit scheinen, abgesehen von den wechselfeuchten Tropen Asiens, noch reichlich Landreserven zur Verfügung zu stehen. Man muß jedoch bedenken, daß die wenigen wirklichen Gunsträume (Hochländer, Vulkangebiete, Dammufer beiderseits von Tieflandströmen, Schwemmlandebenen in den wechselfeuchten Tropen) natürlich schon längst vergeben sind und intensiv genutzt werden. Außerdem vollzieht sich z. Z. ein wahrer Ansturm auf die noch verbliebenen Regenwaldgebiete (Kap. 4.1). Potentielle Landreserven werden daher auch in den feuchten Tropen immer rarer.

c) Hinsichtlich des *Produktionsziels* geht es um die Frage, ob die Erzeugnisse für die *Eigenversorgung* (Subsistenz) oder zur *Vermarktung* bestimmt sind. Während die Großbetriebe fast ausschließlich marktorientiert sind, überwiegt in der Literatur noch immer der Eindruck, als seien die Kleinbauern überwiegend subsistenzorientiert. Tatsächlich trifft dies nicht mehr zu. Obwohl die Eigenversorgung für viele Kleinbauern nach wie vor eine sehr wichtige Rolle spielt, hat sich doch im Zuge der allgemeinen Kommerzialisierung auch bei ihnen die Marktproduktion auf breiter Basis durchgesetzt (DOPLER 1991). Für die meisten kleinbäuerlichen Betriebe in den feuchten Tropen ist heute eine Zweiteilung ihrer Produktion in einen subsistenzorientierten (z.B. Reisanbau) und einen marktorientierten Betriebszweig (z.B. Kaffeeanbau) typisch.

d) Die wichtigste Voraussetzung für eine gut funktionierende Marktproduktion sind intakte *Transporteinrichtungen*. Diesen lassen sich bei den hohen Niederschlägen und der üppigen Waldvegetation der feuchten Tropen oft nur schwer realisieren. Ein Großteil der Straßen ist auch heute noch ohne festen Belag und deshalb in den Regenzeiten kaum passierbar. Eine der bekanntesten Straßenverbindungen in den feuchten Tropen, die berühmtberüchtigte Transamazonica, ist nichts anderes als eine schmale Erdpiste, die sich in den Regenzeiten in einen Schlammpfad verwandelt und über weite Strecken unbefahrbar ist. Entlang solcher Trassen kann sich selbstverständlich keine blühende Marktproduktion entwickeln. Diese leidvolle

Erfahrung mußten Tausende von Kolonisten entlang der Transamazonica machen (Kap. 4.1).

e) Weitere *ökonomische Faktoren,* wie Preise, Produktionskosten, Kapitalverfügbarkeit, Risikominimierung, Arbeitsaufwand, Arbeitsproduktivität und Arbeitskraftverfügbarkeit, spielen bei der Entscheidungsfindung für oder gegen eine bestimmte Landnutzungsform stets eine gewichtige Rolle. Ebenso verhält es sich mit den unterschiedlichen *soziokulturellen Normen* und Verhaltensweisen, dem Bildungsniveau und vor allem auch den Regeln der verschiedenen Agrarverfassungen einschließlich besitzrechtlicher Fragen, bis hin zu den Gesetzen und Praktiken der nationalen und internationalen *Agrarpolitik.* Sie alle fließen bewußt oder unbewußt in den Entscheidungsprozeß der Landwirte mit ein, sind aber kein spezifisches Phänomen der feuchten Tropen und sollen deshalb im folgenden nicht vertiefend behandelt werden.

3.2   Jäger- und Sammlerwirtschaft (Wildbeutertum)

In den Anfängen der Menschheitsgeschichte waren Jagen und Sammeln die Hauptformen des Lebens und Überlebens. Heute sind sie praktisch verschwunden. Nur der Vollständigkeit halber seien einige Reliktbeispiele aus dem Bereich der feuchten Tropen erwähnt. Hierzu zählen die *Pygmäen* Zentralafrikas, sowie einzelne versprengte Restgruppen in den Regenwaldgebieten der Philippinen, Malaysias, Indonesiens und der Andamanen, für die das Wildbeutertum auch heute noch die dominante Wirtschafts- und Lebensform ist. Zusammengenommen zählen sie wohl nur noch wenige tausend Personen.

Entgegen weitverbreiteter Ansicht gehören die *Indianer* in den amazonischen Tiefländern nicht zu den Jägern und Sammlern. LINDIG und MÜNZEL (1976, S. 255) halten dies für ein Klischee, das sich bis heute hartnäckig in der Berichterstattung gehalten habe. In Wirklichkeit seien die südamerikanischen Tieflandindianer größtenteils seßhafte Bauern, die nur nebenbei auf Jagd und Fischfang gehen. Nur eine verschwindend kleine Minderheit könne man als wirkliche Wildbeuter bezeichnen.

Ähnlich verhält es sich mit den *Papuas* auf Neuguinea und den *Dayak*-Völkern auf Borneo. Von letzteren haben die *Penan* (oder auch Punan) in den peripheren Waldgebieten von Sarawak noch am ehesten den Status von Wildbeutern. Ihre Personenzahl liegt bei 7000 bis 9000. In der Weltöffentlichkeit wurden sie 1987 bekannt, als sie sich gegen das Vordringen von Holzfällertrupps zur Wehr setzten, die ihre Lebensgrundlage bedrohten. Das traditionelle Grundnahrungsmittel der Penan ist wilder Sago (das Mark aus dem Stamm der Sagopalme), den sie in den Regenwäldern sammeln. Hinzu kommen Jagd und Fischfang. Aber auch die meisten Penan-Familien bauen inzwischen, wie die anderen Dayakvölker Borneos, Reis im Wanderfeldbau an. Außerdem treiben sie einen regen Austauschhandel mit Waldprodukten gegen Werkzeuge und Textilien (CLEARY und EATON 1992).

Nicht zu verwechseln mit dem Wildbeutertum als Kulturstufe und Lebensform ist das Jagen und Sammeln als kommerzielle Wirtschaftsform, das zahlreiche Anrainer von Regenwaldgebieten betreiben (Kap. 3.5). Hierzu gehören das Sammeln von Kautschuk, Rattan, Harzen, Medizinalpflanzen und anderen Nichtholzprodukten, um ein zusätzliches Einkommen zu erzielen. In fast allen Fällen ist diese Form der Sammelwirtschaft lediglich eine Nebenbeschäftigung neben dem Ackerbau.

3.3 Formen der Pflanzenproduktion

3.3.1 Die wichtigsten Nutzpflanzen

Die Kultivierung von Nutzpflanzen durch den Menschen dürfte vor rund 12 000 Jahren eingesetzt haben, wobei es vermutlich mehrere Entstehungszentren gab, die sich vor allem in den semiariden Tropen und den Subtropen konzentriert zu haben scheinen. Die feuchten Tropen blieben von der pflanzenbaulichen Entwicklung wegen der zunächst weniger günstigen Siedlungsbedingungen lange Zeit ausgespart. Viele der heute verbreiteten Nutzpflanzen gelangten erst nach dem 16. Jahrhundert durch die Europäer an ihren heutigen Standort, vor allem von der Neuen Welt in die Alte Welt und umgekehrt.

Angesichts der großen Artenvielfalt bei der natürlichen Vegetation in den feuchten Tropen (Kap. 2.5) sollte man auch bei den Nutzpflanzen mit vielen Arten rechnen. Tatsächlich hat der Mensch im Laufe seiner Geschichte rund 3000 tropische Pflanzenarten zur Ernährung und zu sonstigen Zwecken verwendet. Letztlich sind aber lediglich etwa 30 Nutzpflanzen von grundlegender Bedeutung übriggeblieben (PRINZ 1986).

a) Getreide (Reis, Mais)
Für die Ernährung der Menschheit spielen die Getreide eine überragende Rolle. Dies trifft für die feuchten Tropen allerdings nur eingeschränkt zu, da hier für viele Getreide, insbesondere für den weltweit dominierenden Weizen, die ökologischen Voraussetzungen nicht günstig sind. Das hängt vor allem mit der hohen Empfindlichkeit der meisten Getreide gegenüber Krankheiten, Schädlingen und Unkräutern zusammen. Im wesentlichen sind es nur zwei Getreide, nämlich Reis und Mais, die sich in den feuchten Tropen als Nutzpflanzen durchsetzen konnten.

Reis ist Grundnahrungsmittel für über die Hälfte der Weltbevölkerung. Besonders bei den Völkern in den asiatischen Tropen und Subtropen gilt Reis als unverzichtbarer Bestandteil fast aller Mahlzeiten. In Südostasien beträgt der Pro-Kopf-Konsum 150–190 kg/Jahr, in Europa dagegen nur 4–5 kg/Jahr. Die wichtigste Voraussetzung für einen erfolgreichen Reisanbau ist ein sehr hohes, regelmäßig verteiltes und gut dosiertes Wasserangebot. Deshalb wird der Reis weltweit zu etwa 90 % im Bewässerungsfeldbau als *„Naßreis"* kultiviert (Kap. 3.3.3). Bei sehr hohen Niederschlägen von mindestens 200 mm/Monat gedeiht der Reis auch auf Trockenfeldern (z. B. im Wanderfeldbau, Kap. 3.3.2) als *„Trockenreis"* oder *„Bergreis"*. Diese Bedingung wird in weiten Teilen der dauerfeuchten Tropen und während der Regenzeit auch in den wechselfeuchten Tropen zwar erfüllt; dennoch hat sich auch hier der Anbau von „Naßreis" wegen der weit höheren Flächenproduktivität durchgesetzt.

Während in den feuchten Tropen an Wasser kein Mangel herrscht, lassen sich die gleichfalls hohen Ansprüche der Reispflanze an die Lichtversorgung wegen der häufigen Wolkenbedeckung nicht so leicht befriedigen. Außerdem reagieren viele der traditionellen Sorten sehr sensibel auf die kurze Tageslänge in den äquatorialen Breiten. Deshalb erbringt der Reis auch nicht in den feuchten Tropen, sondern unter den idealen Lichtbedingungen des subtropischen Sommers mit hoher Sonneneinstrahlung und langen Tagen die höchsten Erträge – allerdings nur einmal pro Jahr und nur dann, wenn eine optimale Wasserversorgung gewährleistet ist. Inzwischen ist es der modernen Reisforschung gelungen, tageslichtneutrale Sorten zu züchten, wodurch sich die Eignung der feuchten Tropen für den Reisanbau beträchtlich verbessert hat. Auch andere Züchtungserfolge, wie sie im Rahmen der sogenannten „Grünen Revolution" im Reisbau erzielt wurden (Kap. 3.4.4), sind gerade den feuchten Tropen besonders zugute gekommen. Somit sollte sich in Zukunft der Naßreisbau auch in den feuchttropischen Gebieten Afrikas und Lateinamerikas noch beträchtlich ausweiten lassen. Ökologisch steht dem jedenfalls nichts im Wege.

Auch der *Mais* hat sich dank züchterischer Erfolge weit über sein Ursprungsgebiet in vormals ungeeignete Klimazonen hinein ausbreiten können. Im Falle der feuchten Tropen blieb die Ausbreitung jedoch im wesentlichen auf die wechselfeuchten Tropen beschränkt. In den dauerfeuchten Tropen treten zu der verminderten Sonneneinstrahlung als weiteres ökologisches Handicap die relativ hohen Nachttemperaturen hinzu, die die Atmungsverluste erhöhen und die Erträge mindern.

b) Knollenpflanzen (Maniok, Yams, Süßkartoffel, Kartoffel)
Weltweit gesehen folgen die Knollenpflanzen erst in weitem Abstand zu den Getreiden als zweitwichtigstes Nahrungsmittel. In großen Teilen der feuchten

Tropen, vor allem im Afrika und Lateinamerika, sind sie jedoch traditionelles Grundnahrungsmittel. Gemeinsames Kennzeichen aller Knollenpflanzen sind die beachtlichen Flächenerträge und der hohe Stärkegehalt. Bezüglich regionaler Verbreitung, Anbautechnik und Form der Verwertung gibt es allerdings große Unterschiede (Bild 20).

Der zur Familie der Euphorbiaceae gehörende *Maniok* (engl. Cassava, span. Yuca) ist die verbreitetste tropische Knollenpflanze (Bild 21). Ursprünglich aus Lateinamerika stammend, verteilt sich ihr Anbau heute ziemlich gleichmäßig über Afrika, Asien und Lateinamerika. Im Gegensatz zu vielen anderen einjährigen Nutzpflanzen gedeiht Maniok auch in den feuchten Tropen recht gut. Das dürfte nicht zuletzt an den relativ bescheidenen Bodenansprüchen liegen. Selbst auf den nährstoffarmen Ferralsolen und Acrisolen (Kap. 2.4) liefert die Knolle noch zufriedenstellende Erträge. Auch auf wechselndes Wasserangebot reagiert Maniok flexibel. Reichliche Niederschläge beschleunigen das Wachstum. Längere Trockenphasen übersteht die Pflanze, indem sie langsamer wächst, ohne an Ertrag einzubüßen. Die Knolle läßt sich also in den dauerfeuchten und den wechselfeuchten Tropen gleichermaßen erfolgreich anbauen, mit dem Unterschied, daß sie in den ersteren schon nach acht bis zwölf Monaten, in letzteren oft erst nach 18 Monaten geerntet werden kann (LEIHNER 1989).

Den geringen Ansprüchen und unkomplizierten Anbaubedingungen steht allerdings als Nachteil der niedrige Nährwert gegenüber: Außer Stärke enthält die Knolle kaum Nährstoffe. Der Eiweißgehalt ist mit nur 1 % minimal. Unter einigen Völkern in den Regenwaldgebieten Afrikas, die sich hauptsächlich von Maniok ernähren, sind daher Mangelerkrankungen, z. B. Kwashiorkor, weit verbreitet. In den Ländern Tropisch-Asiens, deren Bewohner überwiegend Reis essen, gilt Maniok deshalb als „Arme-Leute-Nahrung".

Für die westlichen Industrieländer ist die Maniokknolle während der 60er Jahre als billige Viehfutterkomponente („Tapioka") interessant geworden. Einige tropische Länder, haben diese Chance genutzt und den kommerzialisierten Maniokanbau eingeführt. Vor allem in Thailand hat die Ausdehnung der Maniokkultivierung eine tragende Rolle in der jüngeren Agrarkolonisation und Regenwaldzerstörung gespielt (Kap. 4.1 und 4.2).

Im Gegensatz zum „Kosmopolit" Maniok ist *Yams* bis auf kleinräumige Ausnahmen auf die Feuchtsavannenzone Westafrikas beschränkt. Dort genießt die Knolle wegen ihres relativ hohen Nährwerts, ihrer guten Lagerfähigkeit und des guten Geschmacks eine weit größere Wertschätzung als der Maniok. Allerdings stellt Yams hohe Ansprüche an den Boden, erfordert einen beträchtlichen Kultivierungsaufwand und ist somit ziemlich teuer. Deshalb wird sich der Yamsanbau wohl kaum noch nennenswert ausbreiten, obwohl dies von den natürlichen Voraussetzungen her möglich wäre.

Süßkartoffeln werden größtenteils außerhalb der Tropen, vor allem in China, angebaut. In den feuchten Tropen sind sie im wesentlichen auf Hochländer beschränkt, wie z. B. das Hochland von Neuguinea, wo die Knolle bis in Höhen von 2800 m angebaut wird. Für die dort siedelnden Papuas stellt die Süßkartoffel das Grundnahrungsmittel dar.

Obwohl aus dem tropischen Hochland Lateinamerikas stammend, hat sich die *Kartoffel* zur wichtigsten Knollenpflanze der gemäßigten Breiten entwickelt, ist aber nun dabei, die Tropen gleichsam „zurückzuerobern", wenn auch vorerst nur in Hochländern. Zwar ist die landwirtschaftliche Forschung bemüht, den Anbau dieser wertvollen Nahrungspflanze auch auf die tropischen Tiefländer auszudehnen (CAESAR 1986), doch sind hier durch den verstärkten Bakterienbefall enge Grenzen gesetzt, die sich auch durch Rotationen, wiederholte Fruchtwechsel und den Einsatz von Pflanzenschutzmitteln kaum überwinden lassen.

c) Zuckerliefernde Pflanzen (Zuckerrohr)

Die Weltzuckerproduktion wird von zwei Nutzpflanzen beherrscht:: von der *Zuckerrübe* in den gemäßigten Breiten und vom *Zuckerrohr* in den Tropen und Subtropen.

Zuckerrohr (Bild 19), das ca. 70 % des Weltzuckers liefert, nutzt Sonnenenergie besonders effizient. Pro Zeit- und Flächeneinheit wandelt keine andere Nutzpflanze Sonnenenergie in soviel Nahrungsenergie um. Man kalkuliert mit rund 100 t/ha frischem Erntegut pro Jahr, aus dem sich ca. 10 t Zucker gewinnen lassen. Bei einer so großen Energieausbeute verwundert es nicht, daß das ursprünglich aus Südostasien stammende Rohr heute in allen tropischen und subtropischen Ländern verbreitet ist und im Falle Brasiliens sogar für die Herstellung von Autotreibstoff kultiviert wird.

Die Pflanze benötigt viel Wasser und Wärme. Für eine optimale Zuckerausbildung ist außerdem eine ausgeprägte Tag-Nacht-Amplitude von möglichst über 10 °C vorteilhaft. Darüber hinaus sollte es während der Ernte trocken sein. Diese Bedingungen vermögen die wechselfeuchten Tropen besser zu erfüllen als die dauerfeuchten Tropen. Am günstigsten ist daher ein wechselfeuchter Standort mit ergänzender Bewässerung.

d) Ölliefernde Pflanzen (Kokos- und Ölpalmen)

Die beiden wichtigsten ölliefernden Pflanzen der feuchten Tropen sind *Kokos-* und *Ölpalme.*

Die Kokospalme stammt vermutlich aus den asiatischen und pazifischen Tropen, ist aber wohl schon in vorgeschichtlicher Zeit nach Afrika und nach der Entdeckung Amerikas in die Neue Welt gelangt. Gleichwohl konzentriert sich der Anbau zu 80–90 % noch immer in Tropisch-Asien. Die Ölpalme stammt aus Westafrika, doch hat sich der kommerzielle Anbau während des

20. Jahrhunderts eindeutig nach Südostasien verlagert. Malaysia und Indonesien liefern über heute 90 % des gesamten Weltexports an Ölpalmprodukten.

Beide Palmen sind gut an die klimatischen Bedingungen in den feuchttropischen Tiefländern angepaßt. Die Kokospalme zeichnet sich durch Salzverträglichkeit aus. Dies macht sie an Küstenstandorten fast konkurrenzlos. Selbstverständlich gedeiht sie aber auch im Inland, allerdings nur bis in Höhen von etwa 800 m.

Leistungsmäßig übertrifft die Ölpalme mit einem Ertrag von durchschnittlich 5–7 t Öl pro Hektar und Jahr nicht nur die Kokospalme, sondern auch alle anderen Ölpflanzen der Erde bei weitem. Da die Früchte sehr transportempfindlich sind und sofort nach der Ernte in Fabriken verarbeitet werden müssen, ist die Ölpalme für den großbetrieblichen Anbau in Plantagen prädestiniert (Kap. 3.3.6).

Dagegen liegt der Vorteil der Kokospalme in ihrer vielseitigen Verwendbarkeit, die sie für die kleinbäuerlichen Haushalte interessant macht. Außer dem fetthaltigen Endosperm („Kopra"), aus dem das Öl gepreßt wird, können aus der harten Schale der Nuß einfache Geräte und Gefäße gefertigt sowie eine vorzügliche Holzkohle hergestellt werden. Die dicke äußere Schutzhülle liefert Fasern für Seile und Matten, und das Fruchtwasser („Kokosmilch") der unreifen Nuß kann als nahrhaftes und hygienisch einwandfreies Getränk genossen werden. Die Blätter finden als Dachdeckmaterial Verwendung und der Palmenstamm dient als Bau- oder Feuerholz. Bei alledem verlangt die Kokospalme keinen großen Pflegeaufwand. In Südostasien gilt sie als „the crop of the lazy man", die wegen ihrer vielen nützlichen Eigenschaften praktisch in keinem ländlichen Haushalt fehlt. Typischerweise wird sie überwiegend für den Eigenbedarf und den lokalen Markt angebaut. Ein kommerzieller Kokosanbau größeren Stils hat sich nur auf den Philippinen entwickelt, die mit rd. 75 % am Weltexport von Kokosöl beteiligt sind.

e) Körnerleguminosen (Erdnüsse, Soja- und sonstige Bohnen)
Das Hauptanbaugebiet einjähriger Leguminosen, wie Bohnen, Erdnüsse usw., liegt in den semiariden Tropen und den Subtropen. Für die feuchten Tropen sind sie weniger geeignet, da sie auf Staunässe und hohe Luftfeuchtigkeit empfindlich reagieren und speziell während der Reifung eine Trockenphase benötigen. Trotzdem werden von der landwirtschaftlichen Forschung große Anstrengungen unternommen, Körnerleguminosen aufgrund einiger sehr wertvoller Eigenschaften auch in den feuchten Tropen zu propagieren. Dazu gehört nicht nur ihr hoher Nährwert, sondern vor allem auch die Fähigkeit, Stickstoff aus der Atmosphäre aufzunehmen, im Boden anzureichern und anderen Pflanzen verfügbar zu machen. Angesichts der mangelhaften Nährstoffversorgung der typischen feuchttropischen Böden (Kap. 2.4) sind derartige bodenverbessernde Eigenschaften natürlich sehr interessant.

Somit könnten Leguminosen bei der Entwicklung nachhaltiger agrarer Produktionssysteme für die feuchten Tropen eine Schlüsselrolle spielen. Diese Vorzüge können allerdings nur dann zur Geltung kommen, wenn Leguminosen als Misch- oder Folgefrüchte bzw. als Bodenbedecker oder als Gründünger mit anderen Nutzpflanzen in landwirtschaftliche Anbausysteme integriert und nicht als Monokulturen angebaut werden, wie dies mit Erdnüssen in Westafrika oder mit Sojabohnen in Brasilien geschieht.

f) Gemüse und Obst

Viele der heute in den feuchten Tropen angebauten *Gemüsearten* stammen aus den gemäßigten Breiten, von wo sie während der Kolonialzeit durch die Europäer eingeführt und in den kühleren Hochlagen angebaut wurden. Noch heute konzentriert sich die Gemüseproduktion im Nahbereich der hochgelegenen ehemaligen Naherholungsgebiete der Europäer, den sog. „hill stations", wo gute Verkehrsanbindungen und gesicherte Absatzmöglichkeiten zu den nahen städtischen Märkten bestehen. Darüber hinaus haben sich seit der Kolonialzeit auch in den Tiefländern und am Rande von Großstädten intensive Gartenwirtschaften mit marktorientiertem Gemüseanbau etabliert. Der bei dem feuchtheißen Tieflandklima ständig drohenden Gefahr von Krankheiten und Schädlingen versucht man mit verstärktem Einsatz chemischer Pflanzenschutzmittel zu begegnen.

In den feuchten Tropen gedeiht eine Fülle unterschiedlicher *Obstarten*. Allein im indonesischen Archipel werden mindestens 120 verschiedene Fruchtbäume kultiviert, von denen allerdings nur 27 % aus der Region selbst stammen. Die anderen sind aus anderen Tropenregionen eingeführt worden, vor allem aus Lateinamerika (SOEPADMO 1995). GUTKNECHT (1995) zählte in den Hausgärten eines einzigen Dorfes in Westsumatra über 40 verschiedene Fruchtbaumarten.

Das bekannteste und verbreitetste Obst ist sicherlich die *Banane*. Mit ihren hohen Ansprüchen an Wärme und Wasser ist sie ein typischer Vertreter der feuchten Tropen. Man unterscheidet zwischen Kochbananen und Obstbananen. Kochbananen sind ein wichtiges Nahrungsmittel und werden von zahlreichen Kleinbauern für die Eigenversorgung angebaut. Für einige Völker im Regenwaldgürtel Afrikas stellen sie sogar das Grundnahrungsmittel dar. Obstbananen werden überwiegend exportiert. In einigen Ländern Mittel- und Südamerikas, wie Ecuador, Kolumbien, Costa Rica, Panama und Honduras gehört der Bananenexport zu den wichtigsten Devisenquellen.

Die von den Verbrauchern in den Industrieländern erwarteten Qualitätsstandards könnten Kleinbauern kaum erfüllen. Deshalb stammen fast alle Exportbananen aus Plantagen (Kap. 3.3.6).

Wie die Banane ist auch die *Ananas* eine typische Plantagenkultur. Der Hauptanbau dieser aus Lateinamerika stammenden Pflanze findet heute in

Thailand und den Philippinen statt, nachdem die Kultivierung in dem früheren Anbauzentrum Hawaii wegen der hohen Produktionskosten erheblich nachgelassen hat. Die relativ geringen Bodenansprüche rechtfertigen den Ananasanbau auch in den feuchten Tropen. So werden z. B. auf den Torfböden von Tieflandsümpfen, den Histosolen (Kap. 2.4), wo sonst kaum eine Nutzpflanze gedeiht, durchaus zufriedenstellende Ergebnisse erzielt.

Außer Bananen und Ananas gibt es natürlich noch eine Vielzahl weiterer Obstarten. Die meisten sind von der Agrarforschung bislang kaum beachtet worden. Mit zunehmender Urbanisierung in den Tropenländern sowie der steten Verbesserung der Transporteinrichtungen erwachsen neue Märkte, die die Nachfrage nach tropischen Früchten zweifellos noch erheblich verstärken wird. Da die meisten Obstarten Baumkulturen sind, wäre eine Zunahme auch in ökologischer Sicht wünschenswert.

g) Genußmittelliefernde Pflanzen (Kaffee, Kakao, Tee, Gewürze und Drogen)
Innerhalb dieser Pflanzengruppe spielt der aus dem äthiopischen Hochland stammende *Kaffee* flächenmäßig die größte Rolle. Auf dem internationalen Kaffeemarkt unterscheidet man zwei Sorten: Arabica-Kaffee (Coffea arabica) mit etwa 70 % der Weltproduktion und Robusta-Kaffee (Coffea canephora). *Arabica* enthält weniger Koffein, schmeckt daher milder und gilt als qualitativ hochwertiger. Allerdings ist die Sorte wesentlich krankheitsanfälliger, insbesondere gegenüber dem „Kaffeerost" (Hemileia vastatrix), einer Pilzkrankheit. Deshalb ist die Kultivierung von Arabica in den inneren Tropen fast ausschließlich auf Hochlagen zwischen 1000 m und 2000 m beschränkt.

Robusta-Kaffee ist weniger krankheitsanfällig und kann deshalb auch in den Tiefländern der feuchten Tropen erfolgreich kultiviert werden. Diesen Vorteil nutzt man vor allem in Indonesien, dem weltgrößten Robustaproduzenten.

Der aus Amazonien stammende *Kakaobaum* ist ein typischer Vertreter der dauerfeuchten tropischen Tiefländer. Schon die Mayas und Azteken sollen die Früchte dieses Stammblütlers gesammelt und die aus den Samen gewonnene fetthaltige Kakaopaste, die die Azteken „Chocolatl" nannten, verzehrt haben. Die industrielle Verarbeitung zu Kakaobutter und -pulver setzte aber erst ab 1820 durch den Niederländer VAN HOUTEN ein. Wenig später entwickelte der Engländer CADBURY die erste Schokolade und leitete damit den planmäßigen Anbau des Baumes ein. Während der Kolonialzeit waren die englischen Besitzungen Ghana und Nigeria weltweit die Hauptproduzenten. Nach 1970 kamen andere Länder wie Brasilien und die Elfenbeinküste hinzu, und ab den 80er Jahren beteiligten sich schließlich auch die südostasiatischen Länder Malaysia und Indonesien an der Produktion. Zur Zeit führt die Elfenbeinküste mit rund 35 % der Gesamtproduktion die Weltrangliste an, mit deutlichem Abstand vor Ghana und Brasilien sowie Indonesien und Malaysia.

Der *Teestrauch* ist in Ost- und Südasien beheimatet, wo er als uraltes Kulturgewächs gilt. Seit Mitte des 19. Jahrhunderts bürgerte sich der Tee als Getränk in Großbritannien ein, was zu dem Plantagenanbau in den ehemaligen englischen Kolonien Indien und Sri Lanka führte. Gemeinsam mit China sind dies auch heute noch die größten Produzenten, gefolgt von Kenia und Indonesien. Interessanterweise hat sich in Lateinamerika die Teekultivierung nirgends in größerem Stil durchgesetzt, obwohl es von den natürlichen Standortfaktoren her vielerorts möglich wäre.

Die besten Teeanbaugebiete der feuchten Tropen befinden sich in den Hochländern, etwa im Bereich der Nebelwaldstufe. Die dort vorherrschende hohe Luftfeuchtigkeit, oft in Verbindung mit Nieselregen, wirkt sich positiv auf die Qualität aus.

Aus den feuchten Tropen stammen eine Reihe wichtiger *Gewürze.* Diese waren einst das Hauptmotiv der frühen europäischen Entdeckungs- und Handelsreisenden für die Suche nach dem Seeweg nach Indien. Dabei ging es vorrangig um *Pfeffer* aus Südindien, *Nelken* und *Muskat* aus den Molukken („Gewürzinseln") sowie *Zimt* aus Ceylon (Sri Lanka), die zuvor durch indische, persische und arabische Kaufleute nach Europa gelangt waren. Seitdem hat sich der Gewürzanbau von den genannten Ursprungsgebieten aus auch auf andere Tropenländern ausgedehnt.

Weiterhin sind die feuchten Tropen Lieferant für zwei der wichtigsten Drogen der Welt: Kokain und Heroin. Kokain wird aus den Blättern des *Cocastrauchs* gewonnen, dessen Anbau bislang ausschließlich auf Südamerika beschränkt geblieben ist. Cocablätter stellen für die Indios des andinen Raumes seit Generationen ein wichtiges Anregungsmittel dar. Der heutige kommerzielle Anbau konzentriert sich auf die Tierra templada entlang der bolivianischen und peruanischen Ostabdachung der Anden.

Heroin stammt aus der Kapsel des *Schlafmohns,* deren Milchsaft zunächst zu Opium und dann zu Heroin weiterverarbeitet wird. Ursprünglich in den mediterranen und vorderasiatischen Subtropen beheimatet, hat sich das Hauptanbaugebiet des Schlafmohns in das sogenannte „Goldene Dreieck", einer Gebirgszone im Grenzgebiet von Myanmar (Burma), Thailand, Laos und möglicherweise auch Yünnan (Südchina) verlagert. Hier wird er von Bergvölkern im traditionellen Wanderfeldbauverfahren (Kap. 3.3.2) kultiviert.

h) Industriepflanzen (Kautschuk)

Der *Kautschukbaum* ist die wichtigste Industriepflanze der feuchten Tropen. Als Vertreter des Tieflandregenwaldes stellt der Baum nur geringe Ansprüche an die Bodenqualität. Selbst auf den nährstoffarmen Ferralsolen liefert er noch zufriedenstellende Erträge.

Die wirtschaftliche Bedeutung von Gummi, das aus dem Milchsaft (Latex) der Rinde gewonnen wird, setzte erst mit der Industrialisierung in Europa und Nordamerika ein. Etwa zwei Drittel der Produktion werden für die Herstellung von Fahrzeugreifen benötigt.

In seinem Ursprungsgebiet, dem amazonischen Regenwald, wurde Kautschuk zunächst als Sammelprodukt gehandelt, was der Region einen enormen Wirtschaftsboom bescherte. Die Stadt Manaus galt Ende des vergangenen Jahrhunderts als eine der reichsten Städte der Welt. Um die Jahrhundertwende wurden Kautschuksamen über England auf die malayische Halbinsel geschmuggelt. Zwischen 1900 und 1930 breitete sich die Kautschukkultivierung über große Teile Südostasiens aus, wodurch das brasilianische Monopol rasch und gründlich gebrochen wurde. Seitdem beherrschen Malaysia, Indonesien und seit neuestem Thailand den Weltmarkt.

Selbst in China wird in beachtlichem Umfang Kautschuk erzeugt, obwohl die natürlichen Standortfaktoren keineswegs optimal sind. Wie bei anderen Produkten auch, hatte das Land unter MAO TSE TUNG versucht, in der Gummierzeugung autark zu werden. Zu diesem Zweck wurden in den tropischen Gebieten Südchinas, vor allem auf der Insel Hainan und im südlichen Yünnan große Waldareale gerodet und mit ausgedehnten Kautschukpflanzungen überzogen. Ein großer Nachteil für die südchinesische Gummiproduktion ist die ausgeprägte Trockenzeit, während der kein Latex gezapft werden kann und deshalb auch die Verarbeitungsanlagen stilliegen, was natürlich die gesamte Produktion verteuert. Die Kautschukexporteure in den dauerfeuchten Tropen, wie Malaysia, Südthailand und Indonesien, produzieren dagegen ohne jahreszeitliche Unterbrechungen und somit billiger. Vermutlich wird China deshalb seinen Kautschukbedarf in Zukunft vermehrt durch Importe decken. Was dann aus den eigenen Pflanzungen im Süden des Landes wird, bleibt abzuwarten.

Im Ursprungsland Brasilien spielt der Kautschuk heute kaum noch eine Rolle. Zwar wird er nach wie vor in den Wäldern Amazoniens gesammelt. Versuche, den Baum in großen Pflanzungen zu kultivieren, wie z. B. durch HENRY FORD südlich von Santarem, scheiterten an der amerikanischen Blattfallkrankheit (KRANZ und ZOEBELEIN 1986).

3.3.2   Der Wanderfeldbau

Der Wanderfeldbau (engl.: *shifting cultivation*) ist die einfachste Form der Nahrungsmittelerzeugung in tropischen Waldgebieten und gilt deshalb als die ursprüngliche Form des Ackerbaus. Am Anfang steht die Rodung eines Waldstücks mit Axt, Säge und Haumesser. Wegen des beträchtlichen Arbeitsaufwands ist die Größe einer Parzelle auf etwa einen Hektar begrenzt. Baumstümpfe und -wurzeln verbleiben im Boden. Gegen Ende der Trockenzeit wird das geschlagene Holz abgebrannt und zu Beginn der Regenzeit erfolgt mit Hilfe eines Pflanzstocks die Aussaat (Bilder 1 und 26).

Der Brand erfüllt einige wichtige Funktionen: Er liefert Aschedünger, lockert den Boden, unterdrückt den Unkrautwuchs, vernichtet Schädlinge und sorgt für eine Anhebung des pH-Wertes der normalerweise sehr sauren Böden. Der Mensch nutzt also das in der gewaltigen Biomasse des Regenwaldes gebundene Nährstoffpotential, indem er durch Abbrennen die Nährstoffe freisetzt und sie in Form von Aschedünger den Nutzpflanzen verfügbar macht. So läßt sich die mangelhafte Fruchtbarkeit der typischen Böden in den feuchten Tropen (Kap. 2.4) vorübergehend ausgleichen, d.h. der Ertrag ist weitgehend unabhängig von der Bodenqualität.

Die Vorteile der *Brandrodung* sind jedoch nur für kurze Zeit wirksam. Durch die häufigen Starkregen werden die Asche und die dünne Humusauflage rasch fortgeschwemmt. Außerdem kann schon bald das Unkraut ungehemmt wuchern, so daß bereits in der zweiten Saison mit einem deutlichen Ertragsrückgang zu rechnen ist. Gleichzeitig erhöht sich der Arbeitsaufwand für die nun erforderliche Unkrautkontrolle mit der Hacke. In den dauerfeuchten Tropen beschränkt sich deshalb die Anbauphase traditionell auf nur ein Jahr, während in den wechselfeuchten Tropen, ebenso wie in den Hochländern, die Anbauphase auf zwei bis vier Jahre ausgedehnt werden kann.

Die anschließende Waldbrache dient weniger der Regenerierung der Bodenfruchtbarkeit, wie häufig angenommen, sondern in erster Linie dem Wiederaufbau von ausreichend Biomasse für die nächste Brandrodung. Im Schnitt sind 10–20 Jahre erforderlich, ehe ein ausreichend hoher Sekundärwald herangewachsen ist.

Betriebswirtschaftliche und ökologische Kennzeichen
Aus betriebswirtschaftlicher Sicht ist der Wanderfeldbau eine Produktionsform, mit der sich eine kleinbäuerliche Familie mit einem Minimum an Kapitalaufwand in verkehrsmäßig unerschlossene Waldgebieten in kurzer Zeit die Eigenversorgung mit Nahrungsmitteln sichern kann. Dieses sind in Afrika und Lateinamerika überwiegend Maniok, Mais und Bohnen und in Tropisch-Asien hauptsächlich Trockenreis (Bild 26). Die Erträge sind zwar durchweg bescheiden (bei den Getreiden meistens unter 1 t/ha und bei den Knollengewächsen etwa 5–10 t/ha), dafür aber relativ sicher, d.h. das Anbaurisiko ist gering. Der Arbeitsaufwand pro Flächeneinheit ist etwa gleich hoch wie bei anderen Formen der Pflanzenproduktion, doch ist wegen des geringen Flächenertrags die Arbeitsproduktivität niedriger (SCHOLZ 1988a; BRAUNS 1994).

Ein großer Nachteil ist der enorme *Flächenaufwand,* wenn man bedenkt, daß für 1 ha kultivierten Landes etwa weitere 10 ha Brachland (Bild 28) nötig sind. Folglich kann shifting cultivation nur in sehr dünn besiedelten Regionen mit ausgedehnten Waldreserven funktionieren. Die Tragfähigkeit beträgt somit kaum mehr als 30 Personen pro km². Darüber hinaus ist es eine sehr verschwenderische Wirtschaftsweise: Um 1 t Getreide zu erzeugen, werden bis zu 300 t Biomasse geopfert! Vor allem die Vertreter der Holzwirtschaft weisen in ihrer Kritik am Wanderfeldbau immer wieder auf die enormen Verluste an wertvollem Nutzholz hin, die Jahr für Jahr durch die Brandrodung in den tropischen Regenwäldern entstehen, um auf diese Weise von ihrer eigenen Rolle bei der Regenwaldzerstörung abzulenken (Kap. 4.2).

Vom *ökologischen* Standpunkt aus betrachtet ist der traditionelle Wanderfeldbau jedoch weit weniger schädlich als ihm häufig unterstellt wird. Die Pflanzstocktechnik läßt den empfindlichen Oberboden einschließlich der wertvollen dünnen Humusschicht nahezu unversehrt. Die im Erdreich verbleibenden Baumstümpfe und -wurzeln reduzieren die Bodenerosion und gewährleisten durch Stockausschlag einen raschen Wiederaufwuchs eines Sekundärwaldes. Somit führt der Wanderfeldbau keineswegs zu einer vollständigen Entwaldung, sondern nur zu einer Walddegradation (Kap. 4.2). Auch die oft angeführte CO_2-Anreicherung der Atmosphäre durch die Brandrodung und die dadurch verursachte Beschleunigung des zusätzlichen Treibhauseffektes tritt so lange nicht ein, wie auf den Brachflächen erneut ein Wald nachwächst. Erst bei totaler Entwaldung würde die CO_2-Bilanz positiv.

Mit dem Zusammenhang zwischen Wanderfeldbau und Bodendegradation haben sich NYE und GREENLAND (1960) eingehend befaßt. Die Autoren kommen zu dem Ergebnis, daß nicht nur die Erschöpfung der Bodennährstoffe die Bauern schon nach kurzer Zeit zur Feldaufgabe zwingt, sondern mindestens gleichermaßen auch die überhandnehmende Verunkrautung. GEROLD (1991) stellte bei seinen Untersuchungen im bolivianischen Amazonien darüber hinaus einen klaren Unterschied zwischen den dauerfeuchten und den wechselfeuchten Tropen fest. Während in den dauerfeuchten Gebieten der Nährstoffverlust sehr rasch verläuft und schon ab dem zweiten Jahr deutlich ertragsmindernd wirkt, wird in den wechselfeuchten Gebieten der kritische Wert für die wichtigsten Nährstoffe, etwa Phosphor und Kalium, erst nach 6–8 Anbaujahren unterschritten.

Entwicklung und heutige Verbreitung

Verläßliche Angaben über Flächen und Produktion des Wanderfeldbaus in den feuchten Tropen existieren nicht und sind auch nur schwer zu erheben, da diese Anbauform großenteils in peripheren gebirgigen Waldregionen praktiziert wird. WEISCHET und CAVIEDES (1993) halten shifting cultivation auch heute noch für die „absolut dominierende Wirtschaftsform in den lateinamerikanischen und afrikanischen Tropen". Diese Einschätzung könnte flächenmäßig zutreffen, wenn man auch die ausgedehnten Brachflächen mit einbe-

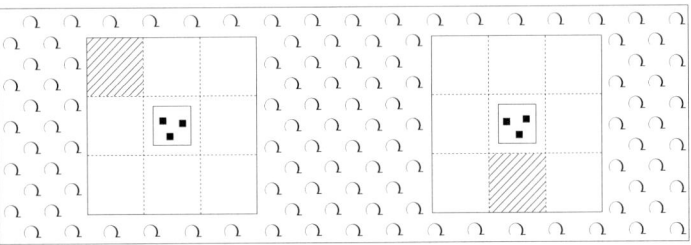

1. Phase (vor 1910/20)

Traditioneller Wanderfeldb⬛ als "Lebensform" im Tieflar regenwald ⬛ mit ein- t zweijährigem Anbau ⬛ und sieben bis vierzehn J⬛ ren Brache ⬛. Siedlung Sippenweilern ⬛ ohⁱ Marktanschluß. Einzig⬛ Produktionsziel: Selbstv⬛ sorgung (Subsistenz) r Trockenreis.

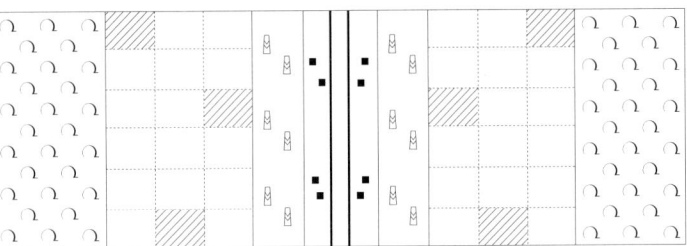

2. Phase

Bau einer Straße ⬛ u Einführung von Kautsch⬛ ⬛ als Verkaufskultur. V⬛ lagerung der Siedlung an ⬛ Straße zwecks Marktanb⬛ dung und Transportmö⬛ lichkeit für den Kautsch⬛ Daneben weiterhin Wand⬛ feldbau mit Trockenreis ⬛ Eigenversorgung.

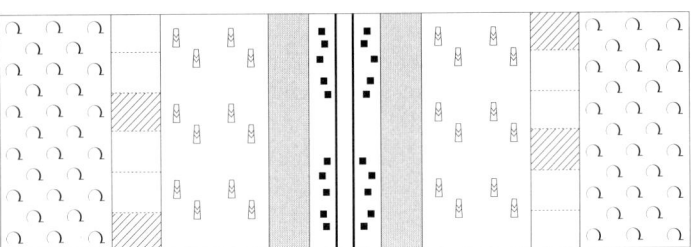

3. Phase

Bevölkerungszunahme ⬛ Ausdehnung des Kautsch⬛ anbaus auf ehemalig⬛ "Shifting Cultivation"-La⬛ Statt Trockenreis im Wand⬛ feldbau zunehmend Naßr⬛ bau auf Bewässerungsl⬛ ⬛ in Siedlungsnähe ⬛ nenfeld). Nur noch etwas sätzlicher Wanderfeldbau⬛ der Peripherie (Außenfe⬛

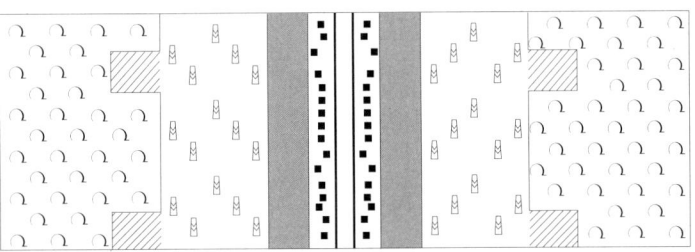

4. Phase (nach1970/80)⬛

Weitere Bevölkerungszun⬛ me. Intensivierung des N⬛ reisbaus ⬛ mittels n⬛ dernem Saatgut, jährlic⬛ Doppelernte und verbess⬛ ter Bewässerung (Gr⬛ Revolution). Beibehalt⬛ des Kautschukanba⬛ Aufgabe des Wanderf⬛ baus. Nur noch "initi⬛ Wanderfeldbau" mit Br⬛ rodung ⬛ zur Ersch⬛ ßung neuer Kautsch⬛ flächen. Wiederausbreit⬛ des Waldes auf ehemali⬛ Wanderfeldbauflächen.

zieht. Keinesfalls gilt sie jedoch hinsichtlich der *Personenzahl* und noch viel weniger bezüglich des *Produktionsumfangs.* Zweifellos ist der Wanderfeldbau in den vergangenen Jahrzehnten erheblich zurückgegangen. Der Anteil der Wanderfeldbauern an der Gesamtbevölkerung in den feuchten Tropen dürfte höchstens noch 5–10 % betragen. Der Anteil an der Agrarproduktion ist wegen der vergleichsweise niedrigen Erträge noch erheblich geringer.

Einer der Gründe für den *Rückgang des Wanderfeldbaus* ist das rasche Bevölkerungswachstum. Schon heute übertrifft die durchschnittliche Bevölkerungsdichte in den feuchten Tropen mit 55 Ew/km^2 die Tragfähigkeit des Wanderfeldbaus von etwa 30 Personen/km^2 bei weitem. Andere Faktoren dürften aber ebenso verantwortlich gewesen sein, wie z. B. die Kommerzialisierung der Landwirtschaft, der Zugang zu Märkten, technische Innovationen, der Ausbau der ländlichen Infrastruktur, die nationale und internationale Agrarpolitik, die Fortschritte der tropischen Agrarforschung usw.

Allerdings vollzog sich der Rückgang des Wanderfeldbaus in den verschiedenen Tropenkontinenten auf unterschiedliche Weise:

In den feuchten Tropen Asiens ist shifting cultivation über weite Strecken und teilweise schon vor langer Zeit vom Bewässerungsfeldbau abgelöst worden. Dabei brauchte nicht einmal die Leitkultur, Reis, ausgetauscht zu werden. Der in den Ländern Tropisch-Asiens typische Trend vom Trockenreis im Wanderfeldbau zum Naßreis im Bewässerungsfeldbau erfuhr durch die Intensivierungsmaßnahmen im Rahmen der sog. „Grünen Revolution" seit den 60er Jahren einen zusätzlichen Schub, weil diese eindeutig den Naßreisbau begünstigten. Sogar in dünnbesiedelten Gebieten wie Sumatra, Borneo oder Sulawesi entschieden sich viele Wanderfeldbauern für einen Übergang zum Bewässerungsfeldbau, obwohl es von der Bevölkerungsdichte her noch gar nicht nötig gewesen wäre.

Ein weiterer Anstoß zur Ablösung des Wanderfeldbaus erfolgte durch die zunehmende Kommerzialisierung der Landwirtschaft im Verlaufe des 20. Jahrhunderts, die den Bauern vielfältige neuartige Perspektiven eröffnete. Vor allem in den dauerfeuchten Tropen Südostasiens nutzten zahlreiche Wanderfeldbauern das reichlich vorhandene Brachland für den Anbau verschiedener, z. T. neu eingeführter Baum- und Strauchkulturen, wie Kautschuk, Kaffee, Gewürze und Obst, mit denen sich beträchtliche Zugewinne erzielen ließen (Kap. 3.3.5). Eine wichtige Voraussetzung war allerdings der Bau von Straßen. So wurden z.B. in den Tiefländern Sumatras große Wanderfeldbaugebiete mit Kautschukbäumen (in den Hochländern mit Kaffeesträuchern) regelrecht „wiederaufgeforstet" (Bild 27), während sich die Reisproduktion

◄ *Abb. 17: Vom traditionellen Wanderfeldbau zum Naßreis-Kautschuk-Anbau*
Schematische Darstellung des Wandels von der Subsistenzwirtschaft zur Marktproduktion bei den Kleinbauern in den Tiefländern Sumatras (aus Brauns und Scholz in: Geographische Rundschau 49, 1997, H. 1, S. 6)

auf Bewässerungsland verlagerte. Dieser Wandlungsprozeß (Phasen 1–4) ist in Abb. 17 dargestellt.

Nach Schätzungen der Wirtschafts- und Sozialkommission der Vereinten Nationen für Asien und den Pazifischen Raum (UN-ESCAP 1986) praktizieren in Südostasien heute noch 8 % der Bevölkerung den Wanderfeldbau, die meisten davon jedoch nicht ausschließlich, d. h. als „Lebensform", sondern nur noch zusätzlich neben anderen landwirtschaftlichen Produktionsformen. Hierzu gehören verschiedene Bergvölker in den Gebirgen des festländischen Südostasiens einschließlich Südchinas, Teile der Dayak-Völker auf Borneo und der Papuas auf Neuguinea, sowie vereinzelte Gruppen auf Sumatra und in den Philippinen.

In Südasien ist der Wanderfeldbau wegen der dichten Besiedlung schon lange an seine Grenzen gestoßen. Lediglich in vereinzelten entlegenen Gebirgsregionen, wie z. B. in den Chittagong-Hilltracts im Osten von Bangladesh oder in Teilen Orissas, wird er noch von kleinen Gruppen betrieben. Deren Anteil an der Gesamtbevölkerung Südasiens dürfte aber kaum über einem Prozent liegen.

In den feuchttropischen Tiefländern Lateinamerikas ist der Wanderfeldbau schon immer die beherrschende Wirtschaftsform der indianischen Urbevölkerung gewesen (LINDIG und MÜNZEL 1976). Auch die europäischen Pioniersiedler übernahmen zunächst diese Produktionsform ebenso wie später die Nachkommen afrikanischer Sklaven. Allerdings haben in den vergangenen Jahrzehnten die mächtigen Kolonisationsprozesse in Amazonien, insbesondere das großflächige Vorrücken der riesigen Rinder-Ranchbetriebe (Kap. 4.1), die Wanderfeldbaugruppen mehr und mehr in die Peripherie abgedrängt oder zur Abwanderung in die Städte gezwungen. In den andinen Hochländern überwiegen ohnehin schon seit langem intensivere agrarische Wirtschaftsformen. Somit dürfte der traditionelle Wanderfeldbau auch in den feuchten Tropen Lateinamerikas nur noch eine untergeordnete Rolle spielen.

Lediglich in den feuchten Tropen Afrikas hat sich der Wanderfeldbau relativ lange gehalten (SCHLIPPE 1956). Allerdings häufen sich in jüngster Zeit die Hinweise darauf, daß sich auch hier der traditionelle Wanderfeldbau zunehmend wandelt (mündl. Auskunft von J. HAGMANN und B. WIESE), allerdings nicht wie in Südostasien durch die Übernahme von Bewässerungsfeldbau und von Dauerkulturen und auch weniger durch einen sozialen und ökonomischen Verdrängungsprozeß wie in Lateinamerika, sondern in erster Linie durch die rapide Bevölkerungszunahme. Dies zwingt die afrikanischen Wanderfeldbauern zu steter Verlängerung der Anbau- bzw. Verkürzung der Brachephasen. Auch ohne über zuverlässiges Datenmaterial zu verfügen, kann man sicher sein, daß sich in weiten Teilen Tropisch-Afrikas der Wanderfeldbau in raschem Übergang zum permanenten Trockenfeldbau (Kap. 3.3.3) befindet.

Fazit:
Der Wanderfeldbau hat sich als betriebswirtschaftlich sinnvolle und auch ökologisch tragbare Produktionsform bewährt, solange es einen Überschuß an Landreserven gab. Diese Situation wird heute jedoch immer seltener. Angesichts zunehmenden Bevölkerungsdrucks und schrumpfender Landreserven wird der Wanderfeldbau mehr und mehr zu einem Luxus, den sich die Menschheit nicht mehr lange leisten kann. Deshalb muß man sich über *alternative* Produktionsformen Gedanken machen.

Dies könnte ein unlösbares Problem sein, wenn man mit WEISCHET (1977) die Auffassung teilt, daß die Kleinbauern in den feuchten Tropen einem „mit autochthonen Mitteln nicht überwindbaren ökologischen Zwang" ausgeliefert seien, der ihnen gar keine andere Wahl als den Wanderfeldbau lasse. Zum Glück ist dieser naturdeterministische Pessimismus weitgehend unbegründet. So zeigt die bäuerliche Praxis fast aller Tropenländer, vor allem in Asien, eine Vielzahl von Alternativen zum Wanderfeldbau auf, wie z.b. den Bewässerungsfeldbau oder den Anbau von Dauerkulturen (Kap. 3.3.4 und 3.3.5) – und zwar nicht nur in den ökologischen Gunsträumen.

Daß die Kleinbauern der feuchten Tropen willens und in der Lage sind, solche Alternativen auch ohne ausländische Hilfe und ohne staatlichen Druck zu akzeptieren und durchzuführen, ist vielfach bewiesen (BRAUNS und SCHOLZ 1997), setzt aber bestimmte infrastrukturelle Vorleistungen voraus, wie z. B. den Zugang zum Markt durch den Bau einer Straße.

3.3.3 Permanenter Trockenfeldbau

Mit zunehmender Anzahl der Anbaujahre und abnehmender Brachedauer geht der Wanderfeldbau allmählich in den permanenten Trockenfeldbau (anderen Bezeichnung: *permanenter Regenfeldbau, Dauerackerbau*) über. Dieser Zustand ist dann erreicht, wenn die Anbauphase etwa so lang ist wie die Brache (RUTHENBERG 1971). An die Stelle der Waldbrache treten nun Busch- oder Grasbrache. Bodenbearbeitung und Unkrautkontrolle mit der Hacke (oder auch Pflug) werden unerläßlich. Im Landschaftsbild erkennt man den permanenten Trockenfeldbau an den regelmäßig angeordneten, klar abgegrenzten Blöcken, im Gegensatz zu den unregelmäßigen Rodungsinseln beim Wanderfeldbau (Bild 23).

Während in den gemäßigten Breiten der permanente Trockenfeldbau das Bild der Agrarlandschaft eindeutig beherrscht, stößt diese Anbauform in den feuchten Tropen auf erhebliche Schwierigkeiten. Das gilt insbesondere für die dauerfeuchten Tropen. Da, anders als beim Wanderfeldbau, die Aschedüngung fehlt, ist die Ertragsfähigkeit der ohnehin nährstoffarmen Böden entscheidend eingeschränkt. Außerdem sind die ökologischen Risiken, wie

Waldzerstörung, Bodendegradation und Erosion viel größer als beim Wanderfeldbau.

Deshalb bezeichnet ANDREAE (1972) den permanenten Trockenfeldbau als eine für die dauerfeuchten Tropen „*naturwidrige*" Anbauform. Bis auf wenige ökologische Gunsträume, wie die Dammufer entlang der Tieflandströme oder in Hochländern mit vulkanischen Böden wurde der permanente Trockenfeldbau in der traditionellen Landwirtschaft nicht angewendet. Wenn er sich heute trotzdem in den dauerfeuchten Tropen ausbreitet, ist dies in erster Linie auf den zunehmenden Bevölkerungsdruck zurückzuführen und gilt fast immer als Indikator für einen regionalen Verarmungsprozeß (RUTHENBERG und ANDREAE 1982).

Typischerweise gehen nicht nur die Erträge zurück, sondern es ändert sich auch die Auswahl der Kulturarten. An die Stelle von Getreiden, z. B. Trockenreis, treten zunehmend anspruchslosere Knollenpflanzen, vor allem Maniok, der sehr oft das letzte Fruchtfolgeglied beim permanenten Trockenfeldbau bildet. Damit ist in der Regel auch eine qualitative Verschlechterung der Ernährung verbunden. Ein sehr anschauliches Lehrbeispiel für die Problematik des permanenten Trockenfeldbaus in den dauerfeuchten Tropen lieferten unfreiwillig Millionen von javanischen Umsiedlern auf Sumatra und Kalimantan (Kap. 4.1).

Seit den 70er Jahren bemüht sich die *internationale Agrarforschung* um eine Lösung des Problems. Speziell die Forschungsstation Yurimaguas im peruanischen Teil des amazonischen Tieflands befaßt sich mit der Verbesserung des Anbaus einjähriger Nutzpflanzen unter den ökologischen Bedingungen dauerfeuchter tropischer Tiefländer (SANCHEZ 1976). Experimente mit traditionellen „low input"-Anbaumethoden werden mit „high input"-Techniken unter Einsatz moderner kapitalintensiver Produktionsmittel verknüpft. Dazu gehören die Verwendung von Dünger und Pflanzenschutz ebenso wie der Einsatz von Kalk, verbesserten Sorten und veränderten Fruchtfolgen oder auch die verschiedenen Möglichkeiten des ökologischen Landbaus, wie verbesserte Brachen, Mulchen, Gründüngung oder Kompostierung sowie die Integration von Nutztieren in die Pflanzenproduktion bis hin zur Beimpfung des durchwurzelten Bodenraumes mit Wurzelpilzen (Mykorrhizae).

Viele der Forschungsergebnisse von Yurimaguas sind von den nationalen Forschungsinstituten anderer Tropenländer aufgegriffen und unter deren speziellen sozioökonomischen Bedingungen getestet und weiterentwickelt worden, wie z. B. durch das landwirtschaftliche Forschungsinstitut in Bogor, das mehrere Versuchsstationen in den Regenwaldgebieten der indonesischen Außeninseln unterhält.

Als Zwischenergebnis aller Anstrengungen kann man bisher jedoch kaum mehr als von einer Stabilisierung der Erträge sprechen – und dies nach wie vor auf sehr niedrigem Niveau. Wirklich meßbare Erfolge waren in der Regel mit einem so hohen Aufwand an Kapital bzw. Arbeit verbunden, daß sie sich kaum in der kleinbäuerlichen Praxis umsetzen ließen. Somit ist die Naturwidrigkeit der dauerfeuchten Tropen für den permanenten Trockenfeldbau bisher keineswegs überwunden.

Von den dauerfeuchten zu den *wechselfeuchten Tropen* hin verbessern sich die natürlichen Bedingungen für den Anbau von einjährigen Nutzpflanzen etwas (Bild 29). Trotzdem kann auch hier der permanente Trockenfeldbau nur mit bodenerhaltenden oder -verbessernden Maßnahmen funktionieren. In der traditionellen „low input"-Landwirtschaft gehört dazu die Anwendung von Kompost und Viehdung, die allerdings den Bauern einen beträchtlichen Arbeits- und Transportaufwand abverlangt. Speziell das Transportproblem zwingt viele Haushalte, das Ausbringen von Kompost und Dung auf die hofnahen Felder zu beschränken. Nur dort ist permanenter Trockenfeldbau möglich, während auf den hofferne Feldern weiterhin der Wanderfeldbau vorgezogen wird, solange der Bevölkerungszuwachs dies noch zuläßt. Eine solche Trennung von intensiver Innenfeld- und extensiver Außenfeldbewirtschaftung ist z. B. bei den Kleinbauern in der westafrikanischen Feuchtsavanne häufig anzutreffen.

In den vergangenen Jahrzehnten hat es in einigen Gebieten der wechselfeuchten Tropen eine sprunghafte Zunahme des permanenten Trockenfeldbaus zu kommerziellen Zwecken unter Zuhilfenahme von modernen Produktionsmitteln gegeben, wie z. B. in *Thailand*. Über Generationen war die thailändische Agrarlandschaft von zwei, räumlich klar getrennten Wirtschaftsformen geprägt gewesen. Vom Bewässerungsfeldbau mit Naßreis in den Stromtiefländern und vom Wanderfeldbau mit Trockenreis in den Gebirgsländern (UHLIG 1988). Etwa seit den 60er Jahren breitete sich in den dazwischenliegenden hügeligen Übergangszonen, die bis dahin größtenteils bewaldet gewesen waren, in raschem Tempo der permanente Trockenfeldbau aus (s. auch Kap. 4.1 über die Agrarkolonisation in Thailand). Neben Mais und Zuckerrohr wurde insbesondere der Anbau von *Maniok* zur Herstellung von *Tapioka* als bedeutender Viehfutterkomponente forciert. Binnen weniger Jahre stieg Thailand zum größten Tapiokaexporteur der Welt auf. Ermöglicht wurde diese rasante Ausbreitung des permanenten Trockenfeldbaus durch die Verwendung von modernen Produktionsmitteln wie Dünger und Pflanzenschutzmitteln sowie den Einsatz von Motorsäge und Traktor. Nach jahrelanger Monokultur mit Maniok ist jedoch die Bodenfruchtbarkeit in vielen Anbaugebieten, vor allem in Nordost-Thailand, so erschöpft, daß nur noch die Aufforstung mit Eukalyptusbäumen als Alternative bleibt (LÖFFLER 1994).

Ein anderes Beispiel für das Vordringen des permanenten Trockenfeldbaus in den wechselfeuchten Tropen ist der großflächige Anbau von *Sojabohnen* in *Brasilien* (Bild 32). Dieser hatte sich früher auf den subtropischen Süden des Landes beschränkt, ehe er sich zunehmend in die tropischen

Savannen der Campos Cerrados vorschob. Inzwischen ist die Sojafront bei etwa 10° S im Bundesstaat Mato Grosso angelangt (COY 1991). Während der kommerzielle Maniokanbau in Thailand durchweg von lokalen Kleinbauern als Ergänzung zum subsistenzorientierten Naßreisanbau betrieben wird, sind die Träger der brasilianischen Sojakolonisation zugezogene Agrarunterneh-mer aus Südbrasilien, die den Sojaanbau vollmechanisiert auf riesigen Flächen von 1000 ha pro Betrieb und mehr betreiben. Der Aufwand an Pro-duktionsmitteln ist erheblich. So müssen die in den Campos Cerrados vor-herrschenden, relativ sauren Acrisole zunächst kräftig gekalkt werden, um den pH-Wert zu erhöhen. Man kalkuliert mit einer Anfangsdosis von 4 t Kalk/ha, die etwa alle zwei Jahre um 1 t/ha erneuert werden muß. Dazu kommen durchschnittlich 400 kg Dünger pro Hektar. Ferner werden große Mengen an Pflanzenschutzmitteln mit dem Flugzeug versprüht, was den Treibstoffverbrauch auf rund 65 l/ha und Saison hochschnellen läßt (BLU-MENSCHEIN 1995). Trotz des hohen Aufwands ist der Sojaertrag in den Cam-pos Cerrados im Schnitt deutlich niedriger als in den südbrasilianischen Anbaugebieten. Außerdem treten zunehmend Pflanzenkrankheiten auf, die den Erfolg weiter schmälern. Verschiedene Unternehmer in der Region zie-hen deshalb bereits eine mögliche Umwandlung der Sojaflächen in Viehwei-den in Erwägung. Somit ist auch in den wechselfeuchten Tropen der Erfolg des permanenten Trockenfeldbaus keineswegs garantiert – jedenfalls nicht in den Tiefländern.

Weit günstigere Bedingungen für den permanenten Trockenfeldbau herr-schen dagegen in den *Hochländern* der feuchten Tropen, vor allem in vulka-nischen Gebieten. Als klassisches Beispiel gelten die intensiv bewirtschafte-ten Trockenfeldterrassen in den ostafrikanischen Hochländern, vor allem in Ruanda, Burundi und Südwestuganda oder auch die „White Highlands" in Kenia (MANSHARD 1988). Andere Beispiele sind aus den Anden oder aus dem Nilgiri-Gebirge in Südindien bekannt. Auf der übervölkerten Insel Java wird bis in die steilsten Hanglagen hinein permanenter Trockenfeldbau betrieben, während die Talsohlen und die flach geneigten Hänge dem Bewäs-serungsfeldbau mit Naßreisanbau vorbehalten bleiben.

Wenn zu den natürlichen Gunstfaktoren noch eine gut funktionierende Marktanbindung kommt, kann sich an tropischen Höhenstandorten ein höchst intensiver und profitabler Trockenfeldbau entwickeln. Hier werden in erster Linie Gemüse (einschließlich Kartoffeln), Obst und seit neuestem auch Schnittblumen für nahegelegene städtische Märkte angebaut. UHLIG (1988) spricht deshalb im Falle Südostasiens von „*Höhenmarktgartenbau*". Nicht zufällig konzentriert sich dieser häufig im Umland der kolonialzeitlich gegründeten Naherholungsgebiete, den sog. „hill stations", weil diese in der Regel über sehr gute Verkehrsanbindungen zu den städtischen Märkten im Tiefland verfügen.

Fazit:
Trotz einzelner Ausnahmen in wenigen Gunsträumen bleibt insgesamt festzuhalten, daß die feuchten Tropen keine günstigen natürlichen Voraussetzungen
für den permanenten Trockenfeldbau bieten. Dies gilt vor allem für die dauerfeuchten Tropen. Zu den wechselfeuchten Tropen hin ist zwar eine tenden-
zielle Verbesserung der Anbaubedingungen erkennbar, doch scheinen sich
auch hier nach den jüngsten Erfahrungen, z. B. in Thailand und Brasilien, die
Zweifel an einem nachhaltigen Erfolg dieser Produktionsform zu häufen.

3.3.4   Bewässerungsfeldbau

a) Allgemeine Kennzeichen und Verbreitung
Neben Wanderfeldbau und permanentem Trockenfeldbau bietet sich als weitere Möglichkeit der Nahrungserzeugung der Bewässerungsfeldbau an. Für
die feuchten Tropen ist er deshalb so attraktiv, weil die wichtigste Voraussetzung – Wasser – in keiner anderen Klimazone der Erde so reichlich und so
konstant zur Verfügung steht wie hier. Der besondere Vorteil des Bewässerungsfeldbaus liegt in seiner überragenden *Flächenproduktivität* und somit
einer agraren *Tragfähigkeit,* die von keiner anderen Produktionsform übertroffen wird: während vom Wanderfeldbau kaum mehr als 30 Personen/km^2
leben können, sind dies beim Bewässerungsfeldbau vielerorts über 1000 Per-
sonen/km^2. In Teilen Javas erreicht die Tragfähigkeit sogar bis zu 2000 Per-
sonen/km^2. Ein so geringer Flächenbedarf mindert natürlich den Druck auf
die Landreserven und könnte bei konsequenter Anwendung entscheidend zur
Schonung der noch vorhandenen Regenwälder beitragen (Bild 30).

Es gibt noch weitere Vorteile: Die Bewässerung trägt maßgeblich zur
Unkrautkontrolle bei (ALKÄMPER 1986), schützt den Boden vor direkter Sonneneinstrahlung und Aufheizung und sorgt für eine Zufuhr von Nährstoffen.
Überdies reduziert sie die Erosion auf ein Minimum. Weltweit existiert wohl
keine nachhaltigere Form der Bodennutzung. An vielen Stellen Tropisch-
Asiens wird der Bewässerungsfeldbau seit über tausend Jahren ununterbrochen betrieben, ohne daß es zu merklichen Degradationserscheinungen
gekommen wäre.

Selbstverständlich muß man auch *Nachteile* in Kauf nehmen, so vor allem
den enormen Aufwand für die Erschließung von Bewässerungsflächen.
Neben der vollständigen Einebnung und Eindeichung der Felder, was in hän-
gigem Gelände nur durch mühsames Terrassieren erreicht werden kann, sind
die nötigen Einrichtungen für die Wasserzuleitung und -regulierung zu erstel-
len und regelmäßig zu warten. All dies sind äußerst arbeits- und zeitaufwen-
dige Verrichtungen. An den berühmten Bewässerungsterrassen in Asien
haben viele Generationen gearbeitet. Derartige Belastungen nimmt eine bäu-

erliche Gesellschaft im allgemeinen nur unter Druck – demographischem oder herrschaftlichem – auf sich.

Ein anderer Nachteil des Bewässerungsfeldbaus mit Naßreis ist die Freisetzung von *Methan,* das durch das Verrotten von Reisstroh und -wurzeln im Schlamm gebildet wird. Methan gehört zu den Spurengasen, die maßgeblich an der Steigerung des zusätzlichen (anthropogenen) Treibhauseffekts beteiligt und somit für die derzeitige Erwärmung der Erdatmosphäre mitverantwortlich sind.

An der weltweiten Verteilung fällt auf, daß der Bewässerungsfeldbau vor allem eine Produktionsform der ariden und semiariden Zonen ist. Dies ist auch verständlich, weil hier das Wasser der limitierende Faktor ist und ohne künstliche Wasserzufuhr gar kein Ackerbau möglich wäre. In den feuchten Tropen reichen dagegen die Niederschläge für die Kultivierung fast aller Nutzpflanzen aus – mit einer wichtigen Ausnahme, dem Reis. Obwohl der Reis auch im Trockenfeldbau kultiviert werden kann, erbringt er doch bei zusätzlicher Bewässerung erheblich höhere Erträge. Deshalb werden rund 90 % der Reisproduktion der Erde im Bewässerungsfeldbau erzielt (Kap. 3.1.1). Die feuchten Tropen bilden dabei keine Ausnahme. Wo viel Reis angebaut wird, ist deshalb auch der Bewässerungsfeldbau verbreitet, wie man es an den Ländern Tropisch-Asiens erkennen kann. Bewässerungsfeldbau und Naßreisbau sind dort fast identisch. In den feuchten Tropen Afrikas und Lateinamerikas, wo die Nahrungsversorgung traditionell mit anderen Nutzpflanzen wie Mais, Maniok, Yams oder Hirse sichergestellt wurde, hat sich der Bewässerungsfeldbau deshalb noch nicht großflächig durchsetzen können. So werden nach Angaben der FAO (1986) in den humiden Gebieten Tropisch-Afrikas lediglich 2–3 % der bewässerbaren Flächen wirklich bewässert. Auch in Brasilien, dem Land mit dem größten Bewässerungspotential der Erde, sind es erst 3 %.

b) Formen der Wasserzufuhr

Entscheidend für den Erfolg der Naßreiskultivierung im Bewässerungsfeldbau ist die Art und Weise der Wasserzufuhr. Diese wiederum ist abhängig von den klimatischen und topographischen Gegebenheiten in der betreffenden Region. So gibt es z. B. innerhalb der feuchten Tropen Asiens grundlegende Unterschiede zwischen den wechselfeuchten und den dauerfeuchten Gebieten, auf die UHLIG (1983, 1984) in seinen Arbeiten über die Reisbauökosysteme in Südostasien nachdrücklich hingewiesen hat. Während im *wechselfeuchten Monsunasien die großen Stromtiefländer* die natürlichen Gunststandorte für den Naßreisbau darstellen, sind dies im *dauerfeuchten Äquatorialasien die Gebirgszonen.*

Die Art und Weise der Wasserzufuhr läßt sich in mehrere *natürliche* und *künstliche* Bewässerungsformen unterteilen (s. Abb. 18).

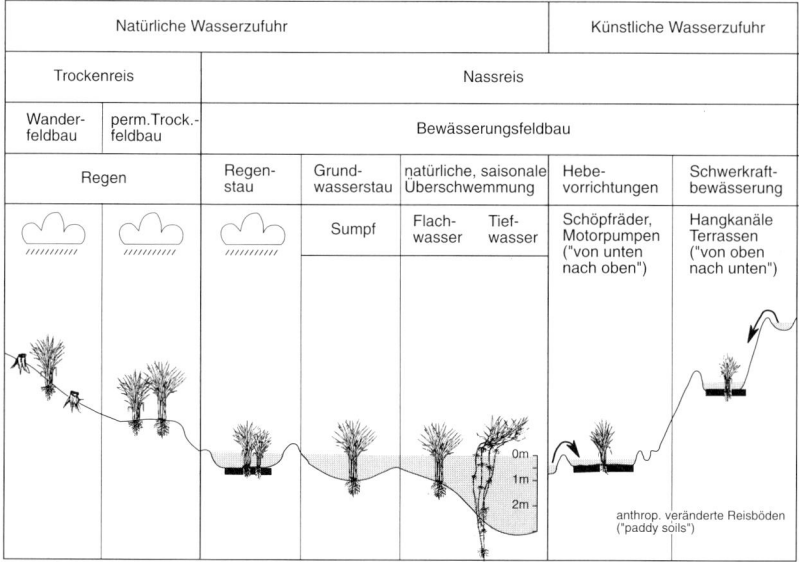

Abb. 18: Formen der Wasserzufuhr beim kleinbäuerlichen Reisbau in Tropisch-Asien (vereinfacht nach Uhlig *1983, S. 272)*

Überschwemmungsbewässerung

Die Wasserzufuhr durch Überschwemmung stellt die naturnächste Form der Bewässerung dar. Sie ist eine Domäne der wechselfeuchten Länder Monsunasiens. Die ausgedehnten Rückstausenken beiderseits der großen Tieflandströme werden einmal jährlich gegen Ende der monsunalen Regenzeit überflutet und bilden ideale Standorte für den „hydrophilen" Reis (Uhlig 1994). Beispiele sind die Stromtiefländer des Ganges, Irrawadi, Menam (Chao Phraya), Mekong und des Roten Flusses, die bereits Credner (1935) als die „Reiskammern der Welt" bezeichnet hat. Vermutlich sind dies auch die Ursprungsgebiete der Reisbaukultur überhaupt (Uhlig 1994).

Die Reisaussaat erfolgt zu Beginn der Überschwemmung, also etwa im Juli/August. Anschließend wachsen die Reispflanzen mit dem langsam ansteigenden Wasser mit. Allerdings sind die Rückstausenken nicht überall gleich tief. Normalerweise steigt der Pegel kaum über einen Meter. Stellenweise beträgt die Wassertiefe aber über drei Meter. Dort können nur speziell angepaßte Tiefwassersorten angebaut werden, die man auch als „schwimmenden" Reis bezeichnet, weil sie an den Halmknoten Schwimmwurzeln ausbilden. Da die Bauern beim Überschwemmungsreisbau anstelle der sonst beim Naßreisbau üblichen sehr aufwendigen Verpflanzungsmethode den Reis breitwürfig aussäen und zudem das Jäten weitgehend vernachlässigen können, hält sich der Arbeitsaufwand bei dieser Produktionstechnik in Grenzen. Dafür sind die Erträge mit höchstens 1,5–2,0 t/ha relativ niedrig. Trotzdem erzielt z. B. Thailand Jahr für Jahr beträchtliche Reisüberschüsse. Das liegt an den für asiatische Verhältnisse recht großen Betriebsflächen von 3–5 ha, die die geringe Flächenproduktivität mehr als ausgleichen.

Nach der Reisbausaison fallen die Überschwemmungsebenen vollständig trocken. Sie liegen dann während der gesamten Trockenzeit brach und werden traditionell als Büffelweide genutzt. Im Zuge der modernen Entwicklung, die ja gerade in Thailand besonders rasch voranschreitet, sind allerdings inzwischen beträchtliche Teile des zentralen Tieflandes mit zusätzlichen Bewässerungsanlagen ausgestattet, die nunmehr eine zweite Reisernte zulassen. In den Tiefländern Nordindiens und Südchinas, die bereits in der Nähe des Wendekreises liegen und deshalb neben den hygrischen auch schon thermische Jahreszeiten aufweisen, hat sich neben dem Naßreisbau während der „sommerlichen" Regenzeit ein zusätzlicher Weizenanbau in der „winterlichen" Trockenzeit durchgesetzt.

Grundwasserstau (Sumpf)

Während sich die Stromtiefländer im wechselfeuchten Monsunasien durch den saisonalen Wechsel von Überschwemmung und Abtrocknen zu produktiven „Reisschüsseln" entwickelt haben, ist in den Dauersümpfen der Alluvialebenen im äquatorialen Bereich nur marginaler Reisbau möglich, da durch den steten Grundwasserstau die Sauerstoffversorgung der Pflanzen behindert ist. Betroffen sind vor allem die ausgedehnten Tieflandsümpfe auf Sumatra und Borneo. Häufig sind es Pioniersiedler, die in diese Sumpfzonen vordringen, um dort, meistens nur für eine Übergangszeit, die Kultivierung von Sumpfreis zu versuchen. Die Erträge erreichen aber kaum 1 t/ha, was ungefähr dem Niveau beim Wanderfeldbau entspricht. Wegen der ungünstigen Standortfaktoren ist auch an den Einsatz verbesserter Züchtungen und moderner Produktionsmittel nicht zu denken. Deshalb spielt der Sumpfreisanbau in Tropisch-Asien nur eine untergeordnete Rolle, woran sich auch in nächster Zeit wohl kaum etwas ändern wird.

Regenstau

Beim Anblick der großartigen Reisterrassen in der Agrarlandschaft Tropisch-Asiens wird oft wie selbstverständlich angenommen, daß diese künstlich bewässert seien. Dies ist aber keineswegs immer der Fall. Über ein Drittel der Naßreisfläche erhält sein Wasser lediglich durch den *Stau von Regenwasser* (Uhlig 1983). In den Reisbaugebieten der feuchten Tropen ist es sogar fast die Hälfte. „Klassische" Reisbaugebiete mit überwiegender Regenstaubewässerung (Bild 31) sind z. B. der Nordosten Thailands, große Teile Burmas und Orissa im Osten Indiens (Huke 1982). Auch in den Reisbaugebieten

Westafrikas, z. B. im südlichen Senegal (Casamance), dominiert die Regenstautechnik. In Lateinamerika, wo sich der Reisbau zügig ausbreitet, wird ein Großteil der Reisproduktion in den Statistiken zwar als „upland-rice", also Trockenfeldreis, aufgeführt; meistens handelt es sich aber auch hier um Naßreisbau auf Regenstau (SCHOLZ 1983).

Ein großer Nachteil im Vergleich zur künstlichen Bewässerung ist die *Unregelmäßigkeit des Wasserangebots.* Eine exakte Wasserdosierung wäre aber eine wesentliche Voraussetzung für den erfolgreichen Anbau moderner Reiszüchtungen. Deshalb blieben die Reisgebiete mit Regenstaubewässerung lange Zeit von der sog. „Grünen Revolution" (s. S.102) ausgespart. Inzwischen bietet die moderne Reiszüchtung aber auch für den Regenstauanbau verbesserte Sorten an. Trotzdem müssen wegen der unzuverlässigen Wasserkontrolle weiterhin Ertragsschwankungen und damit ein höheres Risiko als beim künstlich bewässerten Naßreisbau hingenommen werden.

Außerdem ist es kaum möglich, mehrere Reisernten pro Jahr zu erzielen. Nur in wenigen ganzjährig niederschlagsreichen Gebieten der dauerfeuchten Tropen, wie z. B. entlang der Westküste Sumatras, sind auch auf Regenstau zwei Reisernten möglich.

Sonderform: Bewässerung durch Gezeitenstau
Eine bislang wenig beachtete Art der Naßreisbewässerung hat sich an den flachen Wattküsten Ostsumatras und Südborneos entwickelt. Schon im vergangenen Jahrhundert nutzten die an der Südküste der Insel Borneo siedelnden Banjar den *Gezeitenrückstau* im Unterlauf der Flüsse, um über ein Netz von Stichkanälen ihre Reisfelder zu bewässern und gleichzeitig das versumpfte Hinterland zu entwässern. Seit Anfang des 20. Jahrhunderts sind auch an der Ostküste Sumatras über 200 000 ha solcher tidenbewässerten Naßreisflächen entstanden. Das sind immerhin 13 % der gesamten Naßreisflächen Sumatras (SCHOLZ 1988). Interessanterweise waren hier aber nicht die lokalen Bewohner die Initiatoren, sondern aus Südsulawesi zugewanderte Bugis. Mit durchschnittlich 2,0 t/ha ist das Ertragsniveau beim *Tidenreis* deutlich höher als beim Sumpfreis, wenn auch die Spitzenerträge in den Bewässerungsgebieten Javas oder Balis bei weitem nicht erreicht werden. Trotzdem erwirtschaftet man in diesen ehemaligen Sumpfregionen, die großenteils nur per Boot erreichbar sind, beträchtliche Reisüberschüsse. Bislang hat sich der Reisbau auf Gezeitenstau nur in Südkalimantan und Ostsumatra durchsetzen können, obwohl er theoretisch auch in anderen Küstenregionen der dauerfeuchten Tropen möglich sein müßte.

Künstliche Bewässerung
Künstliche Bewässerung verfolgt den Zweck, eine ausreichende Wassermenge für möglichst lange Zeit (am besten während des ganzen Jahres) in

exakt dosierter Menge bereitzustellen. Hierfür bieten insbesondere die dauerfeuchten Tropen günstige natürliche Voraussetzungen. Da hier selbst kleine
Bäche ganzjährig Wasser führen, steht durchgängig reichlich Oberflächen-
wasser zur Verfügung, was die Anlage von Speichern (z. B. Stauseen) prinzipiell überflüssig macht. Durch Ausnutzen der natürlichen Schwerkraft läßt
sich die meist sehr aufwendige Konstruktion von Hebevorrichtungen, wie
Wasserschöpfräder oder Pumpen, einsparen. Dies setzt allerdings hängiges
Gelände mit entsprechender Reliefenergie voraus. In keiner anderen Region
der Welt ist künstliche Bewässerung deshalb so einfach und so billig zu haben
wie in den Gebirgsländern der dauerfeuchten Tropen. Geradezu ideal sind
intramontane Becken oder die sanft geneigten unteren Hangabschnitte von
Vulkankegeln, die „Vulkanschleppen" (UHLIG 1988). In der kleinbäuerlichen
Praxis wird in solchen Gebieten für gewöhnlich das Wasser aus einem Berg-
bach mit Hilfe eines einfachen Wehrs in einen höhenparallelen Hangkanal
abgezweigt und von dort auf die Felder geleitet. Nicht ganz so einfach ist die
Schwerkraftbewässerung in den wechselfeuchten Tropen zu bewerkstelligen.
Um hier die Wasserzufuhr bis in die Trockenzeit hinein auszudehnen, ist als
zusätzliche Maßnahme der Bau von Speichern notwendig, wie z. B. die traditionellen „Tanks" in Sri Lanka und in Südindien.

Obwohl die natürlichen Gegebenheiten der feuchten Tropen dem Menschen die Bewässerung erleichtern, bleiben mit dem Terrassieren und dem
Bau von Wehren, Hangkanälen und Verteileranlagen äußerst arbeitsaufwen-
dige Vorrichtungen, die die Völker Asiens über viele Generationen Schritt für
Schritt erbracht haben. Solche Anlagen konnten traditionell nur in Gemein-
schaftsarbeit angelegt und unterhalten werden, was komplexe soziale Organisationsformen voraussetzte. Somit hat der Bewässerungsfeldbau zweifellos
entscheidende Impulse für die Entwicklung der asiatischen Hochkulturen
gesetzt.

c) Jüngere Entwicklungen: die „Grüne Revolution" im Naßreisbau Asiens

Ziele der Grünen Revolution
Der Bewässerungsfeldbau Asiens hat in den vergangenen 35 Jahren einen
tiefgreifenden Wandel durchgemacht. Angesichts drohender Hungerkatastrophen in den 60er Jahren, vor allem in Indien, China und auf Java startete die
internationale Agrarforschung ein großangelegtes Programm zur Intensivierung des Naßreisanbaus, das als „Grüne Revolution" bekannt geworden ist.
Das Programm begann im Jahre 1961 mit der Gründung des „Internationalen
Rice Research Institute" (IRRI) bei Manila. Der Durchbruch gelang 1966 mit
der als „Wunderreis" gepriesenen Sorte IR8, die durchschnittlich doppelt so
hohe Erträge ermöglichte wie die traditionellen Sorten, allerdings nur bei
optimal geregelter Bewässerung und ausreichendem Düngereinsatz. Ein noch

größerer Nachteil von IR8 war ihre Anfälligkeit gegenüber Pflanzenkrankheiten und Insekten, was zu einem übertriebenen Einsatz von Pflanzenschutzmitteln führte, der letztlich mehr Schaden als Nutzen nach sich zog. So kam es 1976/77 auf Java zur Katastrophe, als durch den unsachgemäßen Einsatz von Pflanzenschutzmitteln über 450 000 ha Reisland – Lebensgrundlage für ca. sieben Millionen Menschen – von der braunen Reiszikade befallen und weitgehend zerstört wurden.

Deshalb konzentrierte sich die Reisforschung in der Folgezeit nicht mehr allein auf den Ertragszuwachs, sondern verstärkt auf andere wichtige Qualitätsverbesserungen, wie Krankheits- und Insektenresistenz, verkürzte Vegetationszeit von nur noch etwa 100 Tagen (statt bisherigen 150), wodurch bis zu drei Ernten pro Jahr möglich wurden, niedrigerer Wuchs und damit reduziertem Strohanfall, erhöhte Toleranz gegenüber ungeregelter Wasserzufuhr (und somit Eignung für Flächen, die lediglich durch Regenstau bewässert werden) und anderen ökologischen Ungunstfaktoren wie Bodenversalzung, Grundwasserstau oder abnehmende Temperaturen zur Höhe hin. Eine speziell für die dauerfeuchten Tropen entscheidende Verbesserung war die Erreichung der sog. „Tageslichtneutralität", wodurch die neuen Sorten auch unter den Kurztagsbedingungen der äquatorialen Breiten (im Vergleich zu den langen Sommertagen in den höheren Breiten) erfolgreich kultiviert werden konnten, was dieser Klimazone zweifellos eine wesentliche Aufwertung ihres agrarwirtschaftlichen Potentials beschert hat.

Inzwischen werden in Tropisch-Asien über 75 % der Naßreisflächen mit modernen Sorten bepflanzt, darunter praktisch alle Flächen mit geregelter Bewässerung und etwa ein Drittel der Regenstauflächen (PINGALI, HOSSAIN, GERPACIO 1997). Ausgespart sind allerdings noch Überschwemmungsgebiete (einschließlich der Bewässerungsflächen durch Gezeitenstau) und die Dauersumpfareale der äquatorialen Breiten.

Regionale Unterschiede

Neben solchen ökologisch bedingten Unterschieden verlief die Grüne Revolution auch von Land zu Land recht unterschiedlich. Am erfolgreichsten war das Reisintensivierungsprogramm in *Indonesien,* wo zwischen 1963 und 1995 landesweit der durchschnittliche Flächenertrag von 1,7 t/ha auf 4,4 t/ha hochgeschraubt (s. Abb. 19 und Tab. 4) und die jährliche Pro-Kopf-Produktion von 123 kg auf 245 kg fast verdoppelt wurde (s. Abb. 20 und Tab. 5). Eine relativ gut ausgebaute Bewässerungsinfrastruktur, reichlich Subventionen für Dünger aus den Einnahmen der Erdölexporte und eine rigorose Agrarpolitik der Regierung, die dem Ziel der Selbstversorgung mit Reis absolute Priorität einräumte, waren die maßgeblichen Erfolgsgaranten.

Das Nachbarland *Malaysia* verfolgte demgegenüber eine ganz andere Strategie. Zwar hatte sich das Land in den 70er Jahren zunächst ebenfalls an

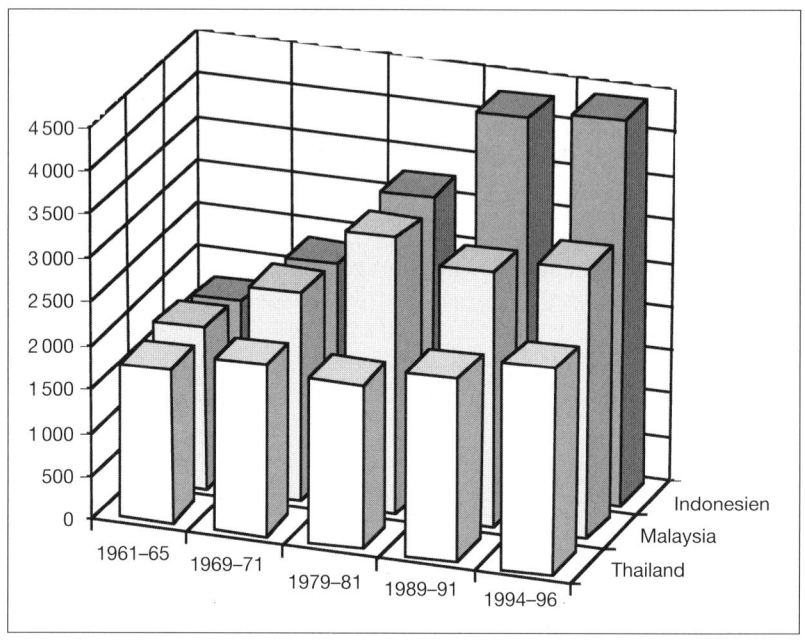

Abb. 19: Flächenertrag von Reis (kg/ha) in ausgewählten Ländern Südostasiens

Tab. 4: Flächenertrag von Reis in kg/ha

	1961–65	1969–71	1979–81	1989–91	1994–96
Welt	2038	2383	2757	3509	3693
Afrika	1713	1830	1711	2030	2168
Südamerika	1729	1667	1832	2557	3010
Asien	2038	2408	2807	3591	3771
Malaysia	1860	2396	3159	2922	3094
Indonesien	1762	2346	3257	4298	4403
Thailand	1775	1947	1887	2098	2353

Quelle: FAO Production Yearbook, 1970–1997

den Maßnahmen der Grünen Revolution beteiligt (s. Abb. 19 und Tab. 4), ließ dann aber von dem Ziel der Selbstversorgung mit Reis ab, das theoretisch durchaus erreichbar gewesen wäre, und konzentrierte sich fortan eindeutig auf die Förderung von Exportkulturen, vor allem Kautschuk und Ölpalmen, mit denen nicht nur die Plantagen, sondern zunehmend auch die Kleinbauern weit höhere Betriebseinkommen erzielen konnten als mit dem Anbau von Reis. Große Teile der Reisfelder fielen in der Folgezeit brach. Dafür ist die

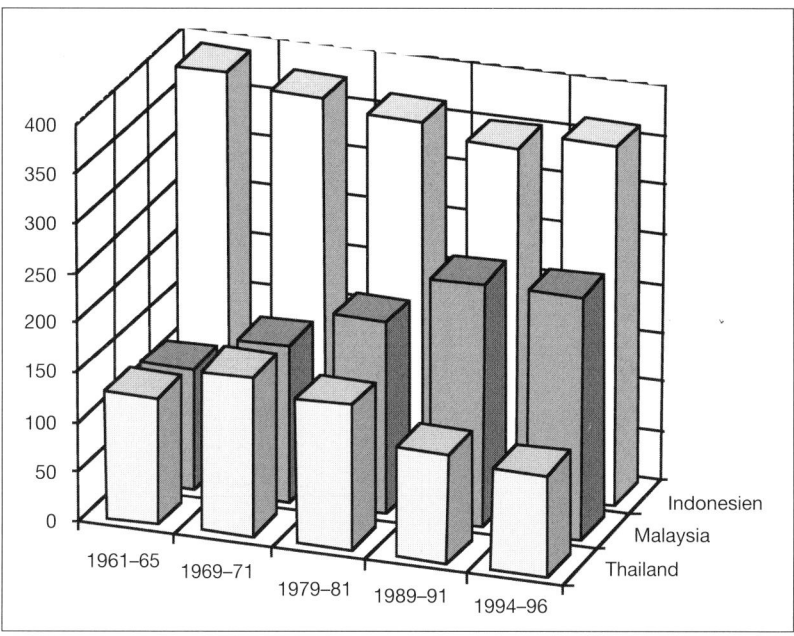

Abb. 20: Reisproduktion pro Kopf (kg/Ew) in ausgewählten Ländern Südostasiens

Tab. 5: Reisproduktion pro Kopf (kg/Ew)

	1961–65	1969–71	1979–81	1989–91	1994–96
Welt	80	86	89	98	95
Afrika	19	21	18	20	21
Südamerika	51	50	55	53	57
Asien	133	141	139	152	144
Malaysia	129	162	147	111	103
Indonesien	123	160	196	245	245
Thailand	390	376	363	349	364

Quelle: FAO Production Yearbook, 1970–1997

Bevölkerung auf Dauer von Reisimporten abhängig. Die Pro-Kopf-Produktion ist auf 100 kg pro Jahr abgesunken (s. Abb. 20 und Tab. 5).

Wieder ganz anders war die Ausgangssituation in *Thailand* und entsprechend anders verlief dort die Reisbauentwicklung der letzten 30 Jahre. Als erstes fallen hier die niedrigen Flächenerträge von nicht einmal 2,0 t/ha auf, an denen sich während des gesamten Zeitraumes kaum etwas änderte (s. Abb. 19 und Tab. 4). Andererseits verzeichnet das Land die weitaus höchste

Pro-Kopf-Produktion (s. Abb. 20 und Tab. 5) und die höchsten Exportüberschüsse der Welt. Diese anscheinend paradoxe Konstellation erklärt sich aus den für asiatische Verhältnisse recht großen Betriebsflächen von 3–5 ha (der Durchschnittsbauer auf Java verfügt nicht einmal über ein Zehntel davon). Statt also, wie Indonesien, die ertragssteigernde Technologie der Grünen Revolution zu nutzen, erzielte das relativ dünn besiedelte Thailand seinen Produktionszuwachs durch stete Flächenausdehnung in Verbindung mit zunehmender Mechanisierung. Die traditionellen Büffelgespanne sind fast vollständig durch den „eisernen Büffel", den Handtraktor, aus den Reisfeldern verdrängt worden. Nicht die Erhöhung der Flächenproduktivität durch Intensivierung, sondern Expansion und Steigerung der Arbeitsproduktivität durch Maschineneinsatz waren die Strategien in Thailand.

Kritik an der Grünen Revolution
Wohl kaum eine andere Innovation der vergangenen Jahrzehnte hat die Völker Asiens so unmittelbar betroffen wie die Grüne Revolution. Für weit über eine Milliarde Menschen hat sie die Nahrungssituation entscheidend verbessert. Ohne sie wäre es in den 70er und 80er Jahren vermutlich zu schlimmsten Hungerkatastrophen gekommen. Andererseits ist klar, daß ein derart umwälzender Prozeß tiefgreifende ökonomische, soziale und ökologische Folgewirkungen nach sich ziehen mußte, die nicht durchweg positiv beurteilt werden konnten. So gab es besonders in den Anfangsjahren zahlreiche kritische Stimmen. Einige sind bis heute nicht verstummt.

Ein besonders häufiger Vorwurf lautete, die Grüne Revolution habe nur Großbetrieben genutzt, weil nur diese sich die nötigen Produktionsmittel, wie Dünger und Saatgut, hätten leisten können. Des weiteren wurde die zunehmende Kommerzialisierung der Reisproduktion beklagt, ebenso wie die wachsende Abhängigkeit von Industrieländern, z. B. bei der Düngerbeschaffung, oder auch der Verlust von Arbeitsplätzen durch arbeitssparende Techniken wie Handtraktoren und motorgetriebene Reismühlen. Besonders gewichtige Einwände gab es bezüglich der überzogenen Anwendung von Pflanzenschutzmitteln und Dünger, dazu die wachsende Energieverschwendung durch den Einsatz moderner Produktionsmittel und die Verstärkung des zusätzlichen Treibhauseffekts durch zunehmende Methanemissionen.

Perspektiven
Die meisten dieser Kritikpunkte konnten inzwischen weitgehend entkräftet werden (Scholz 1998). Vermutlich viel ernster zu nehmen sind jedoch erst in jüngerer Zeit offenkundig gewordene Gefahren, die mit der weltweiten Monokultur von wenigen Hochleistungssorten zusammenhängen. Die hierdurch eingeleitete Artenverarmung („Gen-Erosion") droht die Anfälligkeit gegenüber Krankheiten und Schadinsekten drastisch erhöhen. Außerdem gibt

es erste Anzeichen von Bodenerschöpfung, die anzudeuten scheinen, daß das Produktionspotential des Naßreisanbaus in Asien allmählich an seine Grenzen stößt (PINGALI, HOSSAIN, GERPACIO 1997). Sicherlich ist es der Grünen Revolution gelungen, das Problem der Nahrungsverknappung in Asien um drei bis vier Jahrzehnte aufzuschieben, dauerhaft gelöst hat sie es jedoch nicht.

Schließlich bleibt die Frage, ob sich der Bewässerungsfeldbau mit Reis bei so vielen positiven Eigenschaften nicht auch in den feuchten Tropen Afrikas und Lateinamerikas nach asiatischem Vorbild durchsetzen könnte. Zweifellos gibt es in beiden Kontinenten viele Gebiete, die die ökologischen Voraussetzungen erfüllen würden. Auch die Akzeptanz von Reis als Grundnahrungsmittel dürfte auf keine Schwierigkeiten stoßen, zumal er schon heute in großen Mengen importiert wird und in den Städten Afrikas und Lateinamerikas einen wichtigen und beliebten Bestandteil der täglichen Nahrung darstellt. Das Hauptproblem dürfte der *hohe Erschließungsaufwand* für neue Bewässerungsflächen sowie der Bau und die Unterhaltung der notwendigen Bewässerungsinfrastruktur bleiben, der von den betroffenen Völkern, speziell in Tropisch-Afrika, unter den derzeitigen Bedingungen kaum aufzubringen ist. Hier kann wohl nur internationale Unterstützung weiterhelfen.

3.3.5 Anbau von Dauerkulturen

Für die Kultivierung von Dauerkulturen (Baum- und Strauchkulturen) sind die feuchten Tropen besonders prädestiniert. Die verbreitetsten Dauerkulturen sind *Kautschuk, Ölpalme, Kokospalme, Kaffee, Kakao, Tee*, eine Fülle von *Obstbäumen*, verschiedene *Gewürzbäume* wie Zimt, Nelken, Muskat, sowie Harz und medizinliefernde Bäume. Dazu kommen einige *Rankengewächse* wie Vanille, Pfeffer oder die Passionsfrucht und schließlich etliche *perennierende Stauden* und mehrjährige Gräser wie Bananen, Zuckerrohr, Sisal oder Ananas. Die wichtigsten dieser Dauerkulturen sind bereits in Kapitel 3.1 vorgestellt worden.

Diese bei weitem noch nicht vollständige Aufzählung deutet die beachtliche Artenvielfalt von Dauerkulturen in den feuchten Tropen an, während die anderen Landnutzungsformen wie Wanderfeldbau, permanenter Trockenfeldbau oder Bewässerungsfeldbau von nur wenigen Kulturpflanzen dominiert werden.

Erstaunlicherweise ist die Rolle der Dauerkulturen in der Diskussion um die Vor- und Nachteile des Agrarstandortes „feuchte Tropen" lange Zeit kaum beachtet worden. So geht WEISCHET (1977) in seiner bekannten Arbeit über die ökologische Benachteiligung der Tropen mit keinem Wort auf sie ein. Erst seit wenigen Jahren widmet man ihnen, häufig unter der Bezeichnung *„Agroforestry"*, erhöhte Aufmerksamkeit. Die geringe Beachtung dürfte daran gelegen haben, daß die meisten Dauerkulturen entweder gar nicht oder nur auf dem Umweg über eine industrielle Aufbereitung als Nahrungsmittel geeignet sind. Bei den meisten handelt es sich um sog. *„cash crops"* (Handelspflanzen), deren Anbau erst mit der zunehmenden Kommerzialisierung und Weltmarktintegration der tropischen Landwirtschaft interessant wurde. Seitdem hat der Anbau von Baum- und Strauchkulturen aber einen enormen Aufschwung genommen. Besonders in den dauerfeuchten Tropen wird heute die Agrarlandschaft von Dauerkulturpflanzungen beherrscht. So ist z.b. auf Sumatra über die Hälfte der landwirtschaftlichen Nutzfläche mit Baum- und Strauchkulturen bedeckt (SCHOLZ 1988).

Anbauformen
Die Nutzung von Dauerkulturen begann ursprünglich damit, daß bestimmte Produkte von *Wildexemplaren* im Regenwald gesammelt und verwertet wurden, wie z. B. das Sammeln von Wildkautschuk in Amazonien. Als nächstem Schritt wurden beim Waldroden zur Erschließung von Ackerland nutzbare Wildbäume stehengelassen. Als Einzelexemplare waren sie nun über die Ackerflur verstreut und somit besser zugänglich und systematischer nutzbar als zuvor im Wald. Ein bekanntes Beispiel sind die Karité-Bäume in den Feuchtsavannen Westafrikas, aus deren Nüssen die sog. „Schibutter", ein wichtiges Speisefett, gewonnen wird (Bild 11).

Um die Flächenproduktivität zu steigern, ging man schließlich zu *geregelter Anpflanzung* über. Je nach Erntegewicht, Transportaufwand und Verwertbarkeit boten sich verschiedene Standorte an. Obst, Kokosnüsse und andere transportaufwendige Produkte, die im Haushalt selbst verwendet wurden, pflanzte man in der Nähe des Hauses, am besten im Hausgarten. Transportwürdige Produkte mit geringem Erntegewicht, wie z.B. eine Reihe von Gewürzen, konnten dagegen in großer Entfernung von der Hofstelle kultiviert werden. Einige Produkte, wie z. B. Medizinalpflanzen und Harze, werden auch heute noch großenteils im Regenwald gesammelt.

Die beginnende Industrialisierung in Europa und Amerika löste eine lebhafte Nachfrage nach verschiedenen Produkten feuchttropischer Dauerkulturen aus, wie z. B. Kautschuk und Palmöl. Diese konnte zunächst weder durch die Waldsammelwirtschaft noch durch den kleinbäuerlichen Anbau in vollem Umfange befriedigt werden. Damit begann die Gründung der großen *Plantagen* durch westliche Unternehmer (Kap. 3.3.6). Durch das Aufkommen der Dampfschiffahrt und die Eröffnung kürzerer Seerouten durch Suez- und Panamakanal stellte der Transport von Massenfracht kein Problem mehr dar.

In der Folgezeit nutzten auch die lokalen Kleinbauern die Möglichkeiten, die der Weltmarkt bot, um ihrerseits die nachgefragten Produkte in ihren

Familienbetrieben als sog. „*Smallholders*" zu erzeugen. Viele der neuen Smallholders waren ehemalige Wanderfeldbauern, die das reichlich vorhandene Brachland für das Anpflanzen von Dauerkulturen nutzten (Kap. 3.3.2). Damit verschafften sie sich ein attraktives Zusatzeinkommen und sicherten sich gleichzeitig ein langfristiges Nutzrecht auf das kultivierte Land (Bild 27).

Wirtschaftliche Aspekte
Die rege internationale Nachfrage nach Produkten tropischer Dauerkulturen hatte schon vor der Kolonialzeit insbesondere mit dem Gewürzhandel begonnen, erreichte dann aber gegen Ende der Kolonialzeit ihren Höhepunkt und hielt auch nach der Erlangung der Unabhängigkeit unvermindert an. Sie führte dazu, daß auch heute noch ganze Volkswirtschaften in den tropischen Entwicklungsländern vom Export einiger Dauerkulturprodukte abhängig sind, wie z.B. Kolumbien vom Kaffee (wenn man vom Kokain – gleichfalls das Produkt einer Dauerkultur! – absieht), Malaysia vom Palmöl und Kautschuk, Ghana und die Elfenbeinküste vom Kakao und Kaffee, Sri Lanka vom Tee, Costa Rica vom Kaffee und Bananen, Ecuador von Bananen, Kuba und Mauritius vom Zuckerrohr usw.

In *betriebswirtschaftlicher Sicht* ist eine pauschale Bewertung des Dauerkulturanbaus schwierig, weil zu viele verschiedene Produkte existieren. Gleichwohl gibt es einige Gemeinsamkeiten. Eine davon ist zugleich der größte Nachteil: die mehr oder weniger *lange Vorertragsphase*, d. h. der unproduktive Zeitraum zwischen Anpflanzung und erster Ernte, der je nach Kulturart zwischen drei und acht Jahren betragen kann. Viele Bauern überbrücken diese unproduktive Phase, indem sie einjährige Nutzpflanzen zwischen den heranwachsenden Baum- oder Strauchsetzlingen kultivieren. Ist die „Durststrecke" der Vorertragsphase erst einmal überstanden, kann man sich anschließend auf eine recht lange ökonomische Nutzungsdauer einstellen, die je nach Kulturart zwischen 20 und 80 Jahren anhalten kann. In der kleinbäuerlichen Praxis ist die Anlage einer Dauerkulturpflanzung im allgemeinen eine Investition auf Lebenszeit bzw. sogar für die nachfolgende Generation.

Während beim Ackerbau mit einjährigen Feldkulturen die Bodenbearbeitung und das Jäten zu den aufwendigsten Arbeitsgängen zählen, fallen diese bei Dauerkulturpflanzungen kaum ins Gewicht. Dafür sind die *Erntearbeiten* besonders aufwendig, zumal sie sich auch in Zukunft kaum mechanisieren lassen werden. Unter diesen Umständen spielt für viele Betriebe mit Dauerkulturanbau die Frage der saisonalen Verteilung der Erntearbeiten eine ausschlaggebende Rolle. Ein großer Vorteil für die feuchten Tropen ist, daß einige wichtige Dauerkulturen während des ganzen Jahres mehr oder weniger gleichmäßig fruchten und produzieren, so daß sich die Ernteaktivitäten über das Jahr verteilen. Dazu gehören Kokospalme, Kautschuk, Ölpalme, Tee und

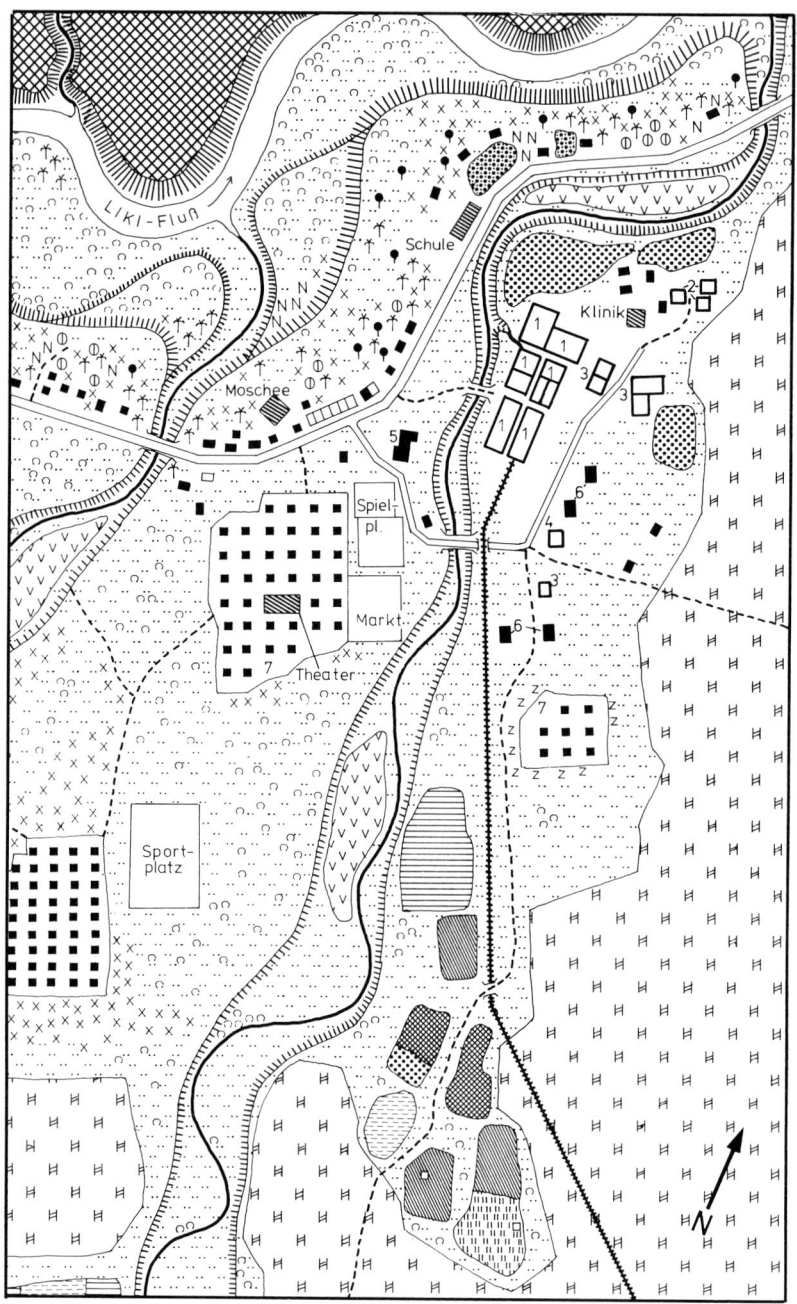

PLANTAGENGEBÄUDE
1. Fabrikationsanlagen
2. Schuppen 3. Büro
4. Gästehaus

WOHNHAUS
5. Verwalter 6. höh. Angest.
7. javan. Plantagenarbeiter

ÖFFENTL. GEBÄUDE
GESCHÄFT / HANDWERKSSTUBE
ARBEITSHÄUSCHEN

KAUTSCHUK

KOKOSPALMEN
KAFFEE
BANANEN
GEWÜRZNELKEN
FRUCHTBÄUME
BAMBUS
ZUCKERROHR

NASSREIS

BERGREIS

MAIS

MANIOK / TARO

BOHNEN / ERDN.

CHILLI

GRASFLÄCHEN

SEKUNDÄRBUSCH

WALD

STRASSE / WEG
FLUSS / BACH
AQUAEDUKT

nach eigenen Aufnahmen, Okt. 1970
U. Scholz

0   150 m

Kakao. Andere Arten fruchten jedoch saisonal, wie z. B. zahlreiche Obstsorten, die Gewürznelke oder, weniger ausgeprägt, auch der Kaffee. In diesen Fällen kommt es während der Ernte gewöhnlich zu Engpässen, so daß zusätzlich saisonale Lohnarbeiter angeheuert werden müssen.

Ein betriebswirtschaftliches Problem, das sich gerade unter den klimatischen Bedingungen und infrastrukturellen Gegebenheiten der feuchten Tropen für den Handel von Agrarprodukten immer wieder stellt, sind die *Transportkosten* und die *Lagerungsverluste.* Allerdings gibt es zwischen den verschiedenen Produkten beträchtliche Unterschiede: Auf der einen Seite stehen die Produkte mit hohem Erntegewicht und geringer Haltbarkeit. Diese sind bei den klimatischen Bedingungen und der oftmals noch marginalen Verkehrsinfrastruktur in den feuchten Tropen kaum bzw. nur mit hohem Kostenaufwand zu vermarkten. Dazu gehören z.B. die meisten Obstsorten. Die hohe Produktivität vieler tropischer Obstsorten nützt nichts, solange diese den Konsumenten nicht erreichen. Viele attraktive Obstarten, wie z.B. Papaya, tauchen deshalb nur vereinzelt auf internationalen Märkten auf, und der große Erfolg der Banane beruht auf einem beträchtlichen technischen, finanziellen und organisatorischen Aufwand, von der Produktion bis zur Vermarktung. Auf der anderen Seite gibt es aber auch Produkte mit geringem Erntegewicht, guter Haltbar-

Abb. 21: Kautschukplantage in Sumatra

Die Liki-Kautschukplantage liegt am Fuß des Kerinci-Vulkans im Süden der Provinz Westsumatra. Deutlich erkennbar ist die räumliche Aufteilung der Siedlung nach ethnisch-sozialen Gruppen in:
a) Wohngebäude des Managers und der höheren Angestellten unweit der Fabrikanlagen,
b) Wohnblöcke in schachbrettartiger Anordnung für die javanischen Plantagenarbeiter,
c) spontan angesiedelte lokale Händler und Handwerker aus Sumatra entlang der Durchgangsstraße im Norden.

keit und somit einer großen Transportwürdigkeit. Hierzu gehören u. a. die meisten Gewürze, die nicht zuletzt wegen ihres geringen Transportwiderstands schon in vorkolonialer Zeit aus den feuchten Tropen bis ins ferne Europa vermarktet werden konnten.

Ökologische Aspekte
Keine andere Form der agrarischen Landnutzung ist der natürlichen Vegetation der feuchten Tropen so ähnlich wie der Anbau von Baum- und Strauchkulturen. Er stellt deshalb eine besonders „*naturnahe*" und somit standortgerechte und ökologisch angepaßte Produktionsform dar. Vor allem ist es eine sehr bodenschonende Anbauform, da der Boden kaum bearbeitet zu werden braucht. Die ständige Beschattung gewährleistet eine konstante Bodentemperatur, sorgt für ein ausgeglichenes Mikroklima und hält den Unkrautwuchs zurück. Das verzweigte Wurzelwerk vermindert die Bodenabtragung ebenso wie das Blätterdach, das den Aufprall der Regentropfen auf den Boden abfängt. Deshalb können Baum- und Strauchkulturen auch an relativ steilen Hängen gefahrlos gepflanzt werden, wo ein Ackerbau mit einjährigen Nutzpflanzen unweigerlich zu Erosionsschäden führen würde. Auch auf anderen marginalen Standorten, wo an Ackerbau kaum zu denken wäre, gibt es aus der großen Auswahl an Dauerkulturen fast immer eine Art, die noch erfolgreich kultiviert werden kann, wie z.B. Kokospalmen auf Sand- und drainierten Torfböden, Sagopalmen in Sümpfen oder der Kautschukbaum auf nährstoffarmen Ferralsolen.

Insgesamt ist festzuhalten, daß der Anbau von Dauerkulturen nicht nur eine *wirtschaftlich profitable,* sondern auch *ökologisch gut angepaßte* agrarische Produktionsform darstellt, die, neben dem Bewässerungsfeldbau, für die kleinbäuerlich geprägten Agrargesellschaften gerade in den feuchten Tropen eine attraktive Alternative zum Wanderfeldbau und permanenten Trockenfeldbau darstellt.

3.3.6   Exkurs: Die Plantagenwirtschaft
Neben den dominierenden kleinbäuerlichen Familienbetrieben bilden die Plantagen ein typisches Element der Agrarlandschaft in den feuchten Tropen. Nach MANSHARD (1968) handelt es sich bei einer Plantage um einen landwirtschaftlichen Großbetrieb, der vorwiegend pflanzliche Produkte für den Markt liefert und diese in eigenen Aufbereitungsanlagen verarbeitet. Ursprünglich wurden Plantagen von Europäern geleitet und die Produkte waren für die westlichen Industrieländer bestimmt. Das ist heute nicht mehr der Fall. Mehr und mehr werden die Plantagen von einheimischem Management gelenkt und die Produkte auf dem wachsenden Binnenmarkt abgesetzt.

Im Landschaftsbild heben sich die Plantagen sehr markant von den klein-bäuerlichen Familienbetrieben ab, vor allem durch die regelhaften großen Blöcke, die sogar auf Satellitenbildern gut erkennbar sind und durch die saubere Anordnung der Nutzpflanzen „in Reih und Glied", die im allgemeinen als Monokulturen angebaut werden. Im Gegensatz zu den Kleinbauern, deren Betriebsgröße selten 5 ha übersteigt, sind die meisten Plantagen mindestens 500 ha groß, können aber auch mehrere Tausend Hektar umfassen. Wegen der besonderen Eignung der feuchten Tropen werden hauptsächlich Dauerkulturen angepflanzt. Es gibt aber auch einzelne Plantagen mit einjährigen Nutzpflanzen, wie z. B. die Tabakplantagen in Nordsumatra. Ein weiteres Kennzeichen von Plantagen sind die in Reihen angelegten einfachen Arbeitersiedlungen und, räumlich getrennt, die luxuriösen Bungalows des Managements. Darüber hinaus verfügen die größeren Plantagen über eigene Schulen, Krankenstationen und andere soziale Einrichtungen (s. Abb. 21).

Die ersten großen Plantagen unter europäischem Management entstanden an der Ostküste Brasiliens mit Zuckerrohr. Das drängende Arbeiterproblem löste man damals mit der Einführung afrikanischer Sklaven. Ab dem 19. Jahrhundert wurde der Zuckerrohranbau z. T. durch Kaffeeplantagen abgelöst, die sich von der Küste aus ins Innere ausbreiteten und ihren räumlichen Schwerpunkt in der Region um Sao Paulo bildeten.

Nach dem Verbot des Sklavenhandels hatten die amerikanischen Plantagen große Probleme mit der Arbeitskräftebeschaffung. Deshalb verlagerte sich das Schwergewicht der Plantagenproduktion auf die altweltlichen Tropen. In Afrika erfolgten Plantagengründungen vor allem an der Guineaküste, wie z. B. die Kautschukplantagen von Firestone in Liberia und in Belgisch-Kongo, wo Palmöl und Kaffee bis zur Unabhängigkeit 1960 wichtige Plantagenkulturen waren.

Auch die Deutschen unterhielten während ihrer kurzen Kolonialherrschaft in Afrika einige Plantagen, darunter Bananenplantagen rund um den Kamerun-Berg und Sisalplantagen im ehemaligen Deutsch-Ostafrika (MANSHARD 1988).

Das Hauptgewicht der Plantagenproduktion verlagerte sich gegen Ende des 19. Jahrhunderts in die asiatischen Tropen, nachdem die zunächst ungünstige Lage zu den europäischen Märkten mit der Eröffnung des Suez-Kanals (1869) entscheidend verbessert worden war. In Westmalaysia und Nordostsumatra entwickelten sich riesige Monokulturen mit Kautschuk (der erst um die Jahrhundertwende von Brasilien nach Südostasien „geschmuggelt" worden war), die später um ebenso riesige Bestände von Ölpalmen ergänzt wurden. Diese beiden Gebiete zählen auch heute noch zu den produktivsten Plantagenzonen der Erde. Das Problem der Arbeitskräfte wurde mit Massen-„Importen" von Kulis aus Südchina, von Tamilen aus Südindien und später von Javanen gelöst (PELZER 1978). In den Hochlagen Indiens, Sri Lankas und Javas entstanden ausgedehnte Teeplantagen.

Die europäischen Plantagenwirtschaften existierten nicht nur räumlich isoliert, sondern auch wirtschaftlich losgelöst, wie Fremdkörper innerhalb der kleinbäuerlich geprägten Volkswirtschaften der Tropenländer. Der niederländische Ökonom BOEKE (1946) sprach im Falle Indonesiens zu Recht von einer *„dualistischen Wirtschaft"*.

Mit der Erlangung der Unabhängigkeit stellte sich für viele tropische Entwicklungsländer die Frage, wie sie mit diesen „Relikten der Kolonialzeit" umgehen sollten (WIESE 1989). Während z. B. in Indonesien ein Großteil der Plantagen verfiel und das Gelände von Kleinbauern besetzt wurde, versuchte man vor allem in verschiedenen Ländern Afrikas, die Plantagen als Staatsbetriebe fortzuführen, was jedoch in den meisten Fällen an mangelnder Kompetenz und Ineffizienz scheiterte (MANSHARD 1988). Andere Länder, wie z. B. Malaysia, beließen es zunächst bei den bestehenden Strukturen, sorgten aber für eine allmähliche Übernahme durch einheimische Fachkräfte. Unabhängig davon ging man aber in fast allen Ländern dazu über, die Produktion von Plantagenkulturen mehr und mehr auf kleinbäuerliche Betriebe zu verlagern, was oftmals von Projekten der internationalen Entwicklungshilfe unterstützt wurde. Beispielhaft für einen derartigen Wechsel von der Plantage zum Kleinbauern ist die Entwicklung des Kaffeeanbaus in der Elfenbeinküste gewesen. Dort gab es zu Beginn der 50er Jahre etwa 200 europäische Plantagen, die zusammen rund 30 000 ha Kaffee kultivierten. Heute sind rund 800 000 afrikanische Kleinbauern an der Kaffeeproduktion beteiligt (MANSHARD 1988). Auch der Kautschukanbau Malaysias und Indonesiens befindet sich heute überwiegend in Händen von Kleinbauern.

Die Frage, welche der beiden Betriebsformen sich anbietet, hängt sehr wesentlich von der Nutzpflanze ab. Auf der einen Seite gibt es ausgesprochene Plantagenkulturen wie z. B. die Exportbananen. Für deren Anbau, Nacherntebehandlung, Transport und Export in die Industrieländer ist ein ausgefeiltes Management nötig, das eine Plantage weit besser gewährleisten kann als ein Kleinbauer. Ähnlich verhält es sich mit Ananas. Auf der anderen Seite gibt es typische kleinbäuerliche Kulturarten, wie z. B. Gewürze. Deren Produkte, etwa Pfeffer, Gewürznelken, Muskat oder Zimt, verfügen über ein geringes Erntegewicht, sind gut zu lagern und leicht zu transportieren. Die insgesamt einfache Handhabung kommt dem kleinbäuerlichen Betrieb entgegen.

Seit einigen Jahren sind Bemühungen im Gange, durch innovative Kooperationsformen den Dualismus zwischen Kleinbauern und Plantagen zu überwinden. Den Anfang machte Malaysia mit der Entwicklung von sog. *„Nukleus-Plantagen"*. Hier wird nur noch ein Teil der Produktion in der Plantage selbst, dem Nukleus, erzeugt. Der andere Teil stammt von Kleinbauern aus dem Umland, die im allgemeinen vertraglich an die Plantage gebunden sind. Der Vertragsanbau bringt für beide Seiten Vorteile mit sich:

Die Kleinbauern werden von den Plantagen mit Saatgut, Dünger, Pflanzen-schutzmitteln, Geräten und technischer Beratung versorgt. Außerdem wird die Abnahme der Produkte zu vorher festgelegten Preisen garantiert. Die Plantagen ihrerseits werden von zwei Grundproblemen befreit, die die tradi-tionelle Plantagenwirtschaft stets belastet hatten: der Arbeiterfrage und der Landfrage.

In Malaysia basieren die meisten der zumindest in wirtschaftlicher Sicht sehr erfolgreichen Neulanderschließungs- und Siedlungsprojekte auf dem Konzept der Nukleus-Plantagen (Kap. 4.1). Inzwischen sind andere Tropen-länder dem malaysischen Vorbild gefolgt. Beispiele aus Afrika beschreibt WIESE (1989). In Thailand wird sogar das von ANDREAE (1972) als typische Plantagenkultur bezeichnete Zuckerrohr neuerdings fast ausschließlich von Kleinbauern im Vertragsanbau kultiviert, während die Plantage nur noch die Fabrik stellt und sich um den Absatz kümmert (BEPLER 1997).

Trotz solcher Ansätze hat sich in vielen Tropenländern der Dualismus im Agrarsektor bis heute gehalten, wie z. B. in Kenia, wo große Privatplantagen als Enklaven im kleinbäuerlichen Umfeld weiterexistieren (MANSHARD 1988). Ein anderes Beispiel sind die Bananenplantagen in Lateinamerika, wo die koloniale Plantagenwirtschaft nunmehr von internationalen Konzernen getragen wird.

3.4   Weidewirtschaft

Generell sind die natürlichen Bedingungen in den feuchten Tropen für die Weidewirtschaft nicht günstig. Das schwülwarme Klima mindert die Lei-stungsfähigkeit der Tiere und fördert das Auftreten von *Parasiten* und *Seu-chen,* die den Nutztieren erheblich zusetzen. Speziell in den feuchttropischen Gebieten Afrikas stellt die von der Tse-Tse-Fliege übertragene Trypanoso-miasis (Nagana-Seuche) einer erfolgreichen Rinderweidewirtschaft ein nur schwer überwindbares Hindernis entgegen. In den Feuchttropen Lateiname-rikas fehlen zwar die Tse-Tse-Fliegen; dafür leiden die Tiere dort aber unter stärkerem Zeckenbefall (FRANKE und PÄTZOLD 1986).

Ein weiterer Hemmfaktor ist die nur *mäßige Qualität der vorherrschenden Naturweiden.* Zwar können mehrere Aufwüchse pro Jahr und dadurch eine beachtliche Produktivität von durchschnittlich 5–6 t Trockenmasse pro Hek-tar erreicht werden. Jedoch weisen die meisten tropischen Gräser nur einen relativ geringen Proteingehalt und einen hohen Anteil an Rohfasern auf, der die Verdaulichkeit beträchtlich einschränkt. Besonders mit zunehmendem Alter sinkt die Qualität der Gräser rapide ab. Deshalb werden viele Gräser, darunter auch Imperata cylindrica, von den Tieren nur im Schoßstadium gefressen, später aber gemieden. Hierin ist auch der wesentliche Grund für das periodische Abbrennen der Savannen durch die lokalen Viehhalter zu sehen, wodurch außerdem die Zeckenplage eingeschränkt wird. Im übrigen ist jedoch der Wert des Abbrennens umstritten: Wertvolle Gräser gehen verloren, die Gehölzvegetation wird fortlaufend degradiert und die Bodenstruktur und das Bodenleben werden nachhaltig gestört.

Ähnlich wie bei den Nahrungspflanzen bemüht sich die internationale *Agrarforschung* auch um die Verbesserung und Intensivierung tropischer Weiden. Speziell zu diesem Zweck unterhält z.b. das „Centro International de Agricultura Tropical" (CIAT) eine Zweigstelle in den Feuchtsavannen („Llanos") Kolumbiens. Theoretisch ließe sich durch verbesserte Grassorten, Düngung und geregelten Weidegang das Ertragspotential und die Tragfähigkeit der Weiden beträchtlich steigern. So könnte man auf verbesserten „Kunstweiden" den Viehbesatz ohne weiteres verfünffachen (FRANKE und PÄTZOLD 1986). Derartige Verbesserungen setzen allerdings nicht nur den Einsatz von Kapital, sondern auch eine stationäre Wirtschaftsweise mit straff geregeltem Management voraus, wie sie sich bislang nur in den Ranchbetrieben in den lateinamerikanischen Feuchtsavannen durchsetzen konnten. In der traditionellen Transhumanz-Wirtschaft der Savannenvölker Westafrikas sind solche Verbesserungen praktisch undurchführbar.

Neben den Gräsern kommen in den Tropen die *Blätter von Bäumen* und Sträuchern als wichtige Futtergrundlage hinzu, deren relative Bedeutung nicht nur von den feuchten zu den trockenen Tropen, sondern auch mit steigenden Bevölkerungszahlen und wachsendem Konkurrenzdruck zwischen Ackerland und Grünland zunimmt. Folglich ist die *Waldweide* in den dichtbesiedelten Teilen der wechselfeuchten Tropen mit relativ hohem Viehbesatz eine wichtige Alternative zur Grasweide. Typische Beispiele sind die Länder Südasiens, vor allem Indien, und Teile des festländischen Südostasiens, z. B. Zentral-Myanmar (Burma) und Nordostthailand. Seit sich in diesen Ländern im Zuge der modernen Agrarkolonisation (Kap. 4.1) das Ackerland auf Kosten der Waldareale drastisch ausgedehnt hat, fallen nach dem Grünland zunehmend auch die Waldgebiete als Weidegrundlage aus. Um die Tiere weiterhin ernähren zu können, sehen sich die Viehhalter zunehmend gezwungen, Gras von Wegrändern und Feldrainen abzusicheln. Eine andere Option ist das *Schneiteln* von Bäumen, wobei Blätter und dünne Äste abgeschnitten werden, wie es z. B. in Nepal oder auf Java verbreitet geschieht. Beide Aktivitäten sind äußerst arbeits- und transportaufwendig und sind typische Kennzeichen für dichtbesiedelte, marginale Agrargebiete. In einigen ehemaligen Waldweidegebieten hat die Bevölkerung deshalb die Viehhaltung stark reduziert, wie z. B. in Nordostthailand.

Entgegen weitverbreiteter Ansicht muß die Ausdehnung des Ackerlandes auf Kosten des Grünlandes nicht notwendigerweise eine Reduzierung der Futtergrundlage nach sich ziehen, weil die Erntereste vieler Nahrungspflanzen, wie Mais-, Hirse- und Reisstroh, eine wichtige Futterergänzung bilden können, die an Quantität nicht hinter den Flächenerträgen einer Naturweide zurückstehen muß. Darüber hinaus kann auch die Brache beim Ackerbau eine vollwertige Weidegrundlage bilden. Dies gilt insbesondere im Bewässerungsfeldbau. So stellt sich im Naßreisbau Süd- und Südostasiens nach der Reisernte auf den noch immer gut durchfeuchteten Feldern eine üppige Brachevegetation ein, die besonders in dichter besiedelten Reisbauländern die wichtigste Futtergrundlage überhaupt darstellt. Außerdem profitiert der Reis von dem anfallenden Viehdung. Deshalb verzichten z.B. auf Sumatra einige Reisbauern ganz bewußt auf eine durchaus mögliche zweite Reisernte im Jahr, um nicht die Futtergrundlage für ihr Vieh zu gefährden (SCHOLZ 1988a).

Als weitere Möglichkeit der Futterversorgung bleibt schließlich noch der *Feldfutterbau,* wie er in den gemäßigten Breiten häufig vorkommt. In den feuchten Tropen gibt es ihn bislang erst vereinzelt, wenn man von dem kommerzialisierten Anbau von Futterpflanzen für den Export, wie Soja in Brasilien und Maniok (Tapioka) in Thailand absieht. Es fragt sich allerdings, ob angesichts der zunehmenden Verknappung von Nahrungsmitteln für die einheimische Bevölkerung ein zunehmender Anbau von Futterpflanzen entwicklungspolitisch überhaupt wünschenswert wäre.

Zweifellos weisen die feuchten Tropen neben den genannten Nachteilen auch einige *Vorteile* für die Viehwirtschaft auf: Wegen des ganzjährigen Wachstums von Futterpflanzen entfällt die aufwendige jahreszeitliche Futterbevorratung, wie sie z. B. für die Viehhaltung in den gemäßigten Breiten typisch ist. Auch auf eine Stallhaltung kann weitgehend verzichtet werden. Gleichwohl können diese Vorteile die Gesamtheit der Nachteile nicht aufwiegen. Jedenfalls ist die Tierproduktion der Pflanzenproduktion klar unterlegen, insbesondere in den dauerfeuchten Tropen (ANDREAE 1972). Während in weiten Teilen der trockenen Tropen die Viehhaltung die dominante Wirtschaftsform darstellt, wird sie in den feuchten Tropen nur nebenbei betrieben. Tatsächlich gibt es dort keine traditionelle Weidewirtschaft als Lebensform. Das schließt jedoch nicht aus, daß Viehhalter aus den trockenen Tropen die Futterreserven in den wechselfeuchten Tropen während der Trockenzeit nutzen. Das bekannteste Beispiel ist die Transhumanz der Fulbe-Völker in den Trockensavannen Westafrikas, die während der Trockenzeit mit ihren Rinderherden bis tief in die Feuchtsavannenzone vordringen, um so den jahreszeitlichen Futterausgleich für ihre Tiere sicherzustellen.

Speziell in den *Feuchttropen Lateinamerikas* sind, allen Naturwidrigkeiten zum Trotz, in den letzten Jahrzehnten ausgedehnte Weideareale nicht nur in die wechselfeuchten Zonen, sondern sogar bis tief in die dauerfeuchten Regenwaldgebiete hinein vorgetrieben worden. Weite Flächen in den Campos Cerrados in Brasilien, aber auch schon große Teile Amazoniens werden heute weidewirtschaftlich genutzt (KOHLHEPP 1987). Wer je mit dem Bus auf den endlosen Überlandstraßen durch die Zentralprovinzen Brasiliens in Richtung Amazonien gefahren ist, dem werden sich die kilometerlangen Weidezäune entlang der Piste nachhaltig ins Gedächtnis eingeprägt haben – übrigens ein untrügliches Unterscheidungsmerkmal zwischen den Savannenlandschaften Lateinamerikas und Afrikas bzw. Asiens. Inzwischen zeigt sich jedoch, daß diese *Viehranchbetriebe* wohl nur mit staatlicher Unterstützung und Steuererleichterungen haben überleben können. Seit die brasilianische Regierung die Vergünstigungen aufgehoben hat, hat sich eine Reihe von Unternehmen aus dem Ranchgeschäft zurückziehen müssen – ein deutlicher Hinweis, daß die Weidewirtschaft letztlich kaum eine standortgerechte Nutzungsform für die feuchten Tropen darstellt, trotz unzweifelhafter Erfolge der tropischen Futterpflanzenforschung und Veterinärmedizin.

Diese Feststellung gilt allerdings nur für die Tiefländer. In den feuchttropischen *Hochländern* herrschen dagegen erheblich günstigere Bedingungen. Neben den gemäßigteren Temperaturen wirkt sich hier die verminderte Zahl von Zecken und anderen Krankheitsüberträgern (speziell in Afrika das Fehlen der Tse-Tse-Fliege!) sowie die bessere Qualität der vorherrschenden Gräser positiv auf die Weidewirtschaft aus. Importierte Grasarten und andere Futterpflanzen aus den gemäßigten Breiten können problemlos angebaut werden. Besonders in den andinen Hochländern Lateinamerikas sind große Flächen extensiv genutzter Naturweiden in produktive Kunstweiden umgewandelt worden, die bis zu vier Rinder pro Hektar ganzjährig ernähren können (FRANKE und PÄTZOLD 1986). Selbst eine *intensive Milchviehwirtschaft* mit friesischen Hochleistungskühen konnte in einigen Fällen erfolgreich etabliert werden, z. B. in einigen Andenländern, in Costa Rica oder in Kenia. Dies setzt allerdings sehr gut funktionierende Organisationsformen für das Sammeln, Transportieren und Verarbeiten der empfindlichen Milch, einen effizienten Veterinärdienst und gute Markterreichbarkeit voraus.

3.5   Waldnutzung und Forstwirtschaft

a) Nutzung durch die Holzwirtschaft
Die vermeintliche Üppigkeit der tropischen Feuchtwälder verleitet leicht zu der Annahme eines enormen forstwirtschaftlichen Potentials. Dieses ist aber keineswegs der Fall. Zwar weisen insbesondere die Tieflandwälder der dauerfeuchten Tropen eine sehr große *Bruttoproduktion* auf, wegen der hohen nächtlichen Atmungsverluste ist allerdings der *Nettoertrag* eines tropischen Regenwaldes kaum größer als der eines mitteleuropäischen Buchenwaldes (WINDHORST 1978).

Besonders nachteilig wirkt sich der große Artenreichtum für die Holzwirtschaft aus. Er ist der Grund dafür, daß nur etwa 5–10 % des Regenwaldholzes überhaupt wirtschaftlich genutzt werden können (*Lanly* 1981). In der Praxis bedeutet dies, daß pro Hektar nur wenige Baumexemplare tatsächlich verwertbar sind (selektive Nutzung).

Insgesamt beträgt der Anteil feuchttropischer Hölzer an dem Gesamtholzertrag der Erde nur rund zehn Prozent. Das weitaus meiste Holz stammt aus den Nadelwäldern der Nordhalbkugel. Gleichwohl stellt der Holzexport für eine Reihe von Ländern in den feuchten Tropen eine wichtige Devisenquelle dar. Zum überwiegenden Teil stammt das Tropenholz auf dem internationalen Markt aus den Regenwäldern *Südostasiens*. Obwohl sich in dieser Region nur knapp ein Viertel der gesamten Regenwaldbestände der Erde befindet, stieg der Anteil an den gesamten tropischen Holzexporten zwischen 1960 und 1987 von 60 auf 88 % (GRAINER 1993). Haupteinschlagsgebiet ist die *Insel Borneo*, mit dem indonesischen Teil Kalimantan und den malaysischen Teilen Sarawak und Sabah. Allein von dieser Insel stammt z. Z. mehr als die Hälfte der gesamten Tropenholzexporte. Über den Holzhafen von Sandakan (Sabah) wurden zeitweilig bis zu 25 % des Weltexports abgewickelt (UHLIG 1988). Eine ähnlich bedeutende Position nimmt der Hafen von Samarinda in Ostkalimantan ein.

Die holzwirtschaftliche Attraktivität der Regenwälder Südostasiens hat mehrere Gründe. Der Hauptgrund ist die große Dichte von Bäumen aus der Familie der *Dipterocarpaceen* (Kap. 2.5.1), die ein besonders wertvolles Nutzholz liefern, vor allem die Gattungen Shorea *("meranti")* und Dryobalanops *("kapur")*. Meranti hat sich wegen seiner Resistenz gegenüber Schimmel als hervorragendes Material für den Bau von Fensterrahmen bewährt. Deshalb werden die Wälder Südostasiens relativ intensiv genutzt. Im Schnitt kalkuliert man mit fünf bis zehn verwertbaren Baumexemplaren pro Hektar, während in den afrikanischen und amazonischen Regenwäldern im allgemeinen nur ein bis drei Stämme pro Hektar für die Holzwirtschaft interessant sind. Ein weiterer großer Vorteil Südostasiens ist die günstige Transportlage zu den Hauptimporteuren von Tropenholz, nämlich Japan und Südkorea.

Der Anteil *Afrikas* am Weltexport sank von 35 % im Jahre 1960 auf 9 % im Jahre 1987. Über die Hälfte der afrikanischen Hölzer stammt aus der Elfenbeinküste und aus Ghana. Dagegen steuert Zaire, das nach Brasilien über die ausgedehntesten Regenwaldbestände der Erde verfügt, nur etwa 0,5 % zum Tropenholzexport bei. Das liegt außer an der relativ geringen Anzahl verwertbarer Stämme pro Flächeneinheit vor allem an den ungünstigen Transportbedingungen auf dem Kongo-Fluß mit seinen vielen Stromschnellen.

Der Anteil *Lateinamerikas* an den Tropenholzexporten ist schon seit längerem sehr gering, obwohl sich in Amazonien die weitaus größten geschlossenen Regenwaldareale der Welt befinden. Er sank zwischen 1960 und 1987 von 5 auf 3 % (GRAINGER 1993). Die geringen Exporte werden allerdings durch eine stetig wachsende Inlandnachfrage aufgewogen. Große Mengen von Tropenholz aus dem brasilianischen Amazonien wandern in den dichtbesiedelten Süden Brasiliens. Man nimmt jedoch an, daß in den kommenden Jahren die lateinamerikanischen Länder stärker auf den Weltmarkt drängen werden, weil die südostasiatischen Holzvorräte zur Neige gehen. Schon sind die ersten ostasiatischen Holzgesellschaften dabei, den lateinamerikanischen Holzmarkt zu erkunden.

b) Nichtholzprodukte

Außer Holz liefern die tropischen Regenwälder noch eine Fülle anderer Produkte, die zum einen von der lokalen Bevölkerung für vielfältige Zwecke genutzt, zum anderen aber auch vermarktet werden können.

An erster Stelle sind die *Heilpflanzen* zu nennen, die im traditionellen Gesundheitswesen vieler Tropenvölker noch immer eine überragende Rolle spielen. So nutzen z. B. die Kenyah in Ostkalimantan auf Borneo über 200 verschiedene Regenwaldpflanzen für medizinische Zwecke (CLEARY und Eaton 1992). Auch in den Industrieländern hat durch die erhöhte Nachfrage nach homöopathischen Heilmitteln das Interesse an Heilpflanzen aus den tropischen Regenwäldern deutlich zugenommen. Ein Beispiel ist Prunus africana, ein mittelhoher Baum, aus dessen Rinde ein Extrakt zur Behandlung von Prostataerkrankungen gewonnen wird. Das Sammeln der Rinde aus den Wäldern am Kamerunberg sowie in Teilen Madagaskars verschafft der dortigen lokalen Bevölkerung ein wichtiges Zusatzeinkommen (S. WALTER 1996; SCHRÖDER 1997).

Inzwischen erkennen immer mehr Pharmakonzerne den potentiellen Wert des Regenwaldes, wie z. B. der amerikanische Konzern Merck, der in Costa Rica ganze Regenwaldareale für pharmazeutische Zwecke „gepachtet" hat.

Neuerdings haben auch andere Industriesparten den Regenwald als mögliche Rohstoffquelle ins Auge gefaßt. Gefragt sind Aromastoffe für Parfums und Seifen, ferner Naturfarben, Fasern, Öle usw. Die Firma Daimler Benz finanziert z. Z. den Aufbau einer Musterplantage bei Belem (Amazonien), um den Einsatz verschiedener Faser- und Farbpflanzen für den Automobilbau zu erkunden.

Aus dem schon genannten *Rattan* (Kap. 2.5.1) lassen sich haltbare Korbmöbel herstellen, die sich auf dem internationalen Möbelmarkt einer großen Nachfrage erfreuen. Laut „Statistik Indonesia" (1991) exportierte Indonesien Ende der 80er Jahre ca. 150 000 t Rattan im Wert von knapp 100 Mio. Dollar. Zunehmend wird das Material in den Erzeugerländern selbst zu Möbeln verarbeitet. Bis vor kurzem wurde Rattan noch ausschließlich in den Regenwäldern gesammelt. Da jedoch die begehrtesten Arten nicht mehr so schnell nachwachsen können, wie sie ausgebeutet werden, hat man inzwischen mit der Anpflanzung von Rattan begonnen (SOEPADMO 1995).

Besondere Beachtung verdienen auch die vielen *Fruchtbäume* in den Regenwäldern, obwohl viele davon seit langem von der lokalen Bevölkerung in Hausgärten oder Kleinpflanzungen kultiviert werden (Kap. 3.3.1).

Hinzu kommen eine Fülle weiterer nutzbarer Produkte, wie Pilze, Knollen, Nüsse, Bambus, Wildkautschuk (darunter Jelutong als Grundlage für Kaugummi), Harze (z. B. Damar als Dichtmaterial und zur Herstellung von Lacken), Baumbast, Fasern, Gerbstoffe, Gifte (z. B. Curare als Pfeilgift zum Jagen) usw.

Schließlich existieren im Regenwald zahlreiche potentielle Zierpflanzen, wie z. B. Orchideen, von denen allein in Südostasien über 6500 Arten existieren (SOEPADMO 1995).

c) Ist eine nachhaltige Nutzung tropischer Regenwälder möglich?
Angesichts der weltweit eskalierenden Tropenwaldzerstörung (s. Kap. 4.2) gewinnt die Frage, inwieweit die Regen- und Monsunwälder in den feuchten Tropen überhaupt nachhaltig genutzt werden können, immer mehr an Gewicht. Einigkeit besteht darin, daß die Wälder in allen Teilen der feuchten Tropen schon immer vom Menschen genutzt und auf diese Weise bis zu einem gewissen Grad auch verändert worden sind. Die Frage lautet deshalb nicht so sehr, *ob* man tropische Feuchtwälder nutzen darf, sondern vielmehr, *wie* dies geschehen sollte. Welche Nutzungsformen kann man noch verantworten und welche nicht mehr?

Die Ansichten hierüber variieren beträchtlich. Auf der einen Seite steht die Ansicht mancher Naturschützer, die Wälder der feuchten Tropen seien ein nicht regenerierbares Naturgut, das am besten gar nicht angetastet werden sollte. Dieser Auffassung widersprechen jedoch die meisten Forstleute, nach deren Ansicht ein Regenwald sehr wohl fachgerecht genutzt und gepflegt werden könne (BRUENIG 1991). Manche Völkerkundler gehen noch weiter und akzeptieren sogar den traditionellen Wanderfeldbau (Kap. 3.3.2) als vertretbaren Eingriff.

Die Beantwortung dieser Frage hängt auch davon ab, ob man unter forstwirtschaftlicher Nutzung lediglich die Entnahme von *Holz* versteht oder ob man die Gewinnung der vielen *Nichtholzprodukte* mit einbezieht. Nach BURGER (1991) gibt es z. Z. noch keinen Nachweis dafür, daß eine nachhaltige Regenwaldnutzung ausschließlich zum Zwecke der Holzproduktion möglich ist. Zu gering wäre die zulässige Holzmenge pro Flächeneinheit, die nur etwa 1–3 m³/ha/Jahr betragen dürfte. Bei einer so geringen Ausbeute kann eine Holzproduktion kaum wirtschaftlich sein, vor allem so lange nicht, wie durch Raubbau aus den noch existierenden natürlichen Regenwäldern Holz weit kostengünstiger entnommen werden kann, als dies durch eine nachhaltige Holzproduktion möglich wäre (BURGER 1991). So beläuft sich die Holzentnahme aus den Regenwäldern der Philippinen inzwischen auf annähernd 90 m³/ha/Jahr

(GRAINGER 1993). Nur wenn neben der Holznutzung auch andere Erzeugnisse in die Berechnung mit einbezogen werden, könnte eine nachhaltige Nutzung der feuchttropischen Regenwälder wirtschaftlich profitabel sein.

d) Wiederaufforstung (Holzpflanzungen)
Selbstverständlich ließe sich der Holzbedarf auch durch *Holzpflanzungen* decken, die aber in den feuchten Tropen erst vereinzelt existieren. Schon aus wirtschaftlichen Gründen werden sich Aufforstungen – ähnlich wie die nachhaltige Waldbewirtschaftung – so lange nicht durchsetzen, wie der Raubbau an noch vorhandenen Primärwäldern kostengünstiger ist. Lediglich für bestimmte Zwecke, etwa für die Herstellung von Holzkohle oder Papier, sind Holzpflanzungen schon heute konkurrenzfähig.

Oft scheitert eine Wiederaufforstung an besitzrechtlichen Fragen. Auf einer einmal entwaldeten Fläche bestehen immer *traditionelle Besitzrechte* der lokalen Bevölkerung. Ohne deren ausdrückliches Einverständnis und aktiven Teilnahme ist eine erfolgreiche Wiederaufforstung undenkbar. Aus diesem Grunde hat in den letzten Jahren die Idee der *„sozialen Forstwirtschaft"* verstärkt Beachtung gefunden. Eine Akzeptanz ist aber auch hierbei nur dann erreichbar, wenn die Aufforstungsmaßnahmen für alle Beteiligten eindeutig Aussicht auf Gewinn versprechen.

Versuche, die Bevölkerung in Aufforstungsmaßnahmen mit einzubinden, hat es schon zur Kolonialzeit gegeben. So führte z. B. der Deutsche D. BRANDIS, der spätere Direktor des britisch-indischen Forstdienstes, bereits ab 1856 einen kombinierten land-forstwirtschaftlichen Anbau mit Teakbäumen bei den Karen-Völkern in Burma ein, der unter dem Begriff *„Taunggya-Wirtschaft"* bekannt wurde (UHLIG 1988). Den wanderfeldbautreibenden Karen wurden von den Forstbehörden Teaksetzlinge zur Verfügung gestellt, die diese (ähnlich wie Jahrzehnte später die Kautschukbauern auf Borneo und Sumatra!) zwischen die Reispflanzen auf ihren Wanderfeldflächen pflanzten. Nach zwei- bis dreijähriger Subsistenznutzung gingen diese Felder, statt brachzufallen, gegen eine Prämie in den Besitz der staatlichen Forstbehörden über. In ähnlicher Weise wurden unter holländischer Kolonialherrschaft die ausgedehnten Teakforsten in Zentral- und Ostjava (dort unter der Bezeichnung *„tumpang sari"*) angelegt. Trotz ihrer ökologischen Nachhaltigkeit konnten diese land-forstwirtschaftlichen Projekte in sozioökonomischer Sicht nicht überzeugen, da sie die lokalen Bauern infolge der langen Wachstumszeit des Teakbaumes von 40–50 Jahren von ihrem angestammten Platz verdrängten und letztlich doch nur forstlichen Interessen dienten. Die Bauern wurden praktisch zu bloßen Angestellten degradiert.

Aufgrund der wachsenden Kritik an der Regenwaldabholzung besann man sich ab den 70er Jahren erneut auf die Möglichkeit der Baumpflanzungen. Nach Angaben der FAO (1982) existierten Anfang 1980 in den feuchten Tro-

pen gut 7,7 Mio. ha aufgeforsteter Flächen (davon über die Hälfte in Lateinamerika, etwa ein Drittel in Asien und nur 9 % in Afrika). Anstelle des zwar
wertvollen, aber zu langsam wachsenden Teakbaumes (Bild 33), bevorzugt
man heute schnell wachsende Baumarten, wie *Eukalyptus, Kasuarinen* und
Kiefern, die in kurzer Zeit hohe Holzerträge liefern. Derartige Baumarten
kann man in den feuchten Tropen teilweise schon nach sieben Jahren fällen.
Das bedeutet freilich auch, daß dem Boden in kurzer Zeit große Mengen an
Mineral- und Nährstoffen entzogen werden. Einzeluntersuchungen haben
ergeben, daß schon nach einer einzigen Baumgeneration rund die Hälfte der
Bodennährstoffe aufgebraucht waren (BMFT 1995). Da die meisten Böden
der feuchten Tropen von Natur aus ohnehin arm an Nährstoffen sind, muß
man damit rechnen, daß solche Holzplantagen schon nach wenigen Anbau-
zyklen unrentabel werden. Hinzu kommt, wie stets bei Monokulturen, die
stete Gefahr des Schädlings- und Krankheitsbefalls. Diese Erfahrung mußte
in den 70er Jahren auch der amerikanische Unternehmer DANIEL LUDWIG mit
seinem berühmten *Jari-Projekt* machen. In dem bislang wohl spektakulärsten
Versuch, in den feuchten Tropen eine Holzplantage zur Papierherstellung
anzulegen, erwarb er in der Jari-Region am unteren Amazonas eine Fläche
von 1,6 Mio. ha. Bis 1985 waren 75 000 ha bepflanzt, hauptsächlich mit
Eukalyptusarten und Kiefern. Unerwartet rascher Produktionsnachlaß, dazu
massiver Befall von Krankheiten und Insekten, zwangen den Amerikaner
jedoch schon bald zur Aufgabe (FEARNSIDE 1988).

Viele Experten stehen heute auf dem Standpunkt, daß ein Ersatz von Natur-
wäldern durch Baumplantagen nicht nur ökologisch bedenklich, sondern auch
in ökonomischer Sicht unsinnig ist. Wo allerdings ohnehin kein Wald mehr
existiert und das Gelände bereits derart degradiert ist, daß weder eine landwirtschaftliche Produktion noch eine Wiederbewaldung mit den ursprünglichen Baumarten möglich ist, kann eine Baumplantage durchaus sinnvoll sein.
Derartig degradierte Landstriche, die dafür in Frage kommen, sind inzwischen
in den feuchten Tropen weit verbreitet. Selbst die oft kritisierte Aufforstung
mit Eukalyptusarten kann auf solchen Flächen gute Dienste leisten, wie LÖFF-
LER (1994) dies am Beispiel von Nordostthailand nachweist. Hinzu kommt,
daß durch den rapide zunehmenden städtischen Bedarf an Holzkohle, Feuerholz und Nutzholz die Gewinnaussichten für Holzpflanzungen in der Nähe
von Metropolen, wie z. B. Bangkok, stetig zunehmen. Natürlich spielen hierbei die schnellwachsenden Weichhölzer, allen voran der Eukalyptus, die
Hauptrolle. Dagegen steht die Aufforstung von tropischen Edelhölzern, wie
z. B. Teak, weit zurück. Nach Schätzungen von GRAINGER (1993) stammt
gegenwärtig nur 1 % der gesamten tropischen Edelholzproduktion aus Aufforstungen, ein Anteil, der auch in den kommenden Jahrzehnten kaum über 5 %
hinauswachsen kann, da die entsprechenden Baumarten oftmals über 40 Jahre
bis zur Schlagreife benötigen. Eine interessante Rolle dürfte in Zukunft dem

Kautschukbaum zukommen, der neben dem Gummi auch wertvolles Holz liefert, das nach Auskunft der Forstbehörden in Malaysia eines Tages die Gummigewinnung an Bedeutung übertreffen könnte.

e) Agroforstwirtschaft

Agroforstwirtschaft ist ein Sammelbegriff für eine Vielzahl traditioneller und moderner Strategien zur integrierten Bewirtschaftung land- und forstwirtschaftlicher Nutzpflanzen (MAYDELL 1991). In der Hauptsache handelt es sich dabei um mehrjährige Baum- und Strauchkulturen. Insofern entspricht „Agroforestry" weitgehend dem schon geschilderten Anbau von Dauerkulturen. Allerdings sind Mischanbau und Artenvielfalt wichtige Kriterien. Außerdem schließt Agroforstwirtschaft auch den Anbau einjähriger Nutzpflanzen unter den Dauerkulturen mit ein.

Der Prototyp agroforstlicher Landnutzung in den feuchten Tropen sind die Hausgärten, die vor allem in Südostasien fest in der traditionellen Landbewirtschaftung verankert sind. Man trifft sie aber auch bei einigen Völkern Afrikas und Lateinamerikas an. Außer den Hausgärten im engeren Sinn unterscheidet MAYDELL (1991) noch die sog. *„Waldgärten"*, die in einiger Siedlungsferne im Übergangsbereich zum Wald liegen. Diese Waldgärten spielen in den modernen Konzepten zum Schutz der Regenwälder als sogenannte *„Pufferzone"* eine wichtige Rolle.

Außer durch ihre Artenvielfalt zeichnen sich die Hausgärten durch ihren stockwerkartigen Aufbau aus, wodurch eine beachtliche Steigerung der Flächenproduktivität erreicht wird. Darüber hinaus beeindruckt die Vielfalt der Produkte: Außer Nahrungs- und Genußmitteln lassen sich Viehfutter, Heilmitteln, verschiedene Roh- und Werkstoffe, sowie Bau- und Brennholz gewinnen. In ökologischer Sicht sind die positiven Wirkungen auf das Mikroklima, den Wasserhaushalt, den Boden und die genetischen Ressourcen besonders hervorzuheben. Ähnlich wie die bewässerten Naßreisfelder liefern auch Hausgärten den Beweis, daß nachhaltige und intensive Landnutzung in den feuchten Tropen durchaus möglich ist.

3.6   Fischerei und Teichwirtschaft

Fisch bildet für viele Bewohner der feuchten Tropen die Hauptquelle von tierischem Eiweiß. Weltweit entfallen ca. 90 % der Fangerträge auf die *Seefischerei,* der Rest stammt aus Binnengewässern (MANSHARD und MÄCKEL 1995). Während die Seefischerei heute weitgehend modernisiert ist, wird die *Binnenfischerei* vielfach noch mit traditionellen Fangmethoden betrieben.

In vielen Ländern hat der Bau von Staudämmen die traditionelle Binnenfischerei erheblich beeinträchtigt. Hinzu kommt die starke Abnahme der

Bestände durch Überfischen, zum einen durch Bevölkerungswachstum, zum anderen aber auch durch unerlaubte Fangtechniken mit engmaschigen Netzen, Dynamit usw. Dies hat zu einer Verknappung des Fischangebots und somit zu einer Verteuerung von Fisch geführt. Während früher der Fisch vielfach als billige Eiweißquelle galt, ist er inzwischen für große Teile der armen Bevölkerung kaum noch erschwinglich (MANSHARD und MÄCKEL 1995).

Um das immer knapper werdende natürliche Angebot an Fischen zu erhöhen, hat sich der Mensch mehr und mehr auf die *Teichwirtschaft* (Aquakultur) verlegt, für die in den feuchten Tropen sehr günstige natürliche Voraussetzungen gegeben sind. Den Anfang machten die Völker in den asiatischen Tropen, wo die Nachfrage am größten ist. Dort ist auch heute mit ca. 85 % der größte Teil der Aquakulturproduktion der Welt konzentriert (PULLIN, ROSENTHAL, MACLEAN 1993). Eine asiatische Spezialität ist die *kombinierte Reis-Fischkultur,* bei der die Fische in den überfluteten Naßreisfeldern gehalten werden. Diese Form der Fischzucht ist allerdings durch den Pestizideinsatz im modernen Reisbau und wegen der verkürzten Vegetationszeit der neuen Reiszüchtungen in den letzten 30 Jahren stark zurückgegangen. Darüber hinaus sind vor allem in den Mangrovengebieten der Flachküsten ausgedehnte Brackwasserfischteiche angelegt worden. Bei der traditionellen Brackwasserteichwirtschaft ging es noch in erster Linie um die Anzucht von Fischen, wie z. B. dem Milchfisch, für die Eigenversorgung.

Inzwischen ist aus der subsistenzorientierten Brackwasserfischzucht eine weltmarktorientierte, *kapitalintensive Aquakultur mit Krabben und Garnelen* geworden. Besonders drastisch vollzieht sich diese sog. *„Blaue Revolution"* zur Zeit an den Küsten Thailands. Dort setzte der Boom im Jahre 1986 mit der Einführung von Riesengarnelen („tiger prawns") ein (UTHOFF 1994). Innerhalb weniger Jahre hat sich Thailand zum weltgrößten Produzenten und Exporteur tiefgefrorener Garnelen entwickelt. Die thailändische Garnelenzucht zeichnet sich durch ein professionelles Management mit hohem Kapitaleinsatz und ausgefeilten Produktionstechniken aus. Während der Durchschnittsertrag bei der traditionellen extensiven Garnelenzucht der 70er Jahre noch zwischen 0,1 und 0,3 t/ha/Jahr geschwankt hatte, ist er inzwischen bei über 2,5 t/ha/Jahr angelangt. Einige Betriebe in Südthailand erzielen sogar Spitzenerträge von knapp 10,0 t/ha/Jahr. Entgegen verbreiteter Ansicht hat die Intensivierung der Aquakultur in Thailand nur einen relativ kleinen Teil der Mangrovenbestände vernichtet. Der größere Teil wurde der Holz- und Holzkohlegewinnung geopfert (Kap. 2.5.3). Dafür haben Überdüngung, giftige Chemikalien und organische Abfallstoffe inzwischen zu einer Verunreinigung der küstennahen Gewässer und damit zu einer Gefährdung der natürlichen Ressourcen ganzer Küstenabschnitte des Küstenraumes geführt (UTHOFF 1994). Von ähnlichen Entwicklungen in Ecuador berichtet JORDAN (1991).

4 Aktuelle Entwicklungen und Entwicklungsprobleme

4.1 Neulanderschließung und Pioniersiedlung (Agrarkolonisation)

In den feuchten Tropen sind wir derzeit Zeuge eines in diesem Ausmaß und in dieser Geschwindigkeit noch nie dagewesenen Ansturms auf bislang unerschlossene Landareale. Betroffen sind in erster Linie die Regenwälder. UHLIG (1988) nennt diese Bewegung einen säkularen Prozeß, der an Umfang und Konsequenzen mit der mittelalterlichen Rodungskolonisation in Mitteleuropa und der Kolonisation des nordamerikanischen Westens im 19. Jahrhundert vergleichbar ist. Der Grund für die Attraktivität ausgerechnet der feuchten Tropen liegt darin, daß hier noch ausgedehnte und über weite Strecken nur sehr dünn besiedelte Regenwaldgebiete existieren, die – zu Recht oder zu Unrecht – als die letzten noch unbesetzten und unausgebeuteten Landreserven also gleichsam als „die letzte Pionierfront" der Erde gelten.

Als wichtigste Anschubskraft wird immer wieder auf das rasche *Bevölkerungswachstum* hingewiesen und damit auf den Zwang, den immer enger werdenden Nahrungsspielraum über die bestehenden Siedlungsgebiete hinaus in die peripheren Waldgebiete hinein auszudehnen. Tatsächlich sind Ursachengefüge und Zusammensetzung der Akteure jedoch weitaus komplexer. Mindestens ebenso wichtige Faktoren wie das Bevölkerungswachstum sind:

- der Zwang ganzer Volkswirtschaften zur *Devisenbeschaffung* und *Schuldenrückzahlung;*
- die steigende *Weltmarktnachfrage* nach bestimmten Agrarprodukten (z.B. Soja, Tapioka, Rindfleisch usw.);
- der Wunsch vieler Regierungen nach wirtschaftlicher *Integration* bzw. nach strategischer *Kontrolle* über unerschlossene Gebiete in der Peripherie;
- vereinfachte Rodung und effizientere Bodenbearbeitung durch *Mechanisierung;*
- verbesserte *Verkehrserschließung* und Marktanbindung peripherer Räume;
- *Landspekulation.*

Entsprechend heterogen ist die Zusammensetzung der beteiligten *Akteure*. Diese beschränkt sich keineswegs auf „landhungrige" Kleinbauern oder Landarbeiter, sondern umfaßt eine Vielzahl weiterer, höchst unterschiedlicher sozialer Gruppen mit oftmals konkurrierenden Interessen, wie z. B. Großgrundbesitzer, Landspekulanten, Unternehmer aus der Holz- und Plantagenwirtschaft, Ranchbesitzer, Bergbaugesellschaften sowie das Heer kleiner „Glücksritter", z. B. Goldsucher oder Kautschuksammler. Sie alle konkurrieren, nicht selten gewaltsam, um die Aufteilung des verbliebenen „Kuchens". Die ursprünglichen Bewohner dieser Waldgebiete, meist kleine und räumlich versprengte Gruppen ethnischer Minderheiten werden abgedrängt. Ihnen bleibt nur die Wahl, sich entweder mit den Gegebenheiten abzufinden oder zu weichen.

Die Haltung der betroffenen Länderregierungen ist sehr unterschiedlich. Sie reicht von aktiver Unterstützung (wie bis vor einigen Jahren in Brasilien oder in Malaysia) über weitgehende Duldung (wie lange Zeit in Indonesien) bis hin zu absolutem Verbot der Waldrodung mit schwerster Strafandrohung (wie seit einiger Zeit in Thailand).

Einige Regierungen sind bemüht, den Kolonisationsprozeß in geordnete Bahnen zu lenken und ihn zumindest teilweise planmäßig zu organisieren. So gibt es heute zwei grundsätzlich verschiedene Kolonisationsformen, nämlich:
1. die *staatlich gelenkten* Landerschließungs- und Umsiedlungsprogramme;
2. die *spontanen* Kolonisationsprozesse unorganisierter, individueller Pioniersiedler.

Eine der beiden Formen oder eine Kombination von beiden gibt es heute wohl in allen Ländern der feuchten Tropen, wo noch Landreserven existieren. Einige besonders erwähnenswerte und relativ gut dokumentierte Beispiele sollen im folgenden vorgestellt werden.

4.1.1 Agrarkolonisation in Amazonien

a) Gelenkte Kolonisation entlang der Transamazonica-Straße und in Rondonia

Ein anschauliches Beispiel für die Probleme der planmäßigen Erschließung tropischer Regenwaldgebiete stellt das Transamazonica-Projekt in Brasilien dar, über dessen Entwicklung und Probleme KOHLHEPP (1976) umfassend berichtet hat. Um die riesigen Regenwaldgebiete Amazoniens in den Wirtschaftskreislauf des Landes einzubinden, sowie die nationalen und strategischen Interessen über diesen Raum abzusichern, faßte die brasilianische Regierung Ende der 60er Jahre den Entschluß, der bereits bestehenden Süd-Nord-Achse Brasilia-Belem eine Ost-West-Achse über eine Gesamtlänge von fast 5000 km quer durch das unerschlossene Amazonien hinzuzufügen. Ein weiterer Anlaß war eine besonders schlimme Dürre in dem relativ dichtbesiedelten und als „Armenhaus" bekannten Nordosten Brasiliens im Jahre 1970. Der Bau der Transamazonica sollte den Betroffenen nicht nur einen neuen Lebensraum („Land ohne Menschen für Menschen ohne Land") eröffnen, sondern auch als Ersatz für versäumte und längst überfällige Agrarreformen im Nordosten dienen.

Die hochgesteckten Erwartungen wurden nie erfüllt. Zwar wurde die Straße gebaut; sie blieb jedoch über weite Strecken ohne Asphaltdecke und war somit in den Regenzeiten kaum passierbar. Einzelne Abschnitte verfielen rasch wieder und sind heute nur noch während der Trockenzeit oder gar nicht mehr befahrbar.

Das eigentliche Kolonisationsprogramm beschränkte sich auf den etwa 1100 km langen Abschnitt zwischen Itaituba (am Rio Tapajos) und Marabá (am Rio Tocantis; s. Diercke Weltatlas 1996, S. 213①). Hier wurden beiderseits der Straße Korridore von je 100 km Breite für die Kolonisten bereitgestellt, wobei die ersten 10 km für „Kleinbauern" mit Betriebsgrößen von je 100 ha und die restlichen 90 km für Mittelbetriebe bis zu 3000 ha vorgesehen waren. (Man vergleiche dies mit der durchschnittlichen Betriebsgröße von nur 2–3 ha in den indonesischen Transmigrasi-Projekten im folgenden Abschnitt!) Jenseits der 100 km-Linie konnten sich auf Antrag private Ranchbetriebe oder Forstprojekte mit Flächenansprüchen von bis zu 50 000 ha niederlassen. Ein ausgeklügeltes Netz zentraler Orte von Unterzentren (*Agrovilas*) über Mittelzentren (*Agropolis*) bis zu Oberzentren (*Ruropolis*) sollte die Serviceleistungen übernehmen. Das Programm blieb weit hinter den Erwartungen zurück: Statt der ursprünglich geplanten 1 Mio. Familien wurden nur etwa 7000 Familien, also nicht einmal 1 % (!), tatsächlich umgesiedelt. Allerdings kamen eine Vielzahl spontaner Pioniersiedler aus verschiedenen Landesteilen Brasiliens hinzu. Auch das Netz der zentralen Orte blieb bis heute mehr als lückenhaft. Von den 16 geplanten Mittelzentren funktioniert lediglich eines wie vorgesehen (KOHLHEPP 1976).

Als Erklärung für das Scheitern des Transamazonica-Kolonisationsprogramms werden oftmals *ökologische Gründe,* insbesondere die mangelhafte Bodenqualität, herangezogen (WEISCHET und CAVIEDES 1993). Sicherlich hat dies eine Rolle gespielt. Man muß sich aber fragen, ob nicht auch *andere Mängel* wie unzureichende Beratung der Siedler, fehlende Absatzmöglichkeiten für Marktprodukte, Gesundheitsprobleme und unangepaßte landwirtschaftliche Produktionsformen einen ebenso großen Anteil an dem Mißerfolg gehabt haben. Hinzu kam bei zahlreichen Siedlern eine offenbar weit überzogene Erwartungshaltung, die sich in Gehöfts- und Siedlungsnamen wie „Novo Paraiso", „Gran Esperanca" oder „El Dorado" widerspiegelt. Derartig hochgeschraubte Hoffnungen konnten nur enttäuscht werden.

Diese Frage stellt sich deshalb, weil nicht nur in anderen feuchttropischen Ländern wie Malaysia (s. u.), sondern auch in anderen Teilen Brasiliens unter ähnlichen ökologischen Voraussetzungen, aber anderen organisatorischen Rahmenbedingungen recht erfolgreiche Kolonisationsprozesse stattgefunden haben, wie z. B. die Kolonie Tomé-Açu südlich von Belem, wo japanische Pioniersiedler mit dem Anbau von Pfeffer einen dauerhaften Erfolg erzielten (KOHLHEPP 1976).

Im Verlauf der 70er Jahre unternahm Brasiliens staatliche Kolonisationsbehörde (INCRA) einen erneuten Anlauf für ein weiteres Landerschließungs- und Kolonisationsprojekt: das *Rondonia-Projekt,* das von COY (1988) intensiv untersucht worden ist. Der Bundesstaat Rondonia im Südwesten Amazoniens liegt naturräumlich bereits im Übergangsbereich von den dauerfeuchten zu den wechselfeuchten Tropen und ist durch eine Asphaltstraße mit den Wirtschaftszentren Südbrasiliens verbunden, weist also deutlich bessere Voraussetzungen auf, als das Gebiet entlang der Transamazonica. Bis Mitte der 80er Jahre wurden an knapp 50 000 Familien Landparzellen von 50–100 ha verteilt. Das entsprach einer Fläche von der Größe Nordrhein-Westfalens. Hinzu kam noch ein Mehrfaches an spontanen Zuwanderern, so daß sich die Einwohnerzahl seit 1970 von unter 100 000 auf über 1 Mio. mehr als verzehnfachte und der Region einen regelrechten „Entwicklungsboom" bescherte. Gleichwohl ist auch Rondonia für die meisten Siedler nicht zu dem erhofften „El Dorado" geworden. Neben ökologischen Handicaps waren in erster Linie soziale und ökonomische Probleme dafür verantwortlich, wie Besitzkonzentration, die Ausbreitung der extensiven Rinderhaltung und die kontroverse Interessenlage so unterschiedlicher Gruppen wie landloser Migranten, Ranchbesitzer, Landspekulanten, Gold- und Zinnwäscher, Sägereibesitzer sowie der indigenen Bevölkerung. Konflikte konnten so nicht ausbleiben und zahlreiche Siedler sahen sich gezwungen, ihr Land aufzugeben und weiterzuwandern (COY 1988, 1991).

b) Spontane Agrarkolonisation im brasilianischen Amazonien

Trotz der Fehlschläge der staatlich gelenkten Kolonisationsprojekte hatte die brasilianische Regierungspropaganda mit ihrer „Land für alle"-Kampagne eine derartige Aufbruchstimmung in der Bevölkerung geweckt, daß sich zahllose marginalisierte Landbewohner in den 70er Jahren zu einer *Massenmigration nach Amazonien* verleiten ließen (KOHLHEPP 1989). Allerdings wurden nicht nur die verarmten Bevölkerungsteile angelockt. Auch zahlreiche Kapitalanleger und Spekulanten folgten dem Ruf nach Amazonien, geködert durch äußerst attraktive Investitionensanreize in Form von Subventionen und kräftigen Steuerermäßigungen. So bot sich die Möglichkeit, in Amazonien Anlageobjekte zu erwerben, die großenteils vom Staat finanziert wurden.

Zum Prototyp derartiger Anlageobjekte wurden ab 1971 die riesigen *Rinderfarmen* (KOHLHEPP 1989; MERTINS 1991). Nach VALVERDE (1991) besaßen 1989 die 27 größten dieser „Superlatifundienbetriebe" allein 255 000 km^2 (das entspricht der Größe der alten Bundesrepublik Deutschland), also im Schnitt knapp 1 Mio. ha. Der größte Betrieb, das berühmte Jari-Projekt des Amerikaners DANIEL K. LUDWIG verfügte mit 4,6 Mio. ha über ein Areal von der Größe der Niederlande! Dagegen wirkte die vom Volkswagenwerk erworbene „Fazenda Rio Cristalino" mit knapp 140 000 ha und 90 000 Rindern fast schon klein. Das Projekt wurde im Jahr 1987 aufgegeben, nachdem die brasilianische Regierung einen Subventionsstop verfügt hatte.

Der Rodungskolonisation zur Erschließung von Weidegebieten folgte ab den 80er Jahren die *„Soja-Kolonisation"*, der die gleichen Unternehmerkreise aus Südbrasilien angehören wie der Rinder-Kolonisation (vgl. Kap. 3.3.3). Allerdings sind die Sojabetriebe mit durchschnittlich 1000 bis 3000 ha flächenmäßig wesentlich kleiner als die Ranchbetriebe. Außerdem beschränkt sich ihr Aktionsradius bislang auf die wechselfeuchten Gebiete. Zur Zeit verläuft die Pionierfront im nördlichen Mato Grosso und hat Amazonien noch nicht erreicht (COY 1991).

Neben den staatlichen Kolonisationsprogrammen übten auch private Kolonisationsprojekte (wie z. B. das schon genannte Jari-Projekt) sowie eine Reihe von *Großprojekten* im bergbaulich-industriellen Sektor eine starke Anziehungskraft auf Wanderungswillige aus. Wohl das bedeutendste Zielgebiet ist die seit 1980 bestehende Planungsregion *„Grande Carajás"* im östlichen Amazonien (Diercke Weltatlas 1996, S. 213①). Um eine der produktivsten Eisenerzminen der Welt herum gruppieren sich hier eine Reihe weiterer Großprojekte, wie z. B. eine knapp 1000 km lange Erzbahn an die Atlantikküste, ein Tiefwasserhafen für die Erzverladung bei Sao Luis, der Staudamm von Tucurui einschließlich eines Großkraftwerks, zwei Aluminiumschmelzen, mehrere kleinere Hochöfen zur Verhüttung von Roheisen und ein verzweigtes Netz von Asphaltstraßen. Allerdings konnten einige dieser Projekte den Migranten nur zeitlich befristete Arbeitsplätze bieten. So wurde z. B. mit Abschluß des Staudammprojektes von Tucurui eine ganze Stadt mit einem Schlage weitgehend funktionslos und Tausende von Migranten arbeitslos (KOHLHEPP 1987). Auch die berühmte Goldmine von „Serra Pelada", wo bis in die 80er Jahre hinein Zigtausende von Goldwäschern („garimpeiros") ihr Glück versucht hatten, wird heute nur noch von wenigen Unentwegten aufgesucht.

c) Agrarkolonisation in den östlichen Tiefländern der Andenstaaten
Auch in den amazonischen Tiefländern der vier Andenstaaten Kolumbien, Ecuador, Peru und Bolivien finden seit den 50er Jahren verstärkt Kolonisationsprozesse durch Pioniersiedler aus den dicht besiedelten Hochländern statt, die teils vom Staat gelenkt werden, teils spontan erfolgen. Vor allem in *Ostkolumbien* wird als dritter Alternative mit einer staatlichen Unterstützung

der spontanen Kolonisation experimentiert, die sich als relativ erfolgreich erwiesen hat (BRÜCHER 1977).

Besonders weit ist der Kolonisationsprozeß im *Osten Boliviens* fortgeschritten, wo neben den, meist indianischen, Hochlandbewohnern auch Ausländern die Möglichkeit geboten wurde, kostenlos Siedlungsland zu erwerben. Hiervon haben in erster Linie deutschstämmige Mennoniten und Japaner aus Okinawa Gebrauch gemacht (MONHEIM und KÖSTER 1982).

Ein politisch besonders brisanter Erschließungsprozeß ist die von MERTINS (1991) beschriebene *„Koka-Kolonisation"*.

Flächenmäßig stehen die Kolonisationsprozesse in den östlichen Tiefländern der Andenstaaten weit hinter der Kolonisation im brasilianischen Amazonien zurück, obwohl in ökologischer Sicht der breite Übergangsstreifen zwischen den Anden und dem amazonischen Tiefland zweifellos weit bessere Siedlungs- und Anbaubedingungen bietet als Zentralamazonien. Das vorrangige Problem stellt hier jedoch die schwierige Verkehrsanbindung zu den Märkten im Hochland bzw. an der Pazifikküste dar.

4.1.2   Agrarkolonisation in Tropisch-Asien

Flächenmäßig mögen die Kolonisationsprozesse in Amazonien am bedeutendsten sein, hinsichtlich der Siedlerzahl werden sie jedoch von der Agrarkolonisation in Tropisch-Asien weit übertroffen. Während die Kolonisten in Lateinamerika überwiegend die Rinderhaltung anstreben und deshalb Flächen von mindestens 100 ha für „Kleinbauern" bis weit über 100 000 ha für die großen Ranchbetriebe einplanen, handelt es sich bei den asiatischen Pioniersiedlern fast ausschließlich um Ackerbauern, die sich im allgemeinen mit Flächen von 2–5 ha zufrieden geben.

In den dicht besiedelten Ländern *Südasiens* setzte der Prozeß der Neulanderschließung schon relativ früh ein. Angesichts drohender Hungerkatastrophen ermunterte z.B. in den 50er Jahren die Regierung Indiens im Rahmen der sogenannten *„Grow More Food"-Kampagne* die ländliche Bevölkerung ausdrücklich zur Rodung von Neuland. So wurden in jener Zeit etwa 7–8 Mio. ha Waldland von kleinbäuerlichen Pioniersiedlern in landwirtschaftliche Nutzflächen umgewandelt (UN-ESCAP 1986). Auch in *Nepal* hat es derartige Prozesse durch Bewohner aus den dichtbesiedelten Gebirgszonen gegeben, die das dünnbesiedelte Tiefland des Terai kolonisiert haben (MÜLLER-BÖKER 1995).

Während in Südasien die Landreserven inzwischen weitgehend erschöpft und demzufolge die Kolonisationsprozesse abgeebbt sind, haben sie sich in den letzten 50 Jahren in *Südostasien* um so stärker entwickelt. Als einer der ersten machte PELZER (1945) darauf aufmerksam. Das gesamte Ausmaß

haben UHLIG (1984) und seine Schüler in einer umfassenden Studie beschrieben.
Auch in Tropisch-Asien kommen beide Formen, die staatlich gelenkte und die spontane Kolonisation vor. Das weitaus größte und bekannteste staatliche Umsiedlungsvorhaben ist das indonesische „Transmigrasi"-Programm. Wegen ihrer besonderen Effizienz verdienen aber auch die malaysischen Kolonisationsprojekte Beachtung. Hinsichtlich der spontanen Rodungskolonisation ist sicherlich Thailand ein besonders erwähnenswerter Fall.

a) Das staatliche „Transmigrasi"-Programm in Indonesien
Das indonesische Kolonisationsprogramm „Transmigrasi" gilt als das größte staatlich organisierte, freiwillige Umsiedlungsprogramm der Welt (ARNDT 1983). Bis 1990 sind rund eine Mio. Familien bzw. über vier Mio. Personen von den übervölkerten Inseln Java, Madura und Bali auf die dünn besiedelten Außeninseln, vorwiegend nach Sumatra verpflanzt worden (SCHOLZ 1992). Diesen schloß sich das Heer spontaner Pioniersiedler an, die den offiziellen Transmigranten gewissermaßen auf dem Fuß gefolgt sind. Vermutlich übertrifft deren Zahl die der organisierten Siedler um ein Mehrfaches (UHLIG 1984; SCHOLZ 1988a).

Als Hauptziel von „Transmigrasi" postulierte man anfangs den Abbau des *Bevölkerungsdrucks* auf Java, was sich allerdings schon bald als unrealistisch erwies (ZIMMERMANN 1975). Tatsächlich war die Bevölkerungszunahme auf Java stets weit größer als die -abnahme durch Umsiedlungen. Zum Höhepunkt der Nahrungskrise in Indonesien Anfang der 60er Jahre hatte man sich durch die Erschließung neuer Reisbauflächen im Rahmen des Transmigrasi-Programmes eine *Schließung der nationalen Nahrungslücke* versprochen. Auch diese Rechnung ging nicht auf. Das indonesische Nahrungsproblem wurde nicht durch Neulanderschließung, sondern durch Intensivierungsmaßnahmen auf den bestehenden Reisflächen im Zuge der „Grünen Revolution" gelöst (Kap. 3.3.4c). Die Transmigrationsgebiete auf den Außeninseln erzielten bis auf wenige Ausnahmen keine Reisüberschüsse, sondern mußten im Gegenteil mit Reislieferungen versorgt werden. Deshalb gilt ab den 70er Jahren als neue Legitimation für Transmigrasi die wirtschaftliche Entwicklung der indonesischen Außengebiete unter dem Motto *„Abbau regionaler Disparitäten"*. Als weiteres Ziel geht es um die Integration ethnischer Minderheiten, von offizieller Seite als „nation building" gepriesen, von Kritikern dagegen eher als „Javanisierung" der Außeninseln verurteilt. Selbstverständlich werden durch die Ansiedlung von Transmigranten in strategisch sensiblen Regionen auch sicherheitspolitische Ziele verfolgt.

Abb. 22: Umsiedlungsprojekt der frühen 60er Jahre in Zentral-Lampung (Way Seputih ▶ Gebiet) (aus SCHOLZ 1988a, S. 188)

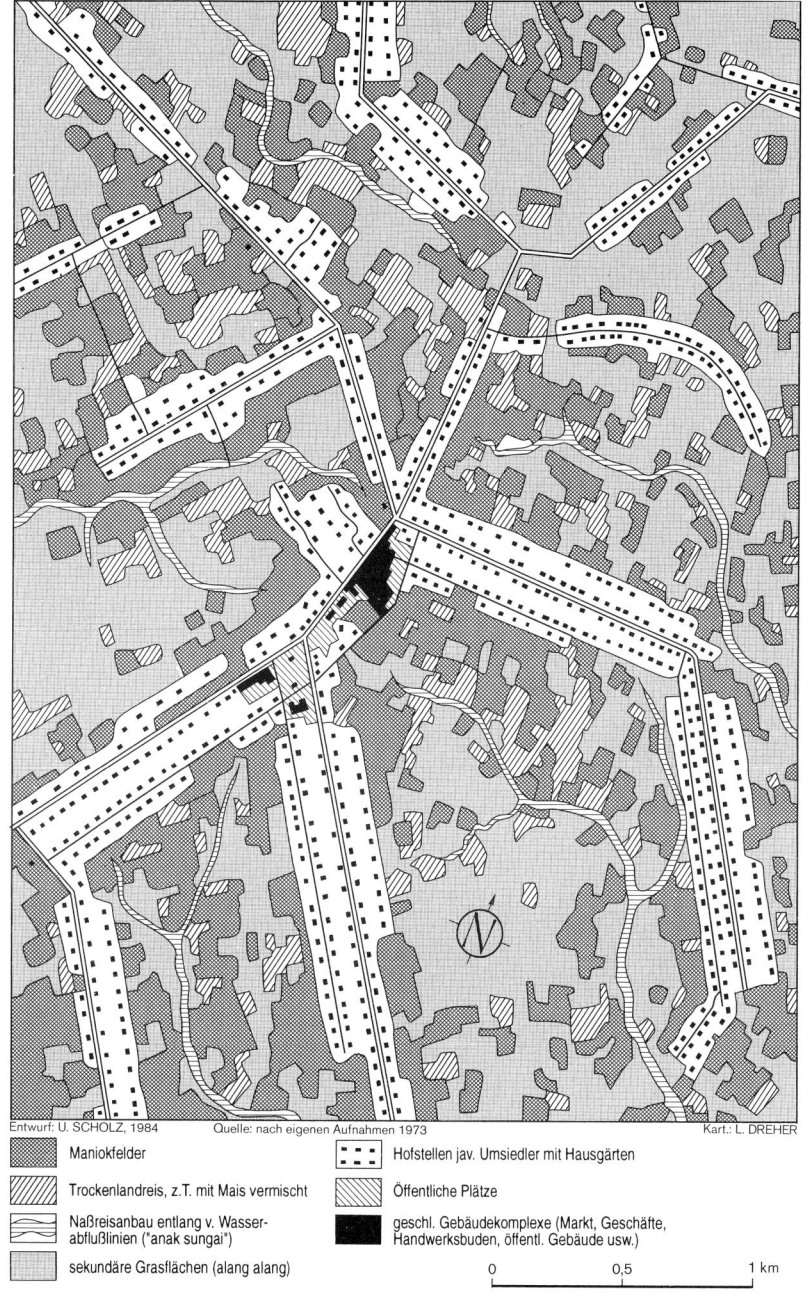

Entwurf: U. SCHOLZ, 1984   Quelle: nach eigenen Aufnahmen 1973   Kart.: L. DREHER

Maniokfelder

Trockenlandreis, z.T. mit Mais vermischt

Naßreisanbau entlang v. Wasser-
abflußlinien ("anak sungai")

sekundäre Grasflächen (alang alang)

Hofstellen jav. Umsiedler mit Hausgärten

Öffentliche Plätze

geschl. Gebäudekomplexe (Markt, Geschäfte,
Handwerksbuden, öffentl. Gebäude usw.)

0   0,5   1 km

Bei der Ankunft in ihrer neuen Heimat erwartet die Umsiedler ein einfaches Holzhaus (Bilder 24 und 25), eine Grundausstattung an landwirtschaftlichen Produktionsmitteln wie Saatgut, Dünger, Arbeitsgeräte und Beratung, dazu Nahrungsmittelrationen für ein bis zwei Jahre und als Wirtschaftsbasis durchschnittlich 2,0 ha Land (vgl. dagegen die 50–100 ha Land, die ein Kolonist in Brasilien erhält!).

Von Anfang an wurde das Transmigrasi-Programm von heftiger *Kritik,* vor allem aus den westlichen Ländern, begleitet (z.b. The Ecologist 1986; GEO 1986, H. 6). Diese richtete sich vor allem gegen die *Zerstörung von Regenwald* (Kap. 4.2), die *Unterdrückung indigener Kulturen* und die zunehmende *Verarmung der Neusiedler.* Tatsächlich litt das Transmigrationsprogramm bis in die 70er Jahre hinein unter Geldmangel und Organisationspannen. Die Auswahl der Siedlungsgebiete erfolgte ohne jegliche ökologische Voruntersuchung. Geplante Bewässerungsanlagen konnten vielfach nicht rechtzeitig fertiggestellt werden. Besonders negativ wirkte sich die Anwendung ökologisch unangepaßter Anbauformen aus. Statt den Siedlern die Voraussetzungen für nachhaltige Produktionsformen wie den Bewässerungsfeldbau oder den Anbau von Baum- und Strauchkulturen zu schaffen, blieb diesen gar keine andere Wahl als in den Anfangsjahren auf den „naturwidrigen" permanenten Trockenfeldbau mit Trockenreis, Mais und Maniok zurückzugreifen, weil dies die schnellste und billigste Methode war, um auf 2 ha unbewässertem Land die nötige Subsistenz zu erwirtschaften (Kap. 3.2). Unter diesen Bedingungen wurden viele Siedler bald zur Aufgabe gezwungen.

Seit Ende der 70er Jahre hat sich die Situation jedoch gebessert. Mit dem allgemeinen wirtschaftlichen Aufschwung Indonesiens während der letzten 20 Jahre gewann auch das Transmigrasi-Programm an Effizienz. Zweifellos hatten die indonesischen Planer ebenso wie die internationalen Geldgeber aus den Fehlern der Vergangenheit gelernt. Nach malaysischem Vorbild (s. u.) wurden den Siedlern nun die Voraussetzungen für den Anbau von Dauerkulturen, hauptsächlich Kautschuk und Ölpalmen, geschaffen. Außerdem stellte man größere Wirtschaftsflächen, meist 3–4 ha, zur Verfügung. Viele Siedler bemühten sich in Eigeninitiative um den Anbau attraktiver Dauerkulturen, wie Obst- und Gewürzbäume, Kokospalmen, Bananen usw. Zusätzlich organisierten sich Kleingruppen für den Bau einfacher Bewässerungsanlagen zur Naßreisproduktion.

Nach jahrelanger „Durststrecke" sind die meisten Umsiedler heute aus der „Talsohle" heraus (FASBENDER und ERBE 1990). Eine Überschlagsrechnung für die Gesamtheit der Transmigrantenhaushalte auf Sumatra ergab bereits 1982 ein durchschnittliches landwirtschaftliches Nettoeinkommen von umgerechnet etwas über 3600 kg Reis/Haushalt/Jahr. Das lag zwar immer noch deutlich unter dem Schnitt der lokalen sumatranischen Haushalte (knapp 4300 kg Reis/Jahr), andererseits aber doch über dem Schnitt der ländlichen Haushalte Javas mit rund 3350 kg Reis/Jahr (SCHOLZ 1988, 1992). Von einer Verschlechterung der wirtschaftlichen Situation im Vergleich zu früher auf Java konnte also in den meisten Fällen keine Rede sein. Seitdem dürften sich die Lebensbedingungen weiter verbessert haben (HORCH 1992).

Eine abschließende Bewertung des Transmigrasi-Programmes ist heute kaum möglich, weil der vielleicht gravierendste Effekt, nämlich die Vorreiterrolle für die gerade erst einsetzende Welle der spontanen Migration mit deren unvorhersehbaren ökonomischen, sozialen und ökologischen Konsequenzen z. Z. noch gar nicht eingeschätzt werden kann. Somit läßt sich auch jetzt noch nicht sagen, ob sich die hohen Investitionen von z. Z. rund 10 000 US-$ pro Siedlerstelle eines Tages gelohnt haben werden.

b) Landerschließung und Siedlungsprojekte in Malaysia
Von allen Ländern der feuchten Tropen betreibt zweifellos Malaysia die zielstrebigste und effizienteste Neusiedlungspolitik. Neben der wirtschaftlichen Erschließung peripherer Gebiete und der Ausweitung des Exports von Agrarprodukten steht als wichtiges innenpolitisches Ziel die Förderung des malayischen Bevölkerungsteils gegenüber der wirtschaftlich dominanten chinesischen Minderheit.

Im Vergleich zu anderen Ländern ist die staatliche Neulanderschließung und -besiedlung in Malaysia geradezu perfekt organisiert. Das reicht von der sorgfältigen Auswahl des Standorts und angepaßten Produktionsformen über die Siedlerauswahl, die Anlage der neuen Dörfer einschließlich Infrastruktur bis zur Gewährung von Darlehen, Bereitstellung von Beratung und der Bildung von genossenschaftsähnlichen Produktions-, Verarbeitungs- und Vermarktungsorganisationen (UHLIG 1988).

Den Anfang machte in den 60er Jahren die Erschließung von Bewässerungsflächen für den Naßreisbau, wie z.B. das bekannte *„Muda-Scheme"* im Nordwesten der Halbinsel. Ab 1970 änderte die Regierung ihre Strategie. Statt den subsistenzorientierten Reisbau weiter zu fördern, konzentrierte man sich nun auf die großräumige Erschließung von Regenwaldgebieten für die systematische Anpflanzung von Exportkulturen, vor allem von Kautschuk und Ölpalmen. In die Organisation teilten sich mehrere staatliche Einrichtungen, darunter als größte die *„Federal Land Development Authority"* (FELDA). Allein FELDA hatte bis 1984 in 367 Projekten über 630 000 ha Land erschlossen und dort knapp 85 000 Siedlerfamilien, d. h. ca. 500 000 Personen angesiedelt (UHLIG 1988). Ein typisches FELDA-Dorf beherbergt etwa 300–400 Familien. Die Siedler finden bei ihrer Ankunft außer einem Wohnhaus eine komplett erschlossene und bereits bepflanzte Fläche von durchschnittlich 3–5 ha vor. Ferner erhält jede Familie ein Darlehen von rund 32 000 DM (Stand 1984), das ab Produktionsreife des Kautschuks oder der Ölpalmen innerhalb von 15 Jahren zurückzuzahlen ist.

Selbstverständlich ist ein derart durchorganisiertes Siedlungsprogramm nicht billig. Bereits 1980 kalkulierte man mit durchschnittlich 46 000 DM pro Siedlerstelle. Damit ist FELDA das *teuerste Siedlungsprogramm* der Welt (UN-ESCAP 1986). Allerdings hat sich der Aufwand offenbar gelohnt. Die derzeitige Entwicklung Malaysias läuft auf eine vollständige Umstrukturierung des gesamten ländlichen Raumes hinaus. Schon jetzt lebt ein Großteil der malaysischen Bauern in derartigen Plansiedlungen. Die völlige Hinwendung zum Weltmarkt und weitgehende Aufgabe des Reisanbaus zur Subsistenzsicherung sowie die Umwandlung ausgedehnter Regenwaldgebiete in Kautschuk- und Ölpalmmonokulturen haben wiederholt soziale und ökologische Zweifel an dieser Siedlungspolitik aufkommen lassen. Der wirtschaftliche Erfolg steht jedoch außer Frage.

c) Spontane Agrarkolonisation in Thailand

Als ein besonders eindrucksvolles Beispiel für eine spontane bäuerliche Rodungskolonisation bietet sich die Entwicklung in Thailand an, die zudem relativ gut dokumentiert ist (RIETHMÜLLER, SCHOLZ, SIRISAMBHAND, SPAETH in UHLIG 1984). Hier hat die spontane Landnahme in den letzten 30 Jahren von den dicht besiedelten Reisbauebenen in den Flußtiefländern ausgehend, fast die gesamte ehemals bewaldete hügelige Übergangszone einschließlich der Gebirgsvorländer erfaßt. Innerhalb von nur 24 Jahren (1961 bis 1985) hat sich die landwirtschaftliche Nutzfläche etwa verdreifacht: von 7,8 Mio. auf 23,5 Mio. ha, während gleichzeitig die Bevölkerungszahl „nur" um 73 % zunahm.

Entgegen der weitverbreiteten Ansicht, spontane Rodungskolonisation diene in erster Linie der Erweiterung des Nahrungsspielraums einer ständig wachsenden und zunehmend verarmenden ländlichen Bevölkerung, stehen in Thailand eindeutig *kommerzielle Interessen* im Vordergrund. Tatsächlich werden die neugerodeten Flächen fast ausschließlich für den Anbau von Marktkulturen, vor allem Maniok, Mais und Zuckerrohr, genutzt. In den dauerfeuchten südlichen Landesteilen hat sich der Anbau von Ananas und Kautschuk enorm ausgebreitet. In den letzten Jahren hat Thailand Malaysia als weltgrößtem Kautschukexporteur überflügelt.

Besonders dramatisch verlief die sog. *„Maniok-Kolonisation"* (s. auch Kap. 3.3.3). Obwohl Maniok für die Ernährung der Thai nie eine nennenswerte Rolle gespielt hatte und somit der Anbau traditionell kaum bekannt war, entwickelte sich Thailand innerhalb von nur 20 Jahren zum weltweit führenden Exporteur von Tapioka, getrockneten Maniokschnitzeln, die als Viehfutter in die Industrieländer, vor allem nach Europa, exportiert werden.

Die Maniok-Kolonisation fand überwiegend in Nordostthailand, dem Armenhaus des Landes, statt. Anders als z. B. bei der Soja-Kolonisation in Brasilien waren nicht Unternehmer aus anderen Landesteilen die Träger, sondern die lokalen Kleinbauern selbst, die allerdings von Händlern mit Krediten zum Maniokanbau bewegt wurden und nicht selten in deren Schuldabhängigkeit gerieten. Trotzdem nutzten viele die Gelegenheit, sich durch den Anbau von Maniok eine zusätzliche Einkommensquelle zu verschaffen. Wegen anhaltend niedriger Tapiokapreise sind allerdings in jüngster Zeit zahlreiche Bauern im Nordosten vom Maniokanbau auf die Kultivierung von Zuckerrohr übergegangen (BEPLER 1997).

Bemerkenswerterweise vollzog sich der Maniokboom nicht auf Kosten der traditionellen Nahrungsproduktion, dem Anbau von Reis. Da Maniok und Reis ganz unterschiedliche Standortansprüche stellen und somit nicht in Flächenkonkurrenz zueinander stehen, konnte Reis auch weiterhin in ausreichender Menge produziert werden. Dafür bezahlte Thailand den Boom aber mit über der Hälfte seiner noch in den 60er Jahren existierenden Wälder (Kap. 4.2).

Die große Geschwindigkeit, mit der sich die Rodungskolonisation in den Waldgebieten ausbreitete, wurde erst durch den Einsatz neuartiger *Maschinen* ermöglicht, vor allem durch die Motorsäge und den Traktor. Zwischen 1963 und 1982 schwoll in Thailand die Zahl der Traktoren von 2000 auf 107 000 Einheiten an (FAO Production Yearbooks). Während früher der durchschnittliche Thai-Bauer mit seinen Familienarbeitskräften kaum mehr als 2–3 ha Land bewirtschaften konnte, mietet er sich heute Motorsäge und Traktor von einem Unternehmer und ist so in der Lage, bis zu 10 ha unter Kultur zu nehmen. Zahlreiche Reisbauern in den Flußtiefländern haben diese Möglichkeit genutzt und ihre Aktivitäten in die randlichen Hügelzonen hinein ausgedehnt.

Eine weitere Schlüsselrolle spielte der beschleunigte Ausbau des *Straßennetzes*. Nur durch die verkehrsmäßige Erschließung konnten Waldgebiete für den Anbau von Marktfrüchten und somit als Zielgebiet spontaner Kolonisation überhaupt erst attraktiv werden. Es erstaunt immer wieder, wie rasch sich beiderseits neu errichteter Straßen großflächige Rodungsgassen durch vormals unbesiedelte Gebiete entwickeln. Dabei nehmen die Bauern große Distanzen von nicht selten über 50 km zwischen ihrem Stammdorf und dem neu gerodeten Außenfeld in den Hügelländern in Kauf, zwischen denen sie mit dem Bus pendeln. Zweifellos böte sich der Regierung durch den Bau bzw. Nichtbau von Straßen ein höchst wirksames Instrument, die spontane Rodungskolonisation zu steuern bzw. einzuschränken, sofern dies politisch überhaupt gewollt ist.

d) Spontane Agrarkolonisation in anderen asiatischen Ländern
Auf den *Philippinen* hat die spontane Rodungskolonisation ähnliche Formen und Ausmaße angenommen wie in Thailand. Sie begann hier bereits in den 50er Jahren, als die Regierung als Ersatz für längst überfällige Bodenreformen (so wie in Brasilien!) die landarme Bevölkerung im Rahmen einer „Land

for the Landless"-Kampagne ausdrücklich zur Neulanderschließung ermunterte (UN-ESCAP 1986). Der darauf einsetzende, völlig unorganisierte Ansturm auf die Waldgebiete steigerte sich noch, als die Forstbehörden den untauglichen Versuch unternahmen, bestimmte Waldgebiete für die Rodung freizugeben und andere zu Schutzzonen zu erklären. Wo immer die Forstbehörden diesen Plan realisieren wollten, hatten sog. „wilde Siedler" (squatter), Landspekulanten usw. die in Frage kommenden Areale längst okkupiert, um so ihre Besitzansprüche geltend zu machen und notfalls mit Waffengewalt zu verteidigen.

In *Indonesien* steht der Hauptansturm auf die dünn besiedelten Außeninseln offensichtlich noch bevor. In einigen Landesteilen deutet sich aber schon jetzt die gleiche Entwicklung an, wie sie in Thailand und auf den Philippinen vorgezeichnet wurde. Das gilt vor allem für den Süden Sumatras. Nach Schätzung der lokalen Behörden sickerten allein in Sumatras südlichster Provinz, *Lampung,* in den 70er und frühen 80er Jahren, jährlich rund 100 000 spontane Pioniersiedler aus dem benachbarten, übervölkerten Java ein. Viele von ihnen folgten den offiziell umgesiedelten Familien in den staatlichen „Transmigrasi"-Projekten. Wieder andere begannen als Saisonarbeiter in den Kaffee-, Pfeffer- oder Gewürznelkenpflanzungen der lokalen Bauern, pendelten also zunächst zwischen Java und Sumatra, ehe sie sich eines Tages entschlossen, ein eigenes Stück Land zu roden oder zu pachten und für immer auf Sumatra zu bleiben. Nach der indonesischen Bevölkerungsstatistik erhöhte sich die Einwohnerzahl der Provinz Lampung zwischen 1961 und 1990 von 1,9 auf 6,0 Mio. Die Region übte also einen ähnlich starken Sog auf die Landbevölkerung Javas aus wie die Hauptstadt Jakarta, die in demselben Zeitraum von 2,9 auf 8,2 Mio. anwuchs. Heute stammen über 90 %t der Bevölkerung in Lampung aus Java. Nachdem große Teile Sumatras inzwischen „vergeben" sind, entwickelt sich mehr und mehr Kalimantan zum Hauptzielgebiet javanischer Migranten.

4.1.3   *Agrarkolonisation in Tropisch-Afrika*

Beispiele für staatlich gelenkte und spontane Neulanderschließung und -besiedlung in Tropisch-Afrika sind von MANSHARD (1988) beschrieben worden.

Die wohl größte staatlich organisierte Umsiedlungsaktion war die *„Ujamaa"*-Bewegung (Kisuahili: „wie eine Familie leben") in *Tanzania.* Unter der sozialistischen Regierung von Präsident NYERERE entstand der Plan, die verstreut lebende ländliche Bevölkerung in geschlossene, genossenschaftlich organisierte Dörfer umzusiedeln, um eine bessere Ausnutzung infrastruktureller Einrichtungen und eine effizientere landwirtschaftliche Produktion zu erreichen. Ziel war die Schaffung einer klassenlosen Bauerngesellschaft.

Zwischen 1973 und 1976 wurden über 10 Mio. Menschen anfangs freiwillig, später zunehmend unter Zwang umgesiedelt. Die Ujamaa-Bewegung erlangte seinerzeit weltweite Beachtung. Viele sahen in ihr ein Modell für eine sozial gerechte Lösung der Entwicklungsprobleme in den Ländern der Dritten Welt. Nach anfänglichen Erfolgen endete das Experiment allerdings enttäuschend. Theorie und Realität klafften immer weiter auseinander. So waren z. B. die relativ wohlhabenden Bauern nicht bereit, ihr Land in die Gemeinschaft einzubringen. Traditionelle Anbauformen, wie der Wanderfeldbau, waren nicht mehr praktikabel und mußten durch den permanenten Trockenfeldbau ersetzt werden. Die dafür notwendige Einführung von Mineraldünger scheiterte an den hohen Kosten. Staatlich aufoktroyierte Verhaltensregeln und festgesetzte Preise behinderten individuelle Entscheidungen und den Anreiz zur Mehrproduktion für den Markt. Ab 1983 entschloß sich die tanzanische Regierung zu Kurskorrekturen und rückte zunehmend von der Ujamaa-Idee ab.

Dagegen hat sich das sog. „*One Million Acre Scheme*" in den Hochlandgebieten und dem Rift Valley von *Kenia* als weit erfolgreicher erwiesen. Im Zuge dieses Programms wurde ehemals von Europäern genutztes Farmland unter afrikanischen Kleinbauern aufgeteilt. Neben dem Anbau von Subsistenzfrüchten wie Mais und Bohnen sowie verschiedenen Marktfrüchten wie Kaffee, Tee, Zuckerrohr und Pyrethrum wurden die Kleinbauern besonders zur Milchviehhaltung ermutigt. Das Ergebnis war ein bemerkenswerter Aufschwung der kenianischen Agrarproduktion. Daran hatten sicherlich auch die günstigen natürlichen Standortfaktoren und die gut funktionierende Infrastruktur dieser ehemaligen „white highlands" einen Anteil. Außerdem handelte es sich weniger um die Erschließung von Neuland (wie z. B. in Amazonien) als um eine Neuverteilung von bereits erschlossenem Land.

Eine ähnliche Landumverteilungsaktion wurde nach 1980 in *Zimbabwe* eingeleitet, wo die bislang auf den minderwertigeren Böden der sog. „Communal lands" wirtschaftende Masse der afrikanischen Kleinbauern an der Aufteilung der fruchtbareren Landflächen der ehemaligen weißen Großfarmer teilhaben sollen. Durch finanzielle und organisatorische Probleme ist das Programm jedoch in Schwierigkeiten geraten, zumal Tausende von „squattern" bereits damit begonnen haben, das zur Aufteilung vorgesehene Land illegal zu besiedeln.

Eine weitere staatlich organisierte Neulanderschließungs- und Umsiedlungsaktion fand schließlich in den 80er Jahren in *Äthiopien* statt, wo in mehreren Schüben insgesamt etwa 500 000 Flüchtlinge (allein 1984/85 über 200 000) aus den Hunger- und Bürgerkriegsgebieten Nordäthiopiens in die Feuchtwaldgebiete im Südwesten des Landes umgesiedelt wurden. Die rigorosen Methoden dieser Maßnahmen waren sicher sehr umstritten, aber letztlich vielleicht doch verständlich, wenn man die Flüchtlinge nicht länger in der Abhängigkeit von Nahrungsmittellieferungen internationaler Hilfsorganisationen lassen wollte.

Als Beispiel für eine sehr erfolgreiche spontane kleinbäuerliche Pioniersiedlung gilt die *Kakao-Kolonisation in Ghana*. Diese setzte bereits gegen Ende des 19. Jahrhunderts ein, nachdem von den Kolonialherren der Kakaoanbau eingeführt worden war. Als potentielle Anbaugebiete boten sich die bis dahin nur dünn besiedelten Regenwaldgebiete im Südosten des Landes an. Bis 1950 war bereits der größte Teil dieser Region von Kleinbauern unter Kultur genommen worden, die entlang der von den Holzgesellschaften geschlagenen Forststraßen immer tiefer in die Waldgebiete vordrangen und dabei auch von der Regierung eingerichtete Waldschutzgebiete nicht schonten.

In ähnlicher Weise vollzog sich die *Kakao- und Kaffeekolonisation* in der Regenwaldzone im Südwesten der Elfenbeinküste. Zu den einheimischen Pioniersiedlern aus der Zentralregion der Elfenbeinküste kamen hier noch in großer Zahl Mossi-Einwanderer aus Burkina Faso hinzu, die zunächst als Lohnarbeiter gekommen waren, sich dann aber immer mehr aktiv in die Rodungskolonisation einschalteten. Wie in Ghana handelte es sich auch hier um keine geschlossene Pionierfront, sondern um unzusammenhängende Siedlungskorridore, die sich im allgemeinen entlang der Forstwege der Holzgesellschaften orientierten (MANSHARD 1988).

Fazit:

Neulanderschließung und Pioniersiedlung haben in den vergangenen Jahrzehnten beinahe alle Länder der feuchten Tropen erfaßt. Besonders die spontane Kolonisation hat sich zu einem kaum noch überschaubaren (da meist „illegalen") Prozeß verselbständigt, der wohl so lange nicht zur Ruhe kommen wird, wie es noch erschließbare Landreserven gibt. Längst steht sie mit Abstand als der Regenwaldzerstörer Nr. 1 fest (vgl. Kap. 4.2).

Über die Frage, inwieweit die Regierungen eingreifen sollen und ob staatlich *gelenkte* Kolonisation der spontanen Landnahme vorzuziehen sei, hat es in den 70er Jahren viele Diskussionen gegeben (für den asiatischen Raum zusammengefaßt bei UHLIG 1984) – ohne ein eindeutiges Ergebnis. Fest steht, daß staatliche Siedlungsprojekte, wie im Falle Malaysia gezeigt, einer weit vorausschauenden Planung bedürfen, wenn sie langfristig erfolgreich sein sollen, und dann sehr teuer sind. Schon aus finanziellen Gründen wird es daher wohl in Zukunft weniger staatliche Siedlungsprojekte geben, zumal sich die großen internationalen Geldgeber wegen der anhaltenden Regenwalddiskussion nach und nach aus dem Geschäft zurückgezogen haben, wie z. B. die Weltbank oder auch die Deutsche Gesellschaft für Technische Zusammenarbeit (GTZ), die über mehrere Jahre indonesische Transmigrasi-Projekte in Ostkalimantan unterstützt hat.

Die *indonesische Regierung* beschränkt sich heute weitgehend auf eine Konsolidierung der bereits existierenden Projekte. Im übrigen verläßt man sich auf die wachsende Dynamik der spontanen Kolonisation, die nunmehr, die staatlichen Projekte als „Brückenköpfe" nutzend, die von der Regierung erstrebte wirtschaftliche Erschließung ebenso wie die politisch gewollte „Javanisierung" der Außeninseln aus eigener Kraft und dazu noch kostenlos fortsetzt. Bis zu welchem Grad dieser Prozeß von den regionalen Ethnien hingenommen wird, ist die Frage. Schon seit längerem regt sich z. B. bei den Papua-Völkern in Irian Jaya (West-Neuguinea) und seit jüngstem auch bei den Dayak in Westkalimantan Widerstand gegen die drohende Überfremdung.

In *Brasilien* scheint der Kolonisationsprozeß trotz der negativen Erfahrungen in der Vergangenheit unvermindert fortzuschreiten. *Neue Zielgebiete* sind bereits in Sicht, wie z. B. Acre im Westen und Roraima im Norden Amazoniens.

Während sich also die spontane Rodungskolonisation weltweit noch verstärken wird, müssen sich die betroffenen Regierungen fragen, wie sie den Prozeß unter Kontrolle halten wollen. Als eines der schwierigsten Probleme erweist sich immer wieder die *rechtliche Stellung* der „squatter" und im Zusammenhang damit die *Landbesitzfrage,* wie es von RIETHMÜLLER, SCHOLZ, SIRISAMBHAND und SPAETH (1984) an den Rodungsfronten in Thailand exemplarisch aufgezeigt wurde. Wie sollen die staatlichen Instanzen entscheiden? Soll man die, im Regelfall „illegale", Landnahmeaktion rechtlich sanktionieren und dem Siedler einen Landtitel erteilen? Dies würde den Rodungsprozeß noch mehr anheizen, und es droht ein schwunghafter Handel mit den Landtiteln, bei dem die kapitalschwachen kleinbäuerlichen Pioniersiedler fast immer die Verlierer sein werden. Oder soll man keinen Landtitel erteilen? Dann werden sich die Landspekulanten zwar zurückhalten, aber der „illegale" Pioniersiedler wird wegen der unsicheren Rechtslage keine Vorkehrungen zur Erhaltung der Parzelle (die ihm ja rechtlich nicht gehört) investieren, sondern diese so rasch und so gründlich wie möglich ausbeuten, bevor er möglicherweise weichen muß. Raubbau, Degradation und Erosion sind dann die Folgen.

4.2   Die Zerstörung der Tropenwälder

Wie kaum ein anderer Eingriff in den Naturhaushalt der Erde, hat die Abholzung der tropischen Regen- und Monsunwälder während der vergangenen 30 Jahre das Ökologiebewußtsein der Weltöffentlichkeit wachgerüttelt. Der Ernst der Lage wurde erst ab 1972 deutlich, als es mit Hilfe von Satellitenaufnahmen erstmals gelang, zuverlässige Daten über das tatsächliche Ausmaß der Tropenwaldzerstörung zu erhalten. Seitdem ist der Prozeß unvermindert fortgeschritten. Nach Angaben der FAO (1993) verkleinert sich die Regenwaldfläche jedes Jahr um etwa 0,6–0,9 %. Inzwischen ist über die Hälfte der ursprünglichen Bestände verschwunden. Besonders hoch sind die Verluste in Westafrika mit über 70 %, gefolgt von Südostasien, Amazonien und Zentralafrika, wo sich die Abholzung hauptsächlich wegen der relativ schwierigen Erreichbarkeit der Regenwaldareale bislang in Grenzen gehalten hat. Die Angaben über das Ausmaß variieren allerdings beträchtlich. Das liegt vor allem an der sehr unterschiedlichen Auslegbarkeit des Begriffs „Zerstörung". Menschliche Eingriffe in den Wald können von der Entnahme einzelner Bäume bis zum völligen Kahlschlag reichen. Daher empfiehlt sich eine Unterscheidung der Waldzerstörung in:

- *Walddegradation,* d. h. eine qualitative Veränderung und allmähliche Reduzierung des ursprünglichen Bestandes;
- *vollständige Entwaldung* (Kahlschlag), d. h. eine rasche und totale Abholzung eines Waldareals zum Zwecke anderweitiger Nutzung, meistens für die Landwirtschaft (s. Abb. 23).

4.2.1   Ursachen der Tropenwaldzerstörung

a) Verbrauch von Feuerholz und Holzkohle
Feuerholz und Holzkohle sind nach wie vor die mit Abstand wichtigsten Energieträger in den tropischen Entwicklungsländern. Während im ländlichen Raum hauptsächlich Feuerholz verbrannt wird, hat sich in den Städten die transportgünstigere Holzkohle durchgesetzt. Nach FAO (1982) beträgt der Verbrauch an Feuerholz und Holzkohle in den tropischen Entwicklungsländern ca. 0,6 m^3 pro Kopf und Jahr. Rund 80 % der gesamten Holzentnahme wird für den häuslichen Energiebedarf verwendet. Stehen damit Feuerholz und Holzkohle als Hauptursache für die Tropenwaldzerstörung fest?

Im Falle von *Feuerholz* wohl kaum, das großenteils aus Hausgärten und Baumanpflanzungen stammt und nur zu einem kleinen Teil aus dem Wald geholt wird. Viel potentielles Feuerholz bleibt auch nach der Brandrodung im Wanderfeldbau übrig. Falls man überhaupt in den Wald geht, sammelt die lokale Bevölkerung zunächst vertrocknete Äste oder schlägt abgestorbene Bäume. Eine wirkliche Bedrohung für den Wald stellt die Feuerholzentnahme nur in dicht besiedelten Ländern mit geringen Waldreserven dar. Dies ist vor allem in den trockenen Tropen der Fall, wo zudem noch die Wuchsleistung der Bäume geringer ist. Besonders kritische Fälle sind der Sahel, große Teile Südasiens (Indien, Pakistan, Bangladesh) und Nordostbrasilien. Für die Wälder in den feuchten Tropen stellt die Feuerholzentnahme dagegen vorerst kein vorrangiges Problem dar.

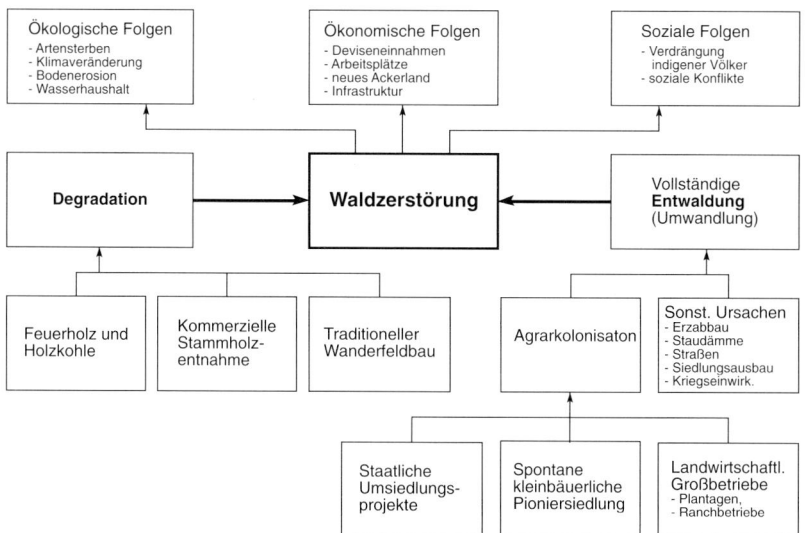

Abb. 23: Ursachen und Folgen der Tropenwaldzerstörung (aus SCHOLZ 1988b, S. 206)

Wesentlich kritischer sieht es mit der *Holzkohlegewinnung* aus, für die zunehmend auch lebende Bäume geschlagen werden. Darunter haben vor allem die Mangrovenwälder Asiens gelitten (Kap. 2.5.3). Besonders gefährdet sind auch die Regenwaldbestände in der schon erwähnten Entwicklungsregion „Grande Carajas" in Ostamazonien (Kap. 4.1.1). Nach den Plänen der brasilianischen Regierung sollen hier, unweit der berühmten Eisenerzgrube von Grande Carajas, 19 Verhüttungsanlagen für die Gewinnung von Roheisen entstehen, wovon vier bereits in Betrieb sind. Der mit Abstand preisgünstigste Energieträger ist Holzkohle aus dem Regenwald. Schon heute fallen in der Region die zahlreichen Holzkohlenmeiler an den Rändern der Siedlungen auf. Für die geplante volle Eisenproduktion müßten pro Jahr 1000–2200 km² Wald geopfert werden (KOHLHEPP 1989).

b) Kommerzieller Holzeinschlag

Wohl kaum eine andere Ursache für die Zerstörung der tropischen Regenwälder wird in der Öffentlichkeit so emotional diskutiert wie der kommerzielle Holzeinschlag durch die internationale Holzwirtschaft. Deren Vertreter verteidigen ihre Aktivitäten mit dem Argument, daß heutzutage fast ausschließlich die *selektive Einschlagmethode* angewendet werde, bei der im Schnitt nur zwei bis maximal 10 Stämme pro Hektar gefällt würden (Kap. 3.5). Es handele sich somit lediglich um einen vorübergehenden Eingriff, von dem sich der Wald rasch erholen könne. Tatsächlich hat man beim

Überfliegen den Eindruck eines weiterhin geschlossenen Waldes, der allerdings von zahlreichen Forstwegen durchzogen ist. Nach Bruenig (1991) könnte ein Regenwald nach dem heutigen Erfahrungsstand ohne dauerhafte Schäden bewirtschaftet werden, wenn dies nur mit der nötigen Sorgfalt geschähe. Doch gerade daran mangelt es in der Praxis. Fast immer werden durch das Fällen eines einzelnen Baumes zahlreiche umstehende Bäume in Mitleidenschaft gezogen. Weitere Schäden entstehen durch das Rücken und Herausschleifen der Stämme mit schweren Maschinen. Für Sarawak errechnete Bruenig (1991) bei einer Holzausbeute von 10 % eine zusätzliche Schädigung von etwa 50 % des gesamten Holzbestandes.

Außerdem dienen die von den Holzgesellschaften angelegten Forstwege als willkommene Leitlinien für die kleinbäuerliche Rodungskolonisation. Selbst wenn man den Holzgesellschaften nicht die direkte Schuld am Verschwinden der Regenwälder anlasten kann, so sind sie dennoch als *„Wegbereiter"* für die Agrarkolonisation für die Tropenwaldzerstörung entscheidend mitverantwortlich.

c) Traditioneller Wanderfeldbau
Zahlreiche Autoren, vor allem aber auch die zuständigen internationalen Organisationen weisen dem Brandrodungswanderfeldbau eindeutig die Hauptschuld an der gegenwärtigen Waldzerstörung in den feuchten Tropen zu. Die FAO (1982) versucht dies sogar mit Zahlen zu belegen. Demnach ist shifting cultivation in Lateinamerika für 35 %, in Tropisch-Asien für 49 % und in Tropisch-Afrika gar für 70 % der Entwaldung verantwortlich. So wird es auch in deutschen Schulatlanten dargestellt (z. B. Diercke Weltatlas 1996, S. 226②).

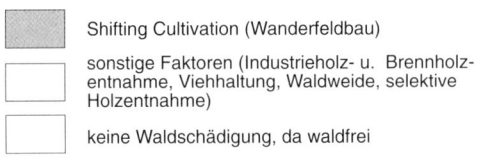

Shifting Cultivation (Wanderfeldbau)

sonstige Faktoren (Industrieholz- u. Brennholzentnahme, Viehhaltung, Waldweide, selektive Holzentnahme)

keine Waldschädigung, da waldfrei

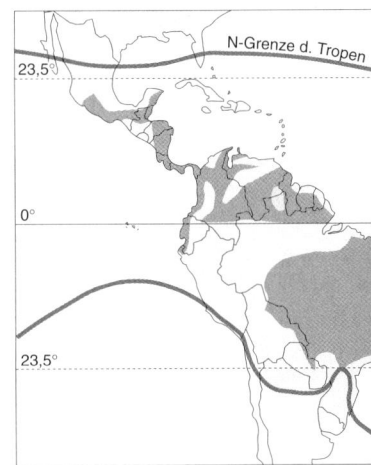

Abb. 24: Ursachen der Waldschädigung
Die Abbildung spiegelt die weitverbreitete Fehleinschätzung wider, wonach der traditionelle Wanderfeldbau (Shifting Cultivation) die Hauptursache für die Tropenwaldzerstörung sei. Tatsächlich fällt diese Rolle aber der modernen Agrarkolonisation zu (s. Ausführungen im Text)!
(verändert nach Diercke Weltatlas 1996, S. 226②)

Diese eindeutige Schuldzuweisung ist aus zwei Gründen offensichtlich unzutreffend: Erstens ist der Wanderfeldbau in den vergangenen Jahrzehnten stark zurückgegangen bzw. von intensiveren Anbauformen abgelöst worden, und zweitens vollzieht sich beim traditionellen Wanderfeldbau keine vollständige Entwaldung, sondern lediglich eine Walddegradation, da ja das Nachwachsen eines Sekundärwaldes (Waldbrache) eine unverzichtbare Voraussetzung für das Funktionieren dieser Anbauform darstellt (Kap. 3.3.2).

Die *Fehleinschätzung* der FAO und anderer Quellen rührt vermutlich daher, daß Brandrodung mit Wanderfeldbau gleichgesetzt wird (ähnlich wie übrigens in der englischsprachigen Literatur „slash and burn" mit „shifting cultivation"!). Zwar trifft es zu, daß Jahr für Jahr große Tropenwaldareale durch Brandrodung vernichtet werden, aber nur in den seltensten Fällen geschieht dies zum Zwecke des Wanderfeldbaus, sondern ganz überwiegend zur Erschließung von Dauerackerland, Plantagen oder Viehweiden im Zuge der modernen Agrarkolonisation (Kap. 4.1). Diese Verwechslung kann für die indigenen Wanderfeldbauvölker fatale Folgen haben. Von der internationalen Staatengemeinschaft als vermeintliche Hauptverursacher der Tropenwaldzerstörung gebrandmarkt, laufen sie Gefahr, für die Umweltschäden haftbar gemacht zu werden, für die in erster Linie ganz andere Verursacher, vor allem die moderne Agrarkolonisation (s. u.), verantwortlich sind (BRAUNS und SCHOLZ 1997).

d) Moderne Agrarkolonisation
Den weitaus größten Beitrag zur Tropenwaldzerstörung der vergangenen Jahrzehnte hat zweifellos die Agrarkolonisation geleistet. Dies gilt nicht nur quantitativ, sondern vor allem auch qualitativ, da es, anders als bei den oben

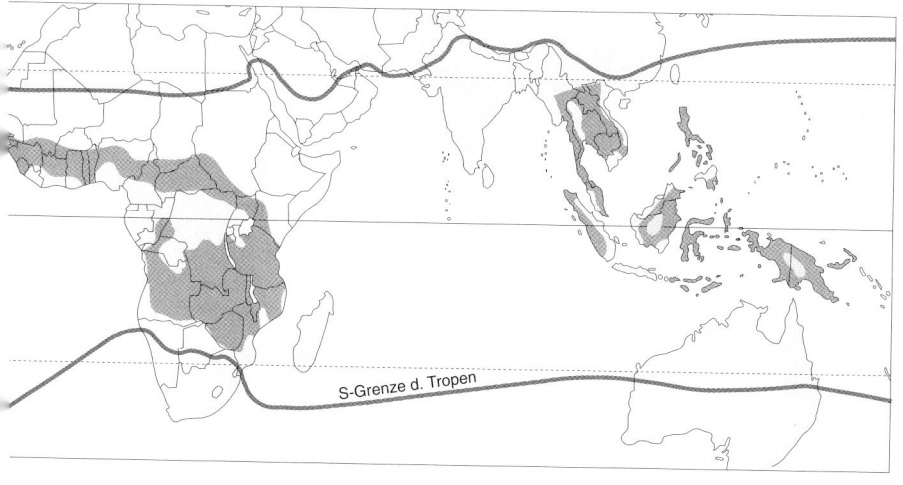

S-Grenze d. Tropen

erwähnten Ursachen, nicht bloß zu einer Degradation der Wälder kommt, sondern eine *vollständige Entwaldung* (Kahlschlag) mit dem Ziel einer dauerhaften Nutzung vollzogen wird, die eine Wiederbewaldung langfristig ausschließt. Die verschiedenen Typen der Agrarkolonisation sind in Kap. 4.1 beschrieben worden. Sie lassen sich *drei Gruppen* zuordnen:

● staatlich gelenkte Umsiedlungsprojekte,
● spontane kleinbäuerliche Rodungskolonisation,
● landwirtschaftliche Großbetriebe (Plantagen und Ranchbetriebe).

Der Anteil der staatlich gelenkten *Umsiedlungsprojekte* an der Tropenwaldzerstörung ist von allen wohl der geringste. MERTINS (1991a) veranschlagt ihn für Amazonien auf unter 10 %. Auch dem indonesischen „Transmigrasi"-Programm mit immerhin knapp einer Million Siedlerfamilien dürften kaum mehr als 2 Mio. ha Regenwald zum Opfern gefallen sein, d. h. weniger als 2 % des gesamten Regenwaldes Indonesiens (SCHOLZ 1992).

Den größten Anteil an der weltweiten Tropenwaldzerstörung muß man sicherlich der *spontanen kleinbäuerlichen Rodungskolonisation* zuschreiben, vor allem in den asiatischen und afrikanischen Tropen. Wenn z. B. in Thailand oder auf den Philippinen der Waldanteil an der gesamten Landfläche seit 1960 von 53 bzw. 60 % auf unter 20 % geschrumpft ist, geht dies fast ausschließlich auf kleinbäuerliche Pioniersiedler zurück. In Westafrika mußten ausgedehnte Regenwaldgebiete der Kakao- und Kaffeekolonisation weichen (MANSHARD 1988). Im zentralen Afrika haben sich dagegen die Regenwälder bislang überraschend gut gehalten. Ein wesentlicher Grund ist sicher die mangelhafte verkehrsmäßige Erschließung, die diese Region sowohl für die Holzwirtschaft als auch für die Agrarkolonisation weniger attraktiv erscheinen läßt.

In den feuchten Tropen Lateinamerikas werden die bäuerlichen Pioniersiedler von den riesigen *Ranchbetrieben* übertroffen, die von vielen Autoren als die Hauptverursacher der Waldvernichtung in Lateinamerika angesehen werden. So schätzt z. B. ELLENBERG (1991), daß die Ausbreitung der extensiven Rinderhaltung für 90 % der Waldzerstörung in Costa Rica verantwortlich ist.

e) Sonstige Ursachen

Weitere gravierende Eingriffe des Menschen in den Regenwald sind
● Tagebaubetriebe zur Erzgewinnung,
● Bau von Staudämmen,
● Straßenbauprojekte,
● Errichtung von Industriekomplexen und Wohnsiedlungen.

Derartige Eingriffe können zwar lokal verheerend sein, doch sind sie in der Regel räumlich eng begrenzt. Selbst in Amazonien, wo sich solche Eingriffe häufen, beträgt ihr Anteil an der Waldzerstörung bislang kaum mehr als

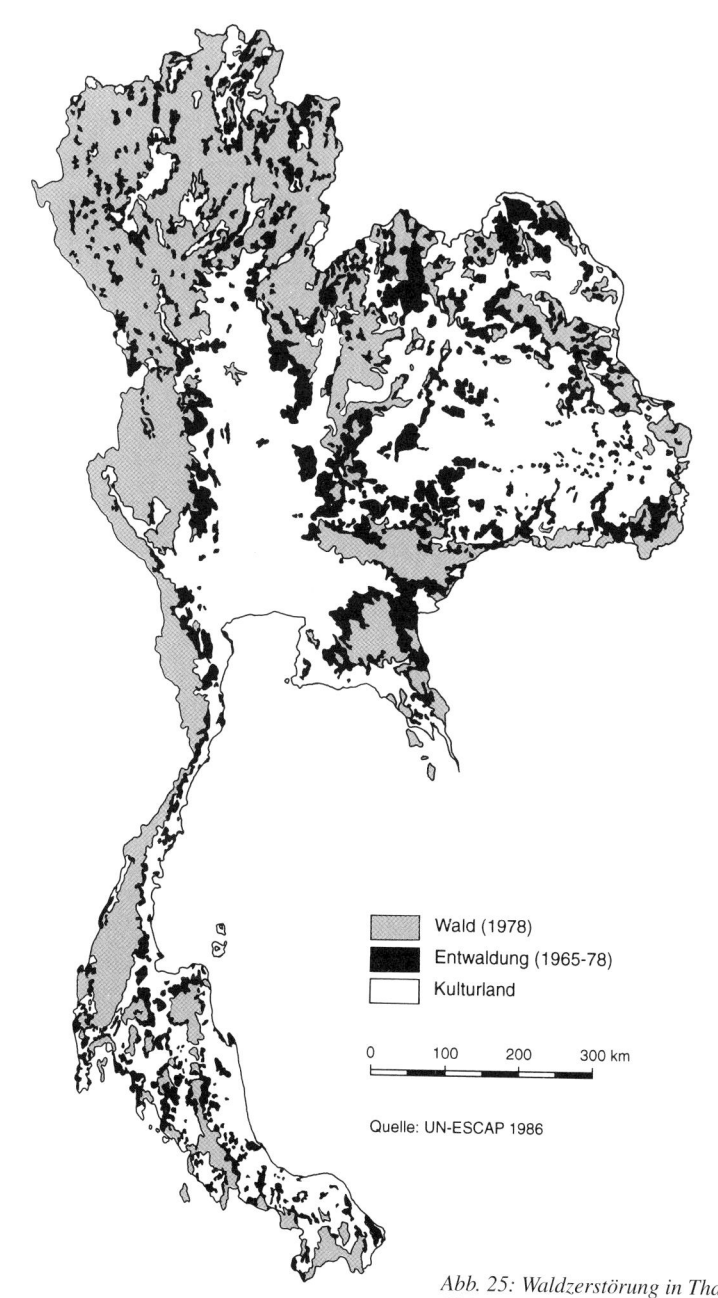

Wald (1978)

Entwaldung (1965-78)

Kulturland

0   100   200   300 km

Quelle: UN-ESCAP 1986

*Abb. 25: Waldzerstörung in Thailand
1965–1978 (Quelle: UN-ESCAP 1986)*

3 % (MERTINS 1991a). Das könnte sich allerdings dramatisch ändern, wenn der sogenannte „Plan 2010" der staatlichen brasilianischen Elektrogesellschaft „Electrobrás" realisiert werden sollte, wonach in Amazonien in den nächsten 15 Jahren nach der Fertigstellung des Tucurui-Dammes 79 weitere Staudämme, die zusammen eine Fläche von ca. 100 000 km² überfluten würden, errichtet werden sollen (KOHLHEPP 1987).

Nicht völlig in Vergessenheit geraten sollten auch die Waldzerstörungen, die durch Kriegseinwirkungen entstanden sind. So sind z. B. während des Vietnamkrieges von 1961 bis 1974 durch Bombeneinschläge, Panzer und anderes schweres Kriegsgerät, vor allem aber durch Entlaubungsaktionen knapp 20 000 km² Wald, d. h. über 20 % des gesamten Waldbestandes von Vietnam zerstört oder zumindest stark degradiert worden (UN-ESCAP 1986).

f) Fazit

Nach der Betrachtung der verschiedenen Ursachen der tropischen Waldzerstörung stellt sich die Frage nach deren Gewichtung bzw. deren Anteilen an dem gesamten Prozeß.

Eine exakte Beantwortung dieser Frage ist kaum möglich, weil es erstens große qualitative Unterschiede der Waldzerstörung gibt, die, wie beschrieben, von der Entnahme einzelner Bäume bis zum Kahlschlag reichen können und weil sich zweitens der Zerstörungsprozeß sehr häufig in *Etappen* vollzieht, indem sich verschiedene Parteien einander ablösen und sich so einem Vergleich entziehen. So ist z. B. der folgende Ablauf typisch: Zu Beginn erwerben Holzgesellschaften eine Konzession für ein bestimmtes Regenwaldareal. Sie legen Forstwege an und betreiben „selective logging", d. h. sie entnehmen einzelne Stämme. Der Wald wird geschädigt, aber er verschwindet nicht. Entlang der Forstwege dringen kleinbäuerliche Pioniersiedler in den Wald ein. Sie setzen den Zerstörungsprozeß fort, indem sie auf kleinen Parzellen Brandrodungswirtschaft betreiben. Baumstümpfe und Wurzeln verbleiben im Boden. Dem Wald bliebe noch die Chance, als Sekundärwald nachzuwachsen. Ist der Boden nach ein bis drei Jahren erschöpft, dringen die Pioniersiedler entlang der Forstwege weiter in den Wald vor. Das zurückbleibende Land wird von agrarischen Großbetrieben (Plantagen oder Ranchbetrieben) übernommen und mit modernen Produktionsmitteln (Maschinen, Dünger usw.) in dauerhafte landwirtschaftliche Nutzflächen umgewandelt. Damit ist der Waldzerstörungsprozeß abgeschlossen. Doch welche der drei Parteien trifft die Hauptschuld? Da sich diese Frage nicht eindeutig beantworten läßt, ist auch eine Strafverfolgung unmöglich.

Trotz dieser Schwierigkeit ist z. B. für die asiatischen Tropen der Versuch unternommen worden, wenigstens tendenziell Hauptursachen und Nebenursachen der Tropenwaldzerstörung zu identifizieren (SCHOLZ 1988b). Das Ergebnis ist in Abb. 26 dargestellt. Besonders interessant sind dabei die deutlichen Abweichungen zwischen den verschiedenen Klimazonen Tropisch-Asiens.

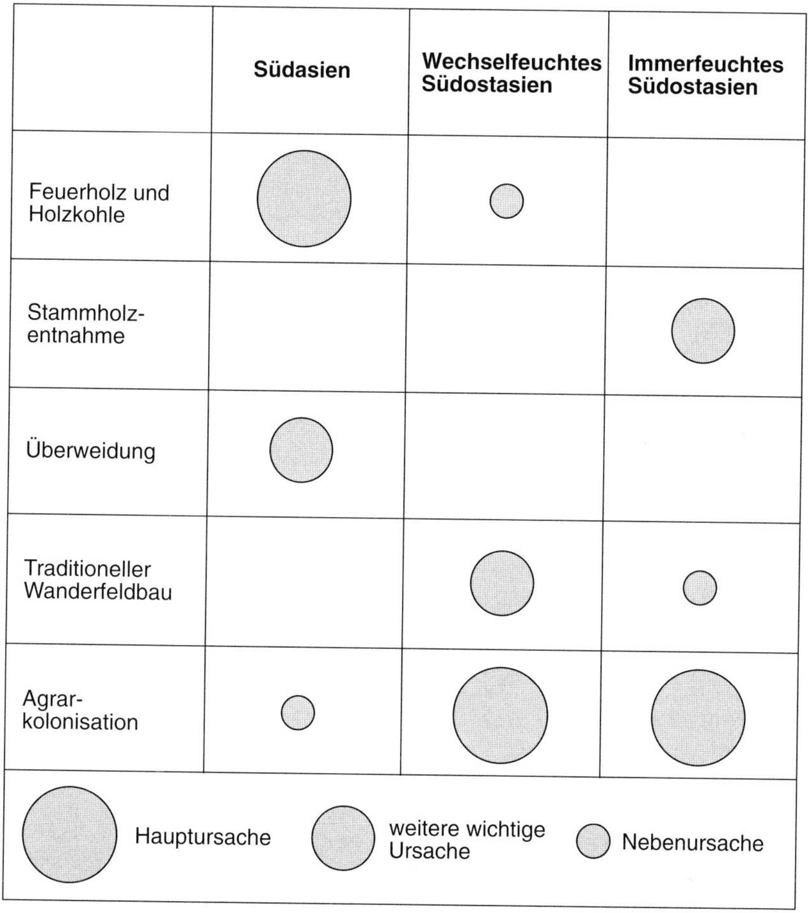

	Südasien	**Wechselfeuchtes Südostasien**	**Immerfeuchtes Südostasien**
Feuerholz und Holzkohle	⬤ (Hauptursache)	● (Nebenursache)	
Stammholz-entnahme			⬤ (weitere wichtige Ursache)
Überweidung	⬤ (weitere wichtige Ursache)		
Traditioneller Wanderfeldbau		⬤ (weitere wichtige Ursache)	● (Nebenursache)
Agrar-kolonisation	● (Nebenursache)	⬤ (Hauptursache)	⬤ (Hauptursache)

⬤ Hauptursache   ⬤ weitere wichtige Ursache   ● Nebenursache

Abb. 26: Hauptursachen der Waldzerstörung in den Großregionen Tropisch-Asiens (aus Scholz 1988a, S. 216)

4.2.2 Die Folgen der Tropenwaldzerstörung

a) Aussterben von Arten

Die tropischen Regenwälder sind die artenreichsten Biotope, in denen zwischen 50 und 75 % aller Pflanzen- und Tierarten der Erde beheimatet sind (Kap. 2.5.1). Wieviele davon der bisherigen Tropenwaldvernichtung bereits zum Opfer gefallen sind, ist schwer abzuschätzen, da vermutlich zahlreiche noch gar nicht registriert worden waren. Man nimmt aber an, daß zwischen 1975 und 2000 mit einem Artenschwund von 30–50 % gerechnet werden muß (Deutscher Bundestag 1990).

Die *Regenerationsfähigkeit* des tropischen Regenwaldes ist offenbar weit weniger ausgeprägt als es optisch den Anschein hat. Untersuchungen in Kalimantan haben gezeigt, daß 50 Jahre nach einer Brandrodung erst etwa 50 % der ursprünglichen Baumarten nachgewachsen waren. Demzufolge scheinen mindestens 120, unter Umständen sogar 300 Jahre nötig zu sein, ehe ein primärwaldähnlicher Zustand wiederhergestellt ist (Deutscher Bundestag 1990).

Viele der aktuellen tropischen Nutzpflanzen stammen aus den Regenwäldern. Um diese zu erhalten oder züchterisch zu verbessern, ist die Bewahrung einer möglichst großen Zahl wilder Arten notwendig. Der Regenwald stellt somit eine natürliche Genbank dar, die für die Sicherung der menschlichen Nahrungsbasis lebensnotwendig ist. Auf die potentielle Funktion dieser Genbank für die Pharmazie und somit für die medizinische Versorgung der Menschheit wurde schon hingewiesen (Kap. 3.5).

b) Beeinflussung des globalen Klimas

Im Verlaufe unseres Jahrhunderts hat sich die Durchschnittstemperatur der Erdoberfläche durch den sog. *„Zusätzlichen Treibhauseffekt"* um ca. 0,6 °C erhöht. Für die kommenden 40 Jahre wird mit einer Zunahme von weiteren 2–3 °C gerechnet, was gravierende Folgen für das Weltklima nach sich ziehen würde.

Von den Spurengasen, die für die Entstehung des zusätzlichen Treibhauseffektes verantwortlich sind, werden einige, wie CO_2, CH_4 (Methan) und O_3 (Ozon), auch durch Tropenwald- und Savannenbrände emittiert. Allerdings liegt deren Anteil an dem gesamten zusätzlichen Treibhauseffekt bei nur 10–15 %, was im Vergleich zu den Emissionen durch die Industrieländer verhältnismäßig wenig ist.

Nach Auffassung der Enquete-Kommission des Deutschen Bundestages, die sich mit dem Schutz der Erdatmosphäre befaßt, dürfte sich somit die Tropenwaldzerstörung auf das Klima außerhalb der Tropen nicht allzu schwerwiegend auswirken, selbst wenn die gesamten tropischen Wälder abgeholzt würden (Deutscher Bundestag 1990).

c) Beeinflussung des regionalen Klimas

Viel tiefgreifender als für das Globalklima dürften jedoch die Folgen für das regionale und lokale Klima sein. Das hängt in erster Linie mit den zu erwartenden *Veränderungen des Wasserkreislaufs* zusammen. Zwar stammt der Wasserdampf in der Atmosphäre zu 88 % aus den Ozeanen, so daß sich Veränderungen auf den Oberflächen der Kontinente nur sekundär auf den globalen Wasserhaushalt auswirken können. Im Falle von zusammenhängenden Regenwaldgebieten, die sich in großer Entfernung zum Meer befinden, ist diese Regel jedoch außer Kraft gesetzt. Von den ohnehin sehr reichlichen Niederschlägen dieser Zone geben die Regenwälder einen sehr hohen Anteil, nämlich ca. 75 %, durch *Transpiration und Interzeption* (Verdunsten von Regenwasser, das an Blättern und Ästen hängenbleibt) unmittelbar wieder an die Atmosphäre zurück. Folglich speisen sich in küstenfernen Regenwaldgebieten, wie im Innern Amazoniens oder des Kongobeckens, die Niederschläge großenteils aus sich selbst. Eine vollständige Entwaldung würde den Wasserkreislauf solcher Gebiete also stark beeinträchtigen.

Nach einer Modellrechnung des britischen Wetterdienstes wäre in Zentralamazonien bei einer vollständigen Umwandlung der Regenwälder in Grasland theoretisch mit folgenden Konsequenzen zu rechnen (Deutscher Bundestag 1990):

Die *Verdunstung* ginge um etwa 30 % zurück; damit verringerten sich die *Niederschläge* um etwa 20 %. Die relative Rate des *Wasserabflusses* würde sich mehr als verdoppeln, von 25 % auf über 50 % und zwar überwiegend als oberirdischer Abfluß (der im Regenwald nur 5 % beträgt). Der erhöhte Oberflächenabfluß würde in der Regenzeit zu häufigeren und stärkeren Überschwemmungen in den Tiefländern führen. Zusätzlich würden die jahreszeitlichen Abflußschwankungen ausgeprägter auftreten als bisher, d. h. neben stärkeren *Überflutungen* wäre mit längeren *Trockenphasen* zu rechnen. Die *Bodenfeuchte* würde sich drastisch verringern, wohl um 60 %. Außerdem stiege die Bodentemperatur um etwa 3 °C an (Deutscher Bundestag 1990).

d) Auswirkungen auf die Böden und Bodenerosion

Das Ausmaß der Bodenveränderungen durch die Regenwaldrodung hängt stark von der Rodungstechnik und der Art und Weise der Landnutzung ab. So kann eine maschinelle Rodung mit Planierraupen den Oberboden verdichten, die Biomasse weitgehend beseitigen, die humushaltige Oberschicht streckenweise entfernen, den Unterboden freilegen und diesen der Sonneneinstrahlung und den Regengüssen aussetzen. Glücklicherweise werden derartige bodenzerstörende Rodungsverfahren heute immer seltener praktiziert. Man hat in den betroffenen Ländern erkannt, daß der Erhalt der Humusdecke und ein rasches Bepflanzen mit Bodendeckern (meist Leguminosen), gefolgt von schattenspendenden Baum- oder Strauchkulturen, sich auch ökonomisch rasch auszahlt.

Mit der Entfernung der Walddecke droht natürlich eine Zunahme der *Erosion*. Deren Ausmaß hängt entscheidend von der Form der anschließenden Bodennutzung ab. Hier gibt es beträchtliche Unterschiede: Auf einem Ferralsol in schwachgewelltem bis hügeligem Gelände und bei einem durchschnitt-

lichen Jahresniederschlag von 3500 mm sind folgende Bodenabtragungs-
werte gemessen worden (Deutscher Bundestag 1990):

unter primärem Regenwald	ca.	1,5 t/ha/Jahr
unter dichter Weide	ca.	6,0 t/ha/Jahr
unter selektiv eingeschlagenem Wald	ca.	10,0 t/ha/Jahr
unter Ackerland mit einjährigen Nutzpflanzen	ca.	30,0–80,0 t/ha/Jahr
dagegen: unter terrassiertem Naßreisbau	weniger als	0,2 t/ha/Jahr

(100 t Bodenabtrag pro Hektar entsprechen etwa 1 cm Bodentiefe).

Die verstärkte Erosion resultiert in einer *Zunahme der Sedimentfracht* in
den Flüssen, was zu einer Höherlegung des Flußbettes und damit zu häufigeren und stärkeren Überschwemmungen bis hin zur Verlagerung ganzer
Flußläufe führen kann. Ein oft erwähntes Beispiel sind die Flutkatastrophen
in Nordostindien und Bangladesh als Folge der Abholzung im Himalaya.
Inzwischen häufen sich jedoch die Stimmen, die vor allzu voreiligen Schuld-
zuweisungen und Übertreibungen warnen (z. B. GRAINGER 1993). Nach
HAFFNER (1995) können erosive Prozesse sogar zu positiven Ergebnissen
führen, wenn man an die fruchtbaren Alluvialebenen denkt, wie z. B. in den
Stromtiefländern des Nils, Ganges usw., die durch Bodenverlagerung entstanden sind.

e) Wirtschaftliche Effekte
In wirtschaftlicher Sicht zählen zunächst die Gewinne aus dem *kommerziellen Holzeinschlag.* Für eine Reihe von Ländern ist dies eine wichtige Devisenquelle – nicht nur für die Hauptexporteure Malaysia und Indonesien, sondern in Relation zum gesamten Staatshaushalt noch bedeutsamer für kleinere
Länder wie die Elfenbeinküste, Ghana und Gabun. Allerdings darf nicht
übersehen werden, daß das Holz zunehmend in den Erzeugerländern selbst
benötigt wird. Gerade in so aufstrebenden und bevölkerungsreichen Ländern
wie Indonesien oder Brasilien wächst die Nachfrage ständig.
    Durch die Schaffung verschiedener *infrastruktureller Einrichtungen,* wie
z. B. ein Wegenetz, kleine Flugpisten oder Hafeneinrichtungen, trägt die
Holzwirtschaft nicht unerheblich zur Erschließung und regionalen Entwicklung peripherer Waldgebiete bei. Dies kann allerdings auch unerwünschte
Effekte auslösen, wie die erwähnte „Wegbereitung" für die spontane Agrarkolonisation und damit endgültige Waldvernichtung.
    Ein anderer wirtschaftlicher Aspekt, nämlich die Schaffung von *Arbeits-
plätzen,* fällt dagegen weniger ins Gewicht als von den Holzwirtschaften für
gewöhnlich hervorgehoben wird. Selbst in Malaysias „Holzprovinzen" Sarawak und Sabah (auf Borneo) sind nicht mehr als 7–9 % der Arbeitskräfte in
der Holzwirtschaft beschäftigt. In den meisten anderen Ländern sind es nicht
einmal 1 %, wie z. B. in Indonesien.

Um die Zahl der Arbeitsplätze zu erhöhen, verfügte die indonesische Regierung 1980 als erster Holzexporteur einen Exportstop für unbearbeitete Holzstämme. Daraufhin entstanden zwischen 1980 und 1986 im ganzen Land verteilt 78 neue Sägewerke und Sperrholzfabriken. Doch auch durch diese Maßnahme konnte der Beschäftigungseffekt nur geringfügig gesteigert werden.

Vermutlich beschäftigen und ernähren die verschiedenen Formen traditioneller Waldnutzung weit mehr Personen als der kommerzielle Holzeinschlag. In Amazonien leben rund zwei Millionen Menschen von Waldsammelprodukten, wie Kautschuk, Paranüsse, Harze, Fasern, Wachs, Gerbstoffe und Heilflanzen. In Indonesien ist die Zahl der Rattansammler und -verarbeiter schätzungsweise doppelt so groß wie die der Arbeiter in der Holzwirtschaft.

Den wahrscheinlich größten Beschäftigungseffekt bei der Tropenwaldnutzung hat das *Sammeln von Feuerholz* und die *Herstellung von Holzkohle*. Beide dienen keineswegs nur dem Eigenbedarf, sondern sind inzwischen wichtige Marktprodukte, für die vor allem in den rasch wachsenden Städten ein zunehmender Bedarf besteht. Gerade für die kleinbäuerlichen Pioniersiedler an der Rodungsfront bilden die Erlöse aus dem Feuerholz- und Holzkohlenverkauf ein unverzichtbares „Startkapital". In vielen gutgemeinten Entwicklungsprojekten, in denen es um die Ablösung von Feuerholz und Holzkohle durch ökologisch unbedenklichere Alternativenergien geht, wird dieser Aspekt zu wenig beachtet.

4.2.3 Lösungsansätze

Seit Anfang der 70er Jahre haben sich die internationalen Anstrengungen zum Schutz der Regenwälder erheblich verstärkt. Eine Reihe von bedeutenden internationalen *Konferenzen* – von der Umweltkonferenz in Stockholm (1972) über den Umweltgipfel in Rio de Janeiro (1992) bis hin zu den Klimakonferenzen in Berlin (1995) und Tokio (1997) – haben das Bewußtsein der Weltöffentlichkeit aufgerüttelt und dazu geführt, daß heute das Problem der Tropenwaldvernichtung an vorderster Stelle in der Liste der globalen Umweltthemen steht.

Inzwischen sind eine Reihe von Aktionen ins Leben gerufen worden. So gibt es seit 1971 das „*Man and Biosphere"-Programm* der UNESCO, welches die Schaffung eines weltweiten Netzes von Biosphären-Reservaten zum Ziel hat. Die bislang größte Initiative auf dem Tropenwaldsektor ist der sogenannte „*Tropenwald-Aktionsplan*", der 1985 auf Anregung der FAO ins Leben gerufen worden ist. Neben der Inventarisierung und Zustandsbeschreibung der bestehenden Waldgebiete werden regionpezifische Strategieanweisungen für die Wälder erarbeitet und den betreffenden Regierungen zur

Verfügung gestellt. Ein anderer wichtiger Schritt war das *Internationale Tropenholz-Abkommen* (ITTA), eine Handelsvereinbarung der Tropenholz exportierenden und importierenden Länder. Ziel ist es, pflegliche Forstbewirtschaftungsmethoden durchzusetzen, die auch zukünftigen Generationen noch Holzreserven garantieren. Die Forstwirtschaft als „Hüter" des Waldes und nicht als dessen Ausbeuter lautet die Devise. Sogar die meisten Umweltorganisationen unterstützen inzwischen das ITTA-Abkommen, nachdem sie von der absoluten „Hände-weg-vom-Regenwald"-Einstellung etwas abgerückt sind (COLLINS 1990).

Neben den staatlichen Institutionen ist in den vergangenen Jahren eine Vielzahl von *nichtstaatlichen Organisationen* (NGO) zum Schutz der Tropenwälder gegründet worden. Allein in Südostasien sind es über 200. Einige sind weltweit aktiv, wie z. B. der *„World Wide Fund for Nature"* (WWF). Seit seiner Gründung (1960) hat der WWF über 4000 Maßnahmen in 130 Ländern angeregt, darunter eine Reihe weltweit beachteter Projekte wie den Lorentz-Nationalpark in Irian Jaya (Indonesien). Der Schwerpunkt der Aktivitäten liegt auf der Identifizierung besonders schutzwürdiger Waldgebiete, der Einrichtung von Naturschutzgebieten und auf der Schulung des notwendigen Personals. Als weitere weltweit bekannte Organisation ist *„Greenpeace"* auf dem Gebiet des Tropenwaldschutzes aktiv.

Die engagierte Öffentlichkeitsarbeit der NGOs beginnt Wirkung zu zeigen. Einige bedenkliche Projekte konnten aufgehalten oder zumindest „entschärft" werden. Auch die bislang als „Sündenbock" gescholtene *Weltbank,* die zuvor viele Millionen Dollar in unsinnige Riesenprojekte gesteckt hatte, unterhält seit 1987 eine eigene Umweltabteilung und hat sich zur Zusammenarbeit mit den NGOs bereiterklärt (COLLINS 1990).

An konkreten politischen Ansätzen verdient vor allem der Entschluß der brasilianischen Regierung Erwähnung, die steuerliche Begünstigung für die Ranchbetriebe in Amazonien zu streichen. Weitere Möglichkeiten, die Waldzerstörung zu reduzieren, bestehen insbesondere beim Straßenbau. Gerade die spontane Agrarkolonisation, weltweit die Hauptursache der Tropenwaldzerstörung, ist auf ein funktionierendes Wegenetz angewiesen. Ein Verzicht auf weitere Straßen durch bislang unberührte Waldgebiete könnte diesen Prozeß beträchtlich einschränken, wenn auch nicht vollständig stoppen.

Auch die Einrichtung von *Naturschutzgebieten* kann erste Erfolge vorweisen. Selbst in Thailand, wo wie in kaum einem anderen Tropenland die Wälder kommerziellen Zwecken geopfert wurden, gibt es inzwischen Naturschutzgebiete, wie z. B. den Khao-Yai-Park nordöstlich von Bangkok, die auch tatsächlich geschützt werden. Die Regierungen haben erkannt, daß man mit Parks im internationalen Tourismusgeschäft Geld verdienen kann. Im lateinamerikanischen Raum ist insbesondere Costa Rica dabei, durch den Schutz von Regenwaldresten den Ökotourismus zu fördern.

Weltweit sind in den tropischen Waldgebieten bislang rund 700 Schutzgebiete ausgewiesen (COLLINS 1990). Gleichwohl ist dies nur ein Tropfen auf den heißen Stein. So umfassen z. B. die Schutzgebiete im brasilianischen Amazonien derzeit rund 100 000 km^2 (= 3 % der Gesamtfläche), während allein zwischen 1984 und 1990 in der Region über 400 000 km^2 gerodet wurden (MERTINS 1991). Außerdem befinden sich die Parks in einem beklagenswerten Zustand, keiner ist wirklich geschützt, weil es an ausgebildetem Personal und Geld fehlt (ESSER 1989).

Nach Ansicht von COLLINS (1990) müßten mindestens 15 % der ursprünglichen Regenwaldfläche geschützt werden, um den Forderungen nach Erhalt der Artenvielfalt einigermaßen gerecht zu werden. Hierbei sind unterschiedliche Abstufungen möglich, die von *reinen Naturreservaten,* zu denen nur bestimmten Personen der Zutritt erlaubt ist, bis zu *Mehrzweckreservaten* reichen, in denen eine kontrollierte Nutzung stattfinden darf. Wichtig ist die Einhaltung einer Mindestgröße des Schutzgebietes, zumal einige Tiere, wie z. B. der Tiger, sehr große Reviere zum Überleben benötigen. Ideal sind sogenannte *„Biotopverbunde"*, bei denen mehrere Reservate durch Korridore miteinander in Verbindung stehen. Besonders schutzwürdig sind die Waldareale mit den höchsten Zahlen an endemischen Arten wie z. B. die Regenwälder an der Ostseite Madagaskars oder auch die sogenannten *„Pleistozän-Refugien"* Amazoniens, jene inselartigen Gebiete, die während der niederschlagsärmeren Eiszeiten durchgehend mit Regenwald bestanden waren, während in der Umgebung Savannen vorherrschten.

Aus Rücksicht auf die Interessen der lokalen Bevölkerung wird heute in vielen Naturschutzgebieten das sogenannte *„Pufferzonen-Konzept"* angewendet. Dieses sieht eine absolut geschützte Kernzone vor, die von einem mehr oder weniger breiten Übergangsstreifen umgeben ist, der von den ortsansässigen Bewohnern für bestimmte Zwecke genutzt werden darf.

5. Bewertung der feuchten Tropen als aktueller und potentieller Lebens- und Wirtschaftsraum

Nach der vorangegangenen Monographie über die feuchten Tropen erhebt sich die Frage: Wie stellt sich diese Klimazone als Lebens- und Wirtschaftsraum im Vergleich zu den anderen Klimazonen – in der Vergangenheit, heute und in Zukunft – dar? Welche spezifischen naturgegebenen Vor- und Nachteile weist sie auf, und wie hat der Mensch darauf reagiert bzw. wie kann er in Zukunft darauf reagieren? Während in der gegenwärtigen deutschsprachigen Tropenliteratur die Antwort durchweg skeptisch ausfällt, kommt dieses Buch zu einer *optimistischeren* Einschätzung. Demnach hat der Lebens- und Wirtschaftsstandort „Feuchte Tropen" im Verlaufe unseres Jahrhunderts eine *deutliche Aufwertung,* insbesondere im Vergleich zu den benachbarten trockenen Tropen, erfahren. Darauf weisen die anhaltenden, von den trockenen zu den feuchten Tropen gerichteten Bevölkerungsbewegungen hin. Gründe für die zunehmende Attraktivität sind:

- Besserung der Lebensbedingungen durch vermindertes Gesundheitsrisiko und verbesserte Hygiene,
- vereinfachte Erschließbarkeit des Regenwaldes durch technische Innovationen (z. B. Motorsäge),
- erhöhte Weltmarktnachfrage nach spezifisch feuchttropischen Agrarprodukten (z. B. Kautschuk, Palmöl usw.),
- Erfolge der landwirtschaftlichen Forschung, z. B. der Züchtung angepaßter Reissorten,
- aber auch: relative Verschlechterung der Lebensbedingungen (Stichwort: „Desertifikation") in den benachbarten trockenen Tropen (z. B. Sahel, Nordostbrasilien, Nordost-Thailand usw.).

Im folgenden werden die genannten Gründe kurz erläutert.

5.1 Als Standort für menschliche Besiedlung

Zweifellos waren die feuchten Tropen ursprünglich ein ausgesprochener *Ungunstraum* für die menschliche Besiedlung. Einer der wesentlichen Gründe dürfte das hohe gesundheitliche Risiko gewesen sein. Zahlreiche Krankheiten, wie z. B. die *Malaria,* minderten die Lebensqualität insbesondere in den Tiefländer ganz erheblich. Im Verlaufe des vergangenen Jahrhunderts haben sich jedoch die Bedingungen durch verbesserte Hygiene und medizinischen Fortschritt eindeutig gebessert (Kap. 2.1.4).

Allerdings haben nicht alle Feuchttropengebiete in gleicher Weise davon profitiert. Die größten Fortschritte sind sicherlich in Südostasien zu verzeichnen, das erheblich an Lebensqualität gewonnen hat. Bestes Beispiel ist Singapur, eine Stadt, die auch nach europäischen Maßstäben bezüglich Hygiene und medizinischer Versorgung als vorbildlich gilt. In Malaysia ist man bemüht, dem Vorbild Singapurs nachzueifern. Auch andere Städte Südostasiens, wie Bangkok und Jakarta, konnten, z. B. durch „Slum"-Sanierungen oder Versorgung mit sauberem Trinkwasser die Hygiene und die Lebensbedingungen verbessern. In Lateinamerika zeichnet sich eine ähnliche Entwicklung ab. Lediglich in den feuchten Tropen Afrikas ist die gesundheitliche Situation noch immer sehr problematisch, zumal sich der größte Teil der Bevölkerung die medizinischen und hygienischen Errungenschaften nicht leisten kann (Kap. 2.1.4). Doch auch hier hat es medizinische Erfolge gegeben, wie z. B. die Ausrottung der Flußblindheit, wodurch die Flußniederungen der westafrikanischen Feuchtsavannenzone überhaupt erst besiedelbar und als Ackerland nutzbar wurden.

Ein zweiter wichtiger Grund für die ursprünglich geringe Attraktivität der feuchten Tropen war wohl die *schwierige Erschließbarkeit der Regenwälder,* die sich mit den einfachen Werkzeugen der frühen Siedler nur schwerlich roden ließen. Seit der Einführung der Motorsäge stellt der Regenwald jedoch kein Hindernis mehr dar.

Auch der *Mangel an jagdbarem Wild* mag früher zur Unattraktivität der Regenwälder beigetragen haben.

5.2 Als agrarer Wirtschaftsraum

Das Agrarpotential der feuchten Tropen ist in der jüngeren Vergangenheit wiederholt in Frage gestellt worden. Insbesondere die Arbeit von WEISCHET (1977) von der „ökologischen Benachteiligung der Tropen" hat in der Öffentlichkeit den Eindruck erweckt, als handele es sich bei den feuchten Tropen um einen agraren Ungunstraum. Dieser Auffassung kann man folgende Überlegungen entgegenstellen:

*a) Neben unbestreitbaren Nachteilen weisen die feuchten Tropen auch ein-
deutige ökologische Vorteile auf.*
Der Hauptnachteil ist zweifellos die geringe Fruchtbarkeit der vorherrschenden Böden (obwohl diese These inzwischen nicht mehr von allen
Autoren geteilt wird, Kap. 2.4). Bei den anderen ökologischen Faktoren
stellt sich die Situation jedoch weit günstiger dar: Kein anderer Klimagür-
tel der Welt bietet über das gesamte Jahr hinweg ein derart hohes und kon-
stantes Angebot an Licht, Wärme und Wasser. Eventuell niedrigere Sai-
sonerträge werden durch die Möglichkeit der Mehrfachernte in der Jahres-
bilanz mehr als ausgeglichen. Vor- und Nachteile dürften sich somit die
Waage halten.

*b) Von dem ökologischen Handicap, nämlich der mangelhaften Bodenfrucht-
barkeit, sind nur ganz bestimmte, keineswegs aber alle Formen der Agrarproduktion betroffen.*
Eindeutig benachteiligt ist die Kultivierung einjähriger Nutzpflanzen auf
unbewässertem Land. Bis auf wenige Gunststandorte ist dies nur mit dem
sehr flächenaufwendigen Wechsel von kurzen Anbau- und langen Brachephasen, also im Wanderfeldbau, möglich. Gleichfalls benachteiligt sind
die meisten Formen der Tierhaltung, vor allem die Großviehhaltung.
Dagegen bieten die feuchten Tropen sehr gute Voraussetzungen für den
Bewässerungsfeldbau. Hiervon profitiert vor allem der wasserliebende
Reis. Noch günstiger stellt sich die Situation für eine Vielzahl von mehr-
jährigen Baum- und Strauchkulturen dar. Viele sind in den feuchten Tropen heimisch und können nur dort kultiviert werden.
Generell läßt sich die Behauptung von der ökologischen Ungunst der
feuchten Tropen für die Agrarwirtschaft wohl kaum halten.

*c) Durch die Kommerzialisierung der Landwirtschaft hat der „Agrarstandort
Feuchte Tropen" eine beträchtliche Aufwertung erfahren.*
Eine positive Entwicklung zugunsten der feuchten Tropen wurde durch
die Kommerzialisierung der Landwirtschaft und die Öffnung der Welt-
märkte eingeleitet. In früheren Zeiten, als bei den Agrargesellschaften
noch die Subsistenzökonomie mit dem Anbau einjähriger Nahrungspflanzen vorherrschte, boten die feuchten Tropen in der Tat keine optimalen
natürlichen Voraussetzungen. Eine Ausnahme bildete schon damals die
Möglichkeit der Naßreisproduktion, die aber fast nur von den asiatischen
Völkern aufgegriffen und fortentwickelt wurde. Überall sonst konnte die
Selbstversorgung lediglich mit dem Wanderfeldbau erzielt werden. Dies
änderte sich mit der Einbindung der bäuerlichen Ökonomie in die regionalen und internationalen Märkte. Gefragt waren nun Agrarerzeugnisse, für
die die feuchten Tropen prädestiniert waren, wie Kautschuk, Palmöl, Kaffee, Kakao, Tee, Gewürze usw. So gewannen die feuchten Tropen als
potentieller Agrarstandort zunehmend an Attraktivität.

Eine weitere Aufwertung erfolgte durch die „Grüne Revolution". Einige Eigenschaften der modernen Reiszüchtungen kamen speziell den feuchten Tropen zugute, wie z. B. die Tageslichtneutralität (Kap. 3.3.4c). Auch die hohen Ansprüche dieser Sorten an eine reichliche und gut geregelte Wasserzufuhr konnten in den feuchten Tropen mit einfacheren Mitteln befriedigt werden als in anderen Klimazonen. Allerdings sind diese Möglichkeiten bislang nur in Asien wirklich ausgeschöpft worden, weil nur hier mit dem traditionellen Bewässerungsfeldbau die nötige Basis für die Grüne Revolution existierte. Selbstverständlich ist das ökologische Potential hierfür aber auch in den afrikanischen und lateinamerikanischen Feuchttropen vorhanden.

Fazit:
Alles in allem haben die feuchten Tropen als Siedlungs- und Wirtschaftsraum im Verlaufe unseres Jahrhunderts an *Attraktivität gewonnen.* Nicht zufällig bieten sie sich deshalb in allen Tropenkontinenten als Zielgebiete für Migranten, Siedlungsprojekte und Agrarkolonisation (Kap. 4.1) an. Herkunftsgebiete sind in erster Linie die benachbarten trockenen Tropen, die als ursprüngliche Gunsträume relativ früh erschlossen wurden, inzwischen aber übervölkert und entsprechend übernutzt und über weite Strecken degradiert oder sogar desertifiziert sind. Der Trend von den Trockentropen zu den Feuchttropen ist besonders in Westafrika offenkundig, wo die Völker aus den Dornstrauch- und Trockensavannen über die Feuchtsavannen hinweg bis in die Regenwaldgebiete vordringen, wie z. B. von Burkina Faso zur Elfenbeinküste (MANSHARD 1988; WIESE 1997). Andere Beispiele sind der Auszug aus dem semiariden Nordostbrasilien in das humide Amazonien oder aus dem wechselfeuchten Java hinüber auf die dauerfeuchten Großen Sundainseln usw. Trotz gelegentlicher Rückschläge besteht der Trend ungebrochen fort.

Die bäuerliche Praxis belegt, daß die Agrarwirtschaft in den feuchten Tropen sehr gut funktionieren kann – unter der Voraussetzung fairer Preise, geregelter Landbesitzverhältnisse und freiem Marktzugang. So bietet sich z. B. für einen kleinbäuerlichen Haushalt mit der Kombination von Dauerkulturen zu Vermarktungszwecken und dem Anbau von Naßreis zur Eigenversorgung ein Betriebssystem an, das sozial verträglich, ökologisch nachhaltig und ökonomisch profitabel ist.

5.3 Als Reiseziel

Die verbesserten Lebensbedingungen (Kap. 5.1) haben die feuchten Tropen auch als Reiseziel für europäische Touristen interessant gemacht.

Die Entscheidung für einen Urlaub in den feuchten Tropen mag bei vielen Europäern von der Vorstellung an eine „ferne Südseeinsel mit palmenumsäumten Stränden" geleitet gewesen sein. Sicherlich zählen *Strand, Sonne, Sand* und *Kokospalmen* zu den touristischen Hauptattraktionen dieser Zone. Inseln, die diese Vorstellung erfüllen, gibt es in großer Zahl, besonders im Pazifik, in der Karibik und im südostasiatischen Archipel. Allein Indonesien zählt über 13 000 Inseln, von denen die meisten unbewohnt sind.

Ein wichtiger Vorteil der äquatorialen Breiten ist die *ganzjährige Saison.* Dagegen wirkt sich zu den Wendekreisen hin der *Wechsel von Regen- und Trockenzeit* auch auf den Tourismus aus. So ist z. B. eine Reise nach Thailand, einem der Haupttourismusziele in den feuchten Tropen, während der niederschlagsreichen Monsunzeit von Juni bis September nur bedingt zu empfehlen. Noch ungünstiger ist die sehr trockene, heiße und staubige Vormonsunzeit von Februar bis Mai, wenn große Teile des Landes ausgedörrt daliegen. Am angenehmsten reist es sich in der Nachmonsunzeit zwischen Oktober und Januar; dann ist es trocken, relativ kühl und überall grün.

„Bildungsreisende", die sich für *historische Sehenswürdigkeiten* interessieren, kommen nur in den wechselfeuchten Tropen, und dort auch nur in bestimmten Regionen, auf ihre Kosten, vor allem im asiatischen Raum, wie z. B. in Kambodscha, Thailand, Myanmar (Burma), Indien, Sri Lanka und auf Java mit den großartigen Baudenkmälern vergangener hinduistischer und buddhistischer Großreiche. Auch in Lateinamerika sind die bekannten historischen Bauten der Mayas, Azteken und Inkas auf die wechselfeuchten Tropen bzw. auf Hochländer beschränkt. Dagegen sind die dauerfeuchten Tropen ausgesprochen arm an Baudenkmälern verflossener Kulturen. Dies liegt zum einen an der relativ jungen Besiedlung dieser Gebiete und daran, daß man als Baumaterial kaum Steine verwenden konnte, die wegen der tiefgründigen Verwitterung nur schwer erschließbar sind. Statt dessen wurde fast ausschließlich mit Holz gebaut, das allerdings die Jahrhunderte nicht überdauerte. So sind z. B. von dem mittelalterlichen Großreich Srivijaya, das von Südsumatra aus große Teile Südostasiens beherrschte, keinerlei Überreste erhalten geblieben.

An jüngeren *architektonischen Sehenswürdigkeiten* haben die feuchten Tropen relativ wenig zu bieten. Eine Ausnahme stellt die Insel Bali mit seiner einzigartigen hinduistischen Tempelkultur dar. Auch die Dorfanlagen einiger indonesischer Völker, wie der Batak und Minangkabau (auf Sumatra) und der Toraja (auf Sulawesi) mit ihren imposanten Holzhauskonstruktionen ziehen Touristen an.

Die *Großstädte* in den feuchten Tropen laden bis auf einzelne Ausnahmen nicht zum Verweilen ein. Meist dienen sie lediglich als Zwischenstandort bei der Ein- und Ausreise oder als Ausgangspunkt für Exkursionen in die Umgebung, wie z. B. Manaus im brasilianischen Amazonien.

Somit bleiben den feuchten Tropen im wesentlichen ihre *Natur- und Kulturlandschaften* als touristische Attraktionen. Abgesehen von den Küsten mit ihren *Palmenstränden* sind es in erster Linie die großartigen *Reisterrassenlandschaften* Süd- und Südostasiens, die den europäischen Reisenden faszinieren. Die spektakulärsten Beispiele finden sich im Norden der Insel Luzon (Philippinen), ferner auf Bali, Java, Sumatra, in Südsulawesi, Nepal, Sri Lanka und Südchina.

Eine weitere Attraktion stellen die *Kegelkarstlandschaften* mit ihren bizarren Kalktürmen dar, wie wir sie in Südchina (Guilin), Nordvietnam, Südthailand, Südsulawesi und auf einigen Karibikinseln finden.

Um die wachsende Kundschaft ökologisch orientierter Reisender aus Europa und Amerika zufriedenzustellen, beziehen immer mehr Länder den *Regenwald* in ihr Tourismuskonzept mit ein. So bieten z.b. Malaysia, Indonesien, Thailand, Brasilien und einige Länder Mittelamerikas inzwischen *„jungle trekking"* an. Allein in Manaus existieren über 30 Agenturen, die Dschungelwanderungen veranstalten und in Costa Rica kann man bereits mit einem Sessellift zwischen den Kronen der Urwaldriesen schweben. Im Gegensatz zu den spektakulären Wildtierherden in den ostafrikanischen Trockensavannen läßt sich die artenreiche Fauna der feuchten Tropen jedoch kaum für touristische Zwecke nutzen. Diesbezügliche Entdeckungssafaris durch tropische Regenwaldgebiete enden für die meisten Besucher eher enttäuschend. Dagegen können bereits wenige Minuten *Schnorcheln* an einem der zahlreichen Korallenriffe mit ihrer bunten Vielfalt an Fischen zu einem unvergeßlichen Erlebnis werden.

Statt wilder Tiere versuchen clevere Tourismusmanager „primitive" *Stammesgruppen* als Attraktion für „Abenteuertouristen" zu vermarkten. Am weitesten fortgeschritten ist man diesbezüglich zweifellos in Nordthailand mit seinen *„hill tribes"*. Aber auch zu den Dayaks in Sarawak (mit Übernachtung im Langhaus), zu den Mentaweiern auf Siberut (westlich von Sumatra), zu den Papuas auf Neuguinea und zu Indiogruppen in den Regenwäldern Lateinamerikas werden organisierte Touren angeboten.

6 LITERATUR

6.1 Lehrbücher, Länderkunden, Überblicke

AHNERT, F.: Einführung in die Geomorphologie. Stuttgart 1996

ANDREAE, B.: Agrargeographie. Strukturzonen und Betriebsformen in der Weltlandwirtschaft. Berlin, New York 1977

ARNOLD, A.: Agrargeographie. Paderborn 1985

BÜDEL, J.: Klima-Geomorphologie. Darmstadt 1977

CAESAR, K.: Einführung in den tropischen und subtropischen Pflanzenbau. Frankfurt 1986

CREDNER, W.: Siam, das Land der Thai. Stuttgart 1935 (Neudruck: Osnabrück 1966)

DOPLER, W.: Landwirtschaftliche Betriebssysteme in den Tropen und Subtropen. Stuttgart 1991

EHLERS, E.: Bevölkerungswachstum – Nahrungsspielraum – Siedlungsgrenzen der Erde. Verl. Diesterweg, Frankfurt/M. 1984

FRANKE, G.: (Hrsg.): Nutzpflanzen der Tropen und Subtropen. Bd. 1: Allgemeiner Pflanzenbau. Verl. Ulmer, Stuttgart 1994; Bd. 2: Spezieller Pflanzenbau. Verl. Ulmer, Stuttgart 1995

FRANKE, G., und H. PÄTZOLD: Nutzpflanzen der Tropen und Subtropen. 4 Bde. Leipzig 1986

GANSSEN, R.: Grundsätze der Bodenbildung. Mannheim 1965

GARNE, H. F.: The origin of landscapes. New York 1974

GOUROU, P.: The Tropical World. Verl. Longman, London [4]1966

HUMBOLDT, A. VON: Ansichten der Natur – mit wissenschaftlichen Erläuterungen. Bd. 1 und 2. Stuttgart, Tübingen 1808 [3]1849

KELLETAT, D.: Physische Geographie der Meere und Küsten. Eine Einführung. Teubners Studienbücher der Geographie. Stuttgart 1989

KÖPPEN, W.: Das geographische System der Klimate. In: Handbuch der Klimatologie, Bd. 1, Teil C. Berlin 1936

KULS, W., und F. J. KEMPER: Bevölkerungsgeographie. Eine Einführung. Teubner Studienbücher Geographie. Stuttgart [2]1993

LAUER, W.: Klimatologie. Das Geographische Seminar. Westermann Schulbuchverlag, Braunschweig 1993

LESER, H.: Geomorphologie. Das Geographische Seminar. Westermann Schulbuchverlag, Braunschweig 1993

MANSHARD, W.: Einführung in die Agrargeographie der Tropen. Mannheim 1968

MANSHARD, W., und R. MÄCKEL: Umwelt und Entwicklung in den Tropen – Naturpotential und Landnutzung. Darmstadt 1995

MÜLLER, P.: Tiergeographie. Verl. Teubner, Stuttgart 1977

MÜLLER-HOHENSTEIN, K.: Die Landschaftsgürtel der Erde. Verl. Teubner, Stuttgart 1979

MÜLLER-WILLE, W.: Gedanken zur Bonitierung und Tragfähigkeit der Erde. In: Westfälische Geogr. Studien, 35. Münster 1978, S. 25–56

PENCK, A.: Das Hauptproblem der physischen Anthropogeographie. Berlin 1924. Wiederabdruck in: E. WIRTH (Hrsg.): Wirtschaftsgeographie. Darmstadt 1969, S. 157–180

PFEFFER, H. H.: Karstmorphologie. Erträge der Forschung, Bd. 79. Darmstadt 1978

READING, A. J., R. D. THOMPSON and A. C. MILLINGTON: Humid tropical environments. Verl. Blackwell, Oxford/UK, Cambridge/USA 1995

REHM, S.: Ökophysiologie der tropischen und subtropischen Nutzpflanzen. In: S. REHM (Hrsg.): Grundlagen des Pflanzenbaus in den Tropen und Subtropen. Handbuch der Landwirtschaft und Ernährung in den Entwicklungsländern, Bd. 3, Ulmer Verlag, Stuttgart 1986, S. 93–114

Ders.: Tropische Kulturpflanzen – gestern, heute und morgen. Geographische Rundschau 41 (1989), H. 7–8, S. 398–404

RIEHL, H.: Tropical Meteorology. Verl. McGraw-Hill, New York/Toronto/London 1954

RUTHENBERG, H.: Farming systems in the tropics. Oxford 1971

RUTHENBERG, H., und B. ANDREAE: Landwirtschaftliche Betriebssysteme in den Tropen und Subtropen. In: Handbuch der Landwirtschaft und Ernährung in den Entwicklungsländern, Bd. 1. Stuttgart 1982, S. 125–173

SANDNER, G., und H. A. STEGER (Hrsg.): Lateinamerika. Fischer Länderkunde, Bd. 7. Frankfurt 1973

SCHEFFER-SCHACHTSCHABEL: Lehrbuch der Bodenkunde. Stuttgart 1992

SCHIMPER, A. F. W.: Pflanzengeographie auf physiologischer Grundlage. Jena 1898

SCHMIDT-LORENZ, R.: Die Böden der Tropen und Subtropen. In: S. REHM (Hrsg.): Grundlagen des Pflanzenbaus in den Tropen und Subtropen. Handbuch der Landwirtschaft und Ernährung in den Entwicklungsländern, Bd. 3. Ulmer Verlag, Stuttgart 1986, S. 47–92

SCHMITHÜSEN, J.: Allgemeine Vegetationsgeographie. Berlin 1961

SCHULTZ, J.: Die Ökozonen der Erde. Stuttgart [2]1995

SEMMEL, A.: Grundzüge der Bodengeographie. Teubner Studienbücher der Geographie. Stuttgart, [3]1993.

SEUFFERT, O.: Formungsstile im Relief der Erde. Programmierung, Prozesse und Produkte der Morphodynamik im Abtragungsbereich. Braunschweiger Geogr. Studien, 1. 1976

THOMAS, M. F.: Tropical Geomorphology. A Study of Weathering and Landform Development in Warm Climates. MacMillan Press. London, Basingstoke 1974

TROLL, C.: Thermische Klimatypen der Erde. Petermanns Geogr. Mitteilungen 89 (1943), S. 81–89

TROLL, C., und K. H. PAFFEN: Karte der Jahreszeitenklimate der Erde. Erdkunde 18 (1964), S. 5–28

UHLIG, H.: Südostasien. Fischer Länderkunde, Bd. 3. Frankfurt 1988

UN-ESCAP: Environmental and socio-economic aspects of tropical deforestation in Asia and the Pacific. Bangkok 1986

WAIBEL, L.: Probleme der Landwirtschaftsgeographie. Wirtschaftsgeograph. Abhandlungen, No. 1. Breslau 1933

WALTER, H., und H. LIETH: Klimadiagramm-Weltatlas. Jena 1960–1967

WALTER, H.: Die Vegetation der Erde in öko-physiologischer Betrachtung. Band I: Die tropischen und subtropischen Zonen. Stuttgart [2]1973

Weltgesundheitsorganisation (WHO) (Hrsg.): Der Weltgesundheitsbericht 1995. Bundesgesundheitsblatt 1996a, S. 15–22

WEISCHET, W.: Die ökologische Benachteiligung der Tropen. Verl. Teubner, Stuttgart 1977

Ders.: Einführung in die Allgemeine Klimatologie. Verl. Teubner, Stuttgart 1991

WEISCHET, W., and C. N. CAVIEDES: The persisting ecological constraints of tropical agriculture. Longman, New York 1993

WHITMORE, T. C.: Introduction to tropical rainforests. Oxford 1990

WIESE, B.: Die Elfenbeinküste. Wiss. Länderkunden, Bd. 29. Darmstadt 1988

Ders.: Afrika – Ressourcen, Wirtschaft, Entwicklung. Stuttgart 1997

WILHELMY, H.: Klimageomorphologie in Stichworten. Kiel 1974

WINDHORST, H.-W.: Geographie der Wald- und Forstwirtschaft. Teubner Studienbücher der Geographie. Stuttgart 1978

WIRTHMANN, A.: Geomorphologie der Tropen. Erträge der Forschung, Bd. 248. Wiss. Buchges., Darmstadt ²1994

6.2 Naturraum

BARROW, C.: Water Resources and Agricultural Development in the Tropics. Verl. Longman 1987

BAUMGARTNER, A., und E. REICHEL: Die Weltwasserbilanz. Niederschlag, Verdunstung und Abfluß über Land und Meer sowie auf der Erde im Jahresdurchschnitt. Oldenbourg-Verlag, München 1975

BECK, L., H. HÖFER, C. MARTINS, J. RÖMBKE und M. VERHAAG: Bodenbiologie tropischer Regenwälder. Geographische Rundschau 49 (1997) H. 1, S. 24–31

BEMMELEN, R. W. VAN: The Geology of Indonesia. 2 volumes; Den Haag 1949

BREMER, H.: Reliefformen und reliefbildende Prozesse in Sri Lanka. Relief, Boden, Paläoklima 1 (1981), S. 7–184

Dies.: Das Naturpotential in den feuchten Tropen. Geographische Rundschau 41 (1989) H. 7–8, S. 382–390

BRUENIG, E. F.: Functions of the tropical rainforest in the local and global context. In: U. SCHOLZ (Hrsg.): Tropischer Regenwald als Ökosystem. Giessener Beiträge zur Entwicklungsforschung I, Bd. 19. Giessen 1991, S. 1–13

Bundesministerium für Forschung und Technologie (BMFT): „Forschungen für den Tropenwald". Bonn 1995

Bundesministerium für wirtschaftliche Zusammenarbeit (BMZ) (Hrsg.): Erhaltung und nachhaltige Nutzung tropischer Regenwälder – Elemente einer Strategie gegen die Waldzerstörung in den Feuchttropen. Weltforum Verlag, Köln 1986

COLLINS, M.: (Hrsg.): Die letzten Regenwälder. Verl. Bertelsmann. Gütersloh 1990

DARWIN, CH.: The structure and distribution of coral reefs. Smith, Elder and Co., London 1889

Deutscher Bundestag (Hrsg.): Schutz der Tropenwälder. Berichte der Enquete-Kommission „Vorsorge zum Schutz der Erdatmosphäre", Bd. 2. Bonn 1990

ELLENBERG, L.: Ursachen und Konsequenzen der Waldzerstörung in Costa Rica. In: Kieler Geograph. Schriften, Bd. 73. Kiel 1989, S. 31–45

ESSER, J.: Warum sind tropische Regenwälder schutzwürdig? In: Kieler Geograph. Schriften, Bd. 73. Kiel 1989, S. 17–29

FAO: Tropical forest resources. FAO forestry paper 30. Rom 1982

Dies. (Ed.): Forest resources assessment 1990. Tropical countries. FAO Forestry Paper 112. Rom 1993.

Dies. (Ed.): Forest resources assessment 1990. Tropical forest plantation resources. FAO Forestry Paper 128. Rom 1995.

Dies.: World Soil Resources. An explanatory note on the FAO World Soil Resources Map 1 : 25 Mio. World Soil Rep. 66. Rom 1991

FAO-UNESCO (1974–81): Soil Map of the World. Vol. I–X und 18 Karten 1 : 50 Mio, Paris 1974–81; dazu: revised legend in World Soil Res. Rep. 60. Rom 1988

FEARNSIDE, P. M.: An ecological analysis of predominant landuse in the Brazilian Amazon. In: The Environmentalist 8, H. 4, S. 281–300

FINCK, A.: Fruchtbarkeit tropischer Böden: In: Handbuch der Landwirtschaft und Ernährung in den Entwicklungsländern, Bd. 2. Stuttgart 1971, S. 99–125

FITTKAU, E. J.: Artenmannigfaltigkeit amazonischer Lebensräume aus ökologischer Sicht. Amazonia 4 (1973), S. 321–340

FITTKAU, E. J., and H. KLINGE: On the biomass and trophic structure of the central Amazon rain forest ecosystem. Biotropica 5 (1973), S. 2–14

GEROLD, G.: Nutzungseingriffe in tropischen Waldgebieten und deren pedoökologische Folgen. In: Giessener Beiträge zur Entwicklungsforschung I, 19. Giessen 1991, S. 25–40

GOLLEY, F. B. (Ed.): Tropical rain forest ecosystems. Ecosystems of the World, 14A. Amsterdam 1983

GRUNERT, J. (Ed.): Geomorphology of the Tropics. Zeitschrift für Geomorphologie, Suppl. 91. Verl. Bornträger, Berlin, Stuttgart 1992

GUILCHER, A.: Coastal and Submarine Morphology. Verl. Methuen, London, 1958

HAFFNER, W.: Positive Aspekte von Erosionsprozessen. Geographische Rundschau 47 (1995) H. 12, S. 733–739

HAMBLOCH, H.: Der Höhengrenzsaum der Ökumene. Anthropogeographische Grenzen in dreidimensionaler Sicht. Westfälische Geograph. Studien 18, 1966

HEDBERG, O.: Features of Afroalpine Plant Ecology. 1974

HUKE, R. E.: Geography and Climate of Rice. Proceedings of the Symposium on Climate and Rice. IRRI, Los Baños 1976, S. 31–50

HUMBOLDT, A. VON: Essai Politique sur le Royaume de la Nouvelle Espagne. Vol. I. Paris 1811

JACKSON, I. J.: Climate, water and agriculture in the tropics. Verl. Longman, London, New York 1977

JORDAN, E.: Die Mangrove Ecuadors. Geographische Rundschau 43 (1991) H. 11, S. 664–671

KRANZ, J., und G. ZOEBELIN: Pflanzenschutz in den Tropen und Subtropen. In: S. REHM (Hrsg.): Grundlagen des Pflanzenbaus in den Tropen und Subtropen. Handbuch der Landwirtschaft und Ernährung in den Entwicklungsländern, Bd. 3. Stuttgart 1986, S. 377–441

LANLY, Y. P.: Present situation and evaluation of tropical forest resources. Mazingira 7, No. 4, S. 2–15

LAUER, W., und P. FRANKENBERG: Untersuchungen zur Humidität und Aridität von Afrika. Bonner Geogr. Abhandlungen, 66. Bonn 1981

LAUER, W.: Klima der Tropen und Subtropen. In: S. REHM (Hrsg.): Grundlagen des Pflanzenbaus in den Tropen und Subtropen. Handbuch der Landwirtschaft und Ernährung in den Entwicklungsländern, Bd. 3. Stuttgart 1986, S. 1–46

LEIHNER, D.: Der Maniok. In: S. REHM (Hrsg.): Handbuch der Landwirtschaft und Ernährung in den Entwicklungsländern, Bd. 4. Stuttgart 1989, S. 93–104

LÖFFLER, E.: Ursprung und Verbreitung der Paramo-Grasländer in Ost-Neuguinea. Erdkunde 33 (1979), S. 226–236

Ders.: Das große Barriereriff im Konflikt zwischen Naturschutz und Nutzung. Geographische Rundschau 47 (1995) H. 11, S. 653–659

Miehe, G., und S. Miehe: Die obere Waldgrenze in tropischen Gebirgen. Geogr. Rundschau 48 (1996) H. 11, S. 670–676

MOHR, E. C. J., and F. A. VAN BAREN: Tropical Soils. A critical study of soil genesis as related to climate, rock and vegetation.N.V. Uitgeverij W. van Howve. The Hague, Bandung 1959

NYE, P. H., and D. J. GREENLAND: The soil under shifting cultivation. Commonwealth bureau of soils; Techn. Comm., No. 51. Bucks 1960

PENMAN, H. L.: Natural evaporation from open water, bare soil and grass. In: Proceedings Royal Society 193A, 1948

PRINZ, D.: Ökologisch angepaßte Produktionssysteme. In: S. REHM (Hrsg.): Grundlagen des Pflanzenbaus in den Tropen und Subtropen. Handbuch der Landwirtschaft und Ernährung in den Entwicklungsländern, Bd. 3. Stuttgart 1986, S. 115–168

REICHHOLF, J. H.: Ökosystem Regenwald, eine Einführung in die Biologie der reichsten Lebensgemeinschaft der Biosphäre. In: J. BÄHR et al. (Hrsg.): Die Bedrohung tropischer Wälder. Kieler Geograph. Schriften, Bd. 73. Kiel 1989

RICHTER, M.: Beobachtungen zum Mikroklima und zur Vegetation am Kilimanjaro. Die Erde III (1980), S. 247–262

RUNDEL, SMITH, MEINZER (Eds.): Tropical alpine environments. Cambridge 1984

SANCHEZ, P. A.: Properties and management of soils in the tropics. New York 1976

SCHOLZ, U.: Überlegungen zum Agrarpotential und zur Tragfähigkeit tropischer Regenwaldgebiete. In: U. SCHOLZ (Hrsg.): Tropischer Regenwald als Ökosystem. Giessener Beiträge zur Entwicklungsforschung I, 19. Giessen 1991, S. 41–53

SIOLI, H.: Amazonien. Grundlagen der Ökologie des größten tropischen Waldlandes. Z. Naturwiss. Rundschau. Wissenschaftl. Verlagsgesellschaft, Stuttgart 1983

SOEPADMO, E.: Plant diversity of the Malesian tropical rainforest. In: R. B. PRIMACK and T. E. LOVEJOY (Eds): Ecology, conservation, and management of Southeast Asian rainforests. New Haven, London 1995

TROLL, C.: Die tropischen Gebirge, ihre dreidimensionale klimatische und pflanzen-geographische Zonierung. Bonn 1959

Whitmore, T. C.: Comparing Southeast Asian and other tropical rainforests. In: R. B. PRIMACK and T. E. LOVEJOY (Eds): Ecology, conservation, and management of Southeast Asian rainforests. New Haven, London 1995, S. 5–15

WILHELMY, H.: Die klimamorphologischen Zonen und Höhenstufen der Erde. Zeitschr. Geomorph. 19 (1975), S. 353–376

6.3 Kulturraum, Wirtschaft, Entwicklungsprobleme

ALKÄMPER, J.: Unkrautbekämpfung in den Tropen und Subtropen. In: S. REHM (Hrsg.): Grundlagen des Pflanzenbaus in den Tropen und Subtropen. Handbuch der Landwirtschaft und Ernährung in den Entwicklungsländern, Bd. 3. Ulmer Verlag, Stuttgart 1986, S. 443–463

ANDREAE, B.: Landwirtschaftliche Betriebsformen in den Tropen. Berlin 1972

ARNDT, H. W.: Transmigration: achievements, problems, prospects. Bulletin of Indonesian Economic Studies, Vol. 19, No. 3. Canberra 1983, S. 50–73

BÄHR, J., CH. CORVES und W. NOODT (Hrsg.): Die Bedrohung tropischer Wälder. Ursachen, Auswirkungen, Schutzkonzepte. In: Kieler Geographische Schriften, Bd. 73. Kiel 1989

BEPLER, S.: Landnutzungsänderungen im Chakkarat Distrikt im Nordosten Thailands. Ursachen und sozioökonomische Auswirkungen. Unveröffentl. Dipl. Arb. am Geogr. Inst. der Univ. Giessen 1996

BLUMENSCHEIN, M.: Die modernisierte Landwirtschaft des Cerrado und ihre Bedeutung für eine nachhaltige Entwicklung der Pantanal-Region. In: G. KOHLHEPP (Hrsg.): Beiträge zur angewandten geographischen Umweltforschung. Tübinger Geogr. Studien, H. 114, Tübingen 1995, S. 221–246

BOEKE, J. H.: The evolution of the Netherlands Indies economy. New York 1946

BOHLE, H. G.: 20 Jahre Grüne Revolution in Indien. Geographische Rundschau 41 (1989) H. 2, S. 91–98

BOOTH, A.: Agricultural Development in Indonesia. ASAA Southeast Asia Publication Series 16, Sydney 1988

BRAUNS, T.: Development of landuse in Pasaman (Sumatra). Unveröffentl. Diplomarbeit am Geographischen Institut der Universität Giessen 1993

BRAUNS, T., und U. SCHOLZ: Shifting cultivation – Krebsschaden aller Tropenländer? Geographische Rundschau 49 (1997) H. 1, S. 4–10

BRÜCHER, W.: Formen und Effizienz staatlicher Agrarkolonisation in den östlichen Regenwaldgebieten der tropischen Andenländer. Geographische Zeitschrift 65 (1977) H. 1, S. 3–22

BURGER, D.: Nachhaltige Nutzung des tropischen Regenwaldes – eine Illusion? In: U. SCHOLZ (Hrsg.): Tropischer Regenwald als Ökosystem. Giessener Beiträge zur Entwicklungsforschung I, Bd. 19. Giessen 1991, S. 65–74

CAROL, H.: The calculation of theoretical feeding capacity for Tropical Africa (überarbeitet von W. MANSHARD). Geographische Zeitschrift 61 (1973) S. 80 ff.

CLEARY, M., and P. EATON: Borneo – Change and Development. Oxford University Press 1992

COY, M.: Regionalentwicklung und regionale Entwicklungsplanung an der Peripherie in Amazonien. Probleme und Interessenkonflikte bei der Erschließung einer jungen Pionierfront am Beispiel des brasilianischen Bundesstaates Rondônia. Tübinger Beitr. zur Geograph. Lateinamerika-Forschung, Bd. 5. Tübingen 1988

Ders.: Sozio-ökonomischer Wandel und Umweltprobleme in der Pantanal-Region Mato Grossos (Brasilien). Geographische Rundschau 43 (1991) H. 3, S. 174–182

DEUBEL, P.: Modifikationen der Bewirtschaftungssysteme und der geschlechtlichen Arbeitsteilung als Folge von Mechanisierungs- und Intensivierungsmaßnahmen im Reisbau Indonesiens. Unveröffentl. Staatsarbeit am Geographischen Institut der Universität Giessen 1993

FAO Production-Yearbook. Rom (verschiedene Jahrgänge)

FAO: African agriculture: the next 25 years. Rom 1986

FASBENDER, K., and S. ERBE: Towards a new home: Indonesia's managed mass migration. Hamburg 1990

FISCHER, A. B., und A. M. HAURI: Hygiene und Krankheiten in Tropenländern. Geographische Rundschau 49 (1997) H. 1, S. 44–48

GRAINGER, A.: Controlling tropical deforestation. London 1993

GRIFFIN, K.: Land concentration and rural poverty. London 1976

GUTKNECHT, K.: Hausgärten und Dauerkulturen in der Singkarak-Region (W-Sumatra). Unveröffentl. Diplomarbeit am Geographischen Institut der Universität Giessen 1997

HORCH, D.: Staatliche Umsiedlungsprojekte in Indonesien; das Beispiel Sitiung (W-Sumatra). In: Giessener Beiträge zur Entwicklungsforschung I, Bd. 19. Giessen 1991, S. 55–64

HUKE, R. E.: Rice area by type of culture in South, Southeast, and East Asia. IRRI, Los Baños 1982

HURST, P.: Rainforest politics – ecological destruction in Southeast Asia. London 1990

KOHLHEPP, G.: Planung und heutige Situation staatlicher kleinbäuerlicher Kolonisationsprojekte an der Transamazonica. Geographische Zeitschrift 64 (1976) H. 4. Festschrift für G. PFEIFER zum 75. Geburtstag

Ders.: Amazonien – Regionalentwicklung im Spannungsfeld ökonomischer Interessen sowie sozialer und ökologischer Notwendigkeiten. Problemräume der Welt 8. Köln 1987

Ders.: Ursachen und aktuelle Situation der Vernichtung tropischer Regenwälder im brasilianischen Amazonien. In: J. BÄHR et al. (Hrsg.): Die Bedrohung tropischer Wälder. Kieler Geogr. Schriften, Bd. 73, Kiel 1989, S. 87–110

KONINCK, R. DE: Malay peasants coping with the world. ISEAS, Singapore 1992

LINDIG, W., und M. MÜNZEL: Die Indianer – Kulturen und Geschichte der Indianer Nord-, Mittel- und Südamerika. München 1976

LÖFFLER, E.: Zur Problematik der Eukalyptus-Aufforstungen in den tropischen Ökosystemen. In: U. SCHOLZ (Hrsg.): Naturraum und Landnutzung in Südostasien. Tropeninstitut Giessen 1994, S. 153–160

MANSHARD, W.: Entwicklungsprobleme in den Agrarräumen des tropischen Afrika. Darmstadt 1988

MAYDELL, H. J. VON: Agroforstwirtschaft als Konzept nachhaltiger und vielseitiger Bewirtschaftung von Tropenwald-Ökosystemen. In: Giessener Beiträge zur Entwicklungsforschung I, Bd. 19. Giessen 1991, S. 75–84

MERTINS, G.: Ausmaß und Verursacher der Regenwaldbedrohung in Amazonien – ein vorläufiges Fazit. In: U. SCHOLZ (Hrsg.): Tropischer Regenwald als Ökosystem. Giessener Beiträge zur Entwicklungsforschung, Bd. 19, Giessen 1991a, S. 15–24

Ders.: Die Koka-Wirtschaft. Ausgewählte Aspekte räumlicher Auswirkungen am Beispiel Kolumbiens. Geographische Rundschau 43 (1991b) H. 3, S. 158–167

MONHEIM, F., und G. KÖSTER: Die wirtschaftliche Erschließung des Department Santa Cruz (Bolivien) seit der Mitte des 20. Jahrhunderts. Geographische Zeitschrift Beihefte, H. 56. Wiesbaden 1982

MÜLLER-BÖKER, U.: Die Tharu in Chitwan – Kenntnis, Bewertung und Nutzung der natürlichen Umwelt im südlichen Nepal. Stuttgart 1995

MÜLLER-HOHENSTEIN, K.: Die Landschaftsgürtel der Erde. Teubner, Stuttgart 1979

MÜLLER-WILLE, W.: Gedanken zur Bonitierung und Tragfähigkeit der Erde. In: Westfälische Geogr. Studien, 35. Münster 1978, S. 25–56

MÜNZEL, M.: Bemerkungen zum indianischen Umweltbewußtsein im Amazonasgebiet. Geographische Rundschau 41 (1989) H. 7–8, S. 431–435

PELZER, K. J.: Pionieer settlement in the Asiatic Tropics. American. Geogr. Society, Special Publ. 29. New York 1945

Ders.: Planter and peasant – Colonial policy and the agrarian struggle in East Sumatra 1863–1947. Verhandelingen van het Koningl. Inst. V. Taal-, Land- en Volkenkunde, No. 84. s'Gravenhage 1978

PINGALI, P. L., M. HOSSAIN and R. V. GERPACIO: Asian rice bowls – the returning crisis? CAB/IRRI, Manila 1997

PRIMACK, R. B., and T. E. LOVEJOY (Eds.): Ecology, Conservation, and Management of Southeast Asian Rainforests. Yale Univ. Press, New Haven, London 1995

PULLIN, R., H. ROSENTHAL and J. MACLEAN (Eds.): Environment and aquaculture in developing countries. ICLARM, Manila 1993

RIETHMÜLLER, R., U. SCHOLZ, SIRISAMBHAND and A. SPAETH: Spontaneous land clearing in Thailand. In: H. UHLIG (Ed.): Spontaneous and planned settlement in Southeast Asia. Giessener Geographische Schriften, H. 58. Giessen 1984, S. 119–266

SCHLIPPE, P. DE: Shifting cultivation in Africa. The Zande system of agriculture. London 1956

SCHOLZ, U.: Agroproduction zones in Costa Rica, Cali (Kolumbien). 1983

Ders.: Ist die Agrargeographie der Tropen ökologisch benachteiligt? Geographische Rundschau 36 (1984) H. 7, S. 360–366

Ders.: Agrargeographie von Sumatra. Giessener Geographische Schriften, H. 63, Giessen 1988a

Ders.: Ursachen der Waldzerstörung in den Tropen Asiens. In: MÄCKEL und SICK (Hrsg.): Natürliche Ressourcen und ländliche Entwicklungsprobleme der Tropen (Festschrift für W. MANSHARD). Stuttgart 1988b, S. 203–217

Ders.: Ökonomie und Ökologie im Einklang: Kleinbäuerliche Produktionssysteme auf Sumatra. Geographische Rundschau 41 (1989) Heft 7-8, S. 424–430

Ders.: Transmigrasi – ein Desaster? Probleme und Chancen des indonesischen Umsiedlungsprogramms. Geographische Rundschau 44 (1992) H. 1, S. 33–39

Ders.: Formen der Naßreisproduktion in den dauerfeuchten Gebieten Südostasiens. In: Giessener Beiträge zur Entwicklungsforschung I, Bd. 21. Giessen 1994, S. 31–46

Ders.: Nahrungssicherung in tropischen Entwicklungsländern: die „Grüne Revolution" im Reisbau Südostasiens. Geographische Rundschau 1998 (im Druck)

SCHRÖDER, J. M.: Waldprodukte und ihr Potential zur Erhaltung tropischer Feuchtwälder. Geographische Rundschau 49 (1997) H. 1, S. 39–43

The Ecologist: Banking on desaster – Indonesia's transmigration programme. A special report in collaboration with Survival International and Tapol. Vol. 16, No. 2/3, 1986

TOMLINSON, P. B.: The botany of mangroves. Cambridge 1986

UHLIG, H.: Die Ablösung des Brandrodungswanderfeldbaus am Beispiel von Sabah und Sarawak. In: Deutsche Geographische Forschung in der Welt von heute. Kiel 1970, S. 85–102

Ders.: Reisbausysteme und -ökotope in Südostasien: Ökosysteme des Überschwemmungsreisbaus. Erdkunde 37 (1983), S. 269–282

Ders. (Ed.): Spontaneous and planned settlement in Southeast Asia. Giessener Geographische Schriften, H. 58. Giessen 1984

Ders.: Reisbauökosysteme mit künstlicher Bewässerung und mit pluvialer Wasserzufuhr: Erdkunde 38 (1984), S. 16–30

Ders.: Naßreis-Ökosysteme im monsunalwechselfeuchten Südostasien. In: Giessener Beiträge zur Entwicklungsforschung I, Bd. 21. Giessen 1994, S. 1–30

UTHOFF, D.: Die marine Aquakultur von Garnelen in Thailand – Erfolge und Probleme einer exportorientierten Intensivkultur. In: U. SCHOLZ (Hrsg.): Naturraum und Landnutzung in Südostasien. Giessener Beiträge zur Entwicklungsforschung, Reihe 1, Band 21. Giessen 1994, S. 161–183

Ders.: From traditional use to total destruction – forms and extent of economic utilization in the Southeast Asian mangroves. In: Natural resources and development, Vol. 43/44. Tübingen 1996, S. 58–94

VALVERDE, O.: Festrede anläßlich der Verleihung des Entwicklungsländerpreises der Universität Giessen. In: Giessener Beiträge zur Entwicklungsforschung I, Bd. 19. Giessen 1991, S. 141–150

WAIBEL, L.: Urwald, Veld, Wüste. Breslau 1921

WALTER, S.: Nutzung von Nichtholzprodukten in Madagaskar. Unveröffentl. Diplomarbeit am Geographischen Institut der Universität. Giessen 1996

WIESE, B.: Plantagen und Bauernwirtschaften in den Tropen: Vom Konflikt zur Kooperation? Geographische Rundschau 41 (1989) H. 7–8, S. 406–412

WOLTER, P.: Dörfliche Landnutzungsplanung im Hochland von Madagaskar. Unveröffentl. Diplomarbeit am Geographischen Institut der Universität. Giessen 1996

ZIMMERMANN, G. R.: Transmigration in Indonesien. Geographische Rundschau 63 (1975) H. 2, S. 104–122

7 Register

Das Geographische Seminar

Rainer Glawion / Hartmut Leser / Herbert Popp / Klaus Rother (Hrsg.)

LIEFERBARES PROGRAMM 1998

Erik Arnberger
Thematische Kartographie, 245 Seiten .... kart.   16 0300

Deutscher Verband für Angewandte Geographie (DVAG)
Geographen und ihr Markt, 141 Seiten .... kart.   16 0335

Lothar Finke
Landschaftsökologie, 206 Seiten .... kart.   16 0295

Johann-Bernhard Haversath,
Deutschland – Der Norden, 193 Seiten .... kart.   16 0325

Günter Heinritz, Reinhard Wießner
Studienführer Geographie, 211 Seiten .... kart.   16 0334

Burkhard Hofmeister
Stadtgeographie, 258 Seiten .... kart.   16 0298

Burkhard Hofmeister
Gemäßigte Breiten, 215 Seiten .... kart.   16 0313

Hans-Jürgen Klink
Vegetationsgeographie, 240 Seiten .... kart.   16 0282

Wilhem Lauer
Klimatologie, 267 Seiten .... kart.   16 0284

Hartmut Leser
Geomorphologie, 217 Seiten .... kart.   16 0294

Cay Lienau
Die Siedlungen des ländlichen Raumes, 246 Seiten .... kart.   16 0283

Dieter M. Richter
Geologie, 271 Seiten .... kart.   16 0288

Götz H.-G. v. Rohr
Angewandte Geographie, 237 Seiten .... kart.   16 0302

Klaus Rother
Deutschland – Die östliche Mitte, 232 Seiten .... kart.   16 0326

Ulrich Scholz
Die feuchten Tropen, 189 Seiten .... kart.   16 0318

Wolf-Dieter Sick
Agrargeographie, 254 Seiten .... kart.   16 0299

Gerhard Stiens
Prognostik in der Geographie, 223 Seiten .... kart.   16 0337

Uwe Treter
Die borealen Waldländer, 210 Seiten .... kart.   16 0312

Horst-Günter Wagner
Wirtschaftsgeographie, 230 Seiten .... kart.   16 0296

Friedrich Wilhelm
Hydrogeographie, 225 Seiten .... kart.   16 0279